装备维修保障分析技术

康建设　郭驰名　白永生　尤志锋　编著

国防工业出版社

·北京·

内容简介

本书系统介绍了装备维修保障分析技术。全书共 11 章，内容涉及装备维修保障在装备维修保障能力建设中的地位作用、相关概念及其关系，装备维修保障能力生成的基本过程，美军在装备保障能力建设方面的主要做法，装备维修保障所需的可靠性、维修性基本知识与方法，装备系统效能、可用度、寿命周期费用分析，故障模式与影响分析，以可靠性为中心的维修分析，修理级别分析，装备战场抢修分析，维修工作分析与维修资源确定，软件保障等内容。

本书可作为军队院校军事装备学研究生和相关专业本科生的教材，也可供其他工程技术与管理人员参考。

图书在版编目（CIP）数据

装备维修保障分析技术 / 康建设等编著. -- 北京 ：国防工业出版社, 2024. 9. -- ISBN 978-7-118-13455-1

Ⅰ. E237

中国国家版本馆 CIP 数据核字第 2024QN3054 号

※

国防工業出版社 出版发行

（北京市海淀区紫竹院南路 23 号　邮政编码 100048）

北京虎彩文化传播有限公司印刷

新华书店经售

*

开本 710×1000　1/16　**印张** 18¾　**字数** 312 千字

2024 年 9 月第 1 版第 1 次印刷　**印数** 1—1300 册　**定价** 98.00 元

国防书店：(010) 88540777　　书店传真：(010) 88540776

发行业务：(010) 88540717　　发行传真：(010) 88540762

前　　言

现代战争以其高强度、快节奏、高消耗等特点对装备提出了更高要求。同时，由于装备效能越来越高、作战使用环境越来越严酷、构造越来越复杂，使得装备维修保障问题越来越成为制约部队形成、保持战斗力和保障能力的重要问题。掌握装备维修保障理论和技术，以指导和加强部队装备维修保障系统与能力建设，对于部队装备管理与指挥人员来说是必不可少的重要内容。本书正是在相关研究和院校多年教学基础上，为适应新时代部队装备维修保障能力建设和院校相关课程教学需要而编写的。

本书较为全面地介绍了装备维修保障能力建设的思路、过程以及相关的维修保障理论和技术，注重体现装备保障和院校新型军事人才培养需求的特点。本书共 11 章：第 1 章绪论，主要阐述了装备维修保障在装备维修保障能力建设中的地位作用、相关概念及其关系。第 2 章概括阐述了装备维修保障能力生成的基本过程和美军在装备保障能力建设方面的主要做法。第 3、4 章介绍了装备维修保障所需的可靠性、维修性基本知识与方法。第 5～11 章围绕装备维修保障系统的建立和运行规律，比较详细地介绍了和装备维修保障相关的重要分析理论与技术，主要包括装备系统效能、可用度、寿命周期费用分析，故障模式与影响分析，以可靠性为中心的维修分析，修理级别分析，装备战场抢修分析，维修工作分析与维修资源确定，软件保障等。这些内容既是部队装备保障人员所需掌握的内容，也适合于装备论证、研制、生产过程的相关人员。

本书由康建设、郭驰名、白永生、尤志锋编写，其中康建设编写第1～4章和第6章，郭驰名编写第5章和第8章，白永生编写第7章和第10章，尤志峰编写第9章和第11章，全书由康建设统稿。本书吸收了国内外有关文献和资料，尤其是本单位撰写的国家重点教材《军用装备维修工程学（第3版）》及多年来的科研与教学成果。在编写过程中得到了教研室胡起伟主任、温亮副教授、李娟副教授等同志的大力支持和帮助，在此一并表示衷心感谢。

鉴于编者水平有限，书中不妥和疏漏之处在所难免，恳请读者谅解和指正。

编　者

2024年5月

目　　录

第1章　绪　论

武器装备是部队战斗力的重要组成部分，装备维修是保持、恢复乃至提高战斗力的重要因素，各军事强国都高度重视装备维修，以经济、有效地保障部队作战、训练和战备工作。在新时代、新形势、新任务、新要求下，部队装备维修保障能力建设对于“能打仗，打胜仗”具有重要作用。本章主要讨论装备维修保障的地位与作用、装备维修有关概念、装备维修保障能力与装备维修保障质量特性的关系、装备维修工程以及装备维修保障能力建设应遵循的基本观点。

1.1　装备维修保障的地位与作用

长期以来，武器装备的维修保障问题一直是各国军队十分关注的重要问题。由于装备故障、失修、保障不及时等问题造成任务失败和巨大损失，甚至人员伤亡的案例屡见不鲜。从某个角度讲，武器装备的维修保障水平已成为军队战斗力高低的重要标志之一。

1.1.1　装备维修是部队战斗力和装备作战效能的重要保证

近现代历次战争均表明，装备维修保障是部队形成战斗力的重要基础，是提高部队装备任务成功率、发挥作战效能的重要保证。美国空军F-15A战斗机1969年开始研制，1975年服役。服役5年后1980年的战备检验，一架空军战斗机联队72架飞机，仅有27架能起飞，其余飞机因故障、维修保障方面的问题被迫停飞，能执行任务率仅为37.5%。为此，20世纪80年代美国空军和麦道公司投入巨资对该战斗机的发动机、雷达和航电设备等进行了1000多次的设计改进，仅发动机可靠性改进就投资7亿美元。到1987年，F-15A的改进型号F-15C可靠性水平得以大幅提高，平均致命性故障间隔时间由改型前的0.68h提高到2.6h，能执行任务率达到了82.8%。在1991年的海湾战争中，F-15C作为夺取制空权的主力机种，120 架 F-15C 共飞行 5906 架次，平均每架次飞行持续时间为 5.19h，能执行任务率高达 93.7%。在空战中，被击落的 39 架伊拉克战机中的 34 架是被 F-15C 击落的，而 F-15C 则无一损失，其出众的战备完好性和作战效能发挥令人刮目。在 2003 年美国对伊拉克的力量悬殊的“不对称战争”中，美军同样大力开展战场抢修，装备维修仍然是保持和恢复部队战斗力的重要因素。事实证明，在现代战争中，战争的准备和进程大大加快、空间时间压缩，保持部队战斗力将更加依赖于武器装备“战斗力再生”，将更加依赖于装备维修保障。在和平时期，武器装备在使用与储存中，同样也要通过维修来保持其战备完好性，延长使用寿命与储存寿命，以保证部队训练、执勤和战备需要。

正因为如此，世界各国军队都非常重视武器装备维修，并投入巨大的人力、物力。多年来，美军每年装备维修费都达数百亿美元，装备维修保障费用接近装备研制费与采购费之和。据统计，近 40 年来美军装备维修费约占国防费用的 14.2%。进入 21 世纪，各国军队建设都十分重视装备维修保障力量建设，即使在紧缩军队、紧缩军费的形势下，也坚持保留一定数量的基地级修理力量，同时积极筹划利用民间力量进行装备维修，做好动员准备，以应战时急需。

由此可见，武器装备维修具有重要作用和地位。事实上，维修已经不是由少数维修人员进行的具体维修作业范畴的问题，而是涉及军队组织指挥、人员训练、制度法规、装备性能、保障资源等多方面因素的问题，需要系统地加以研究和规划。

1.1.2 装备维修是节省保障资源和降低保障费用的重要途径

及时有效而经济的装备维修不仅能够有效降低装备故障发生的次数和故障后果，提高装备工作的时间，还能够明显降低装备维修的次数，减少维修人力，降低对维修器材和保障设备等维修保障资源的需求，进而降低装备的使用和维修保障费用。拥有及时有效而经济的装备维修保障，无论平时还是战时都具有十分特殊的重要意义，这是世界各军事强国都不断追求和竞相追逐的重要目标之一。美军无论是在装备研制期间还是在装备使用期间，都高度重视装备维修保障的规划、运用和优化完善，不惜投入巨资研发高可靠性、维修性、保障性的武器装备，及时构建和优化装备维修保障系统，以便使部队拥有强大的装备维修保障能力。例如，美国空军“猛禽”F-22 战斗机是世界上列装最早的第四代战斗机，与第三代战斗机相比，F-22 战斗机不仅在作战性能方面显著提高，而且具有高的可靠性和良好的维修保障特性。其核心部件F119发动机的主要部件数量比普通涡轮喷气发动机少40%，可靠性更高，对地面保障设备和人员需求减少50%，定期维护次数减少75%。与第三代战斗机F-15、F-16使用的F100-PW-220发动机相比，F119发动机在各方面均具有明显优势。如表1-1所列。

表1-1 F119发动机与F100发动机参数指标比较

发动机	最大推力/kN	推重比	叶片数	总压比	涵道比	零件数	平均维修间隔时间	空中停车率	维修工时
F100	105.9	8	17	25	0.6	基数	基数	基数	基数
F119	155.7	10	11	35	0.3	-40%	+62%	-20%	-63%
F119比F100	+47%	+25%	-35%	+40%	-50%	-40%	+62%	-20%	-63%

1.2 装备维修有关概念

1.2.1 维修概念及分类

1. 维修概念

传统的维修一般是指装备故障后的修理，过去人们认为维修就是一种修修补补、敲敲打打的工作（修理损坏的零部件），仅需熟练的技艺，没有高深的理论，凭经验就能做好。这种认识对生产力水平低下的情况（尤其是冷兵器时代）也许不错，但近50年来，随着科学技术的发展，特别是系统工程、优化技术、信息技术等的发展和应用，使维修逐渐发展成为一门既有理论、又有方法的独立学科。

根据GJB 451A—2005《可靠性维修性保障性术语》，维修（maintenance）可定义为：为使产品保持或恢复到规定状态所进行的全部活动。

从维修的定义可见，其强调以下三个方面：

（1）维修的性质分为两个方面：一是修，即将故障产品（装备）恢复到规定状态；二是维，即保持产品规定的状态，包括维持、维护和预防故障等内容，因而面是很宽的。例如，弹药、导弹也有保持其战斗性问题，即其同样存在维修。

（2）维修完成的标志是达到规定状态，包含完成规定功能的能力，且范围要宽得多。

（3）维修活动的内容既有技术性活动（如监测、隔离故障、拆卸、安装、更换或修复零部件、校正、调试等），又有管理性措施（如使用或储存条件的监测、使用或运转时间及频率的控制等）；不仅有维修管理，而且有装备环境条件控制管理等问题。

显然，上述维修定义是一个内涵非常广泛的概念。它贯穿于装备的整个服役过程，包括使用与储存过程。在实际中，维修的含义不仅是包括保持或恢复到规定状态，还可以扩展到对装备进行改进以局部改善装备的性能。

装备维修的根本目的是保证装备的使用，进而保障部队的作战、训练和战备。所以，维修对部队来说属于保障工作。一般来说，“维修”与“维修保障”并无严格的区分。在《中国人民解放军军语》（2011 版）中将装备维修保障定义为：为保持、恢复装备良好技术状态或改善装备性能而进行维护修理的活动。显然，其内涵与维修是一致的，在本书中，将维修与维修保障视为一个概念，不对其加以区分。

2．维修分类

从不同的角度出发，维修有不同的分类方法。在维修领域，最常用的是按照维修的目的与时机分类，可以将维修划分为修复性维修（corrective maintenance）、预防性维修（preventive maintenance）、应急性维修（emergeney maintenance）和改进性维修（modification or improvement maintenance）。

1）修复性维修

修复性维修也称为排除故障维修或简称为修理（repair）。它是指产品发生故障后，使其恢复到规定状态所进行的全部活动。它可以包括下述一个或多个步骤：故障定位、故障隔离、分解、更换、组装、调校及检验等。这也是人们最熟悉最常见的一种维修。修复性维修适用于故障后果不危及安全和任务完成或仅有较小经济损失的情况。

2）预防性维修

预防性维修是通过系统检查、检测和消除产品的故障征兆，使产品保持在规定状态所进行的全部活动。它包括定时维修（hard time maintenance）、视情维修（on-condition maintenance）、预先维修（proactive maintenance）和故障检查（failure-finding）等。预防性维修包括擦拭、润滑、调整、检查、定期拆修和定期更换等。这些活动的目的是发现并消除潜在故障，或避免故障的严重后果防患于未然。预防性维修适用于故障后果危及安全和任务完成或导致较大经济损失的情况。

（1）定时维修。定时维修又称为定期维修，是指产品使用到预先规定的间隔期，按事先安排的内容进行的维修。其间隔期可以按累计工作时间、里程或其他寿命单位来规定。定时维修的优点是便于安排维修工作、组织维修人力和准备维修保障物资。定时维修适用于已知产品寿命分布规律且确有明显耗损期的产品。或者说，这种产品的故障与产品的使用时间有明确的关系，并且大部分项目能工作到预期的时间，以保证定时维修的有效性。

（2）视情维修。视情维修又称预测性维修（predictive maintenance），是指对产品进行定期或连续监测，发现其有功能故障征兆时，进行有针对性的维修。视情维修适用于耗损故障初期有明显劣化征候的产品，显然，这需要有适当的检测手段和标准。视情维修的优点是维修的针对性强，既能够充分利用产品的工作寿命，又能够有效地预防故障。

（3）预先维修。预先维修是针对故障根源采取的识别、监测和排除活动。故障根源（或称故障诱因）是指产品所处的外部环境、介质以及其他产品（如液压油、润滑油或气体）的物理、化学性质劣化，产生渗漏、温度变化、气蚀、机件不对中等各种“稳定性”问题。预先维修通过监测和排除故障诱因，即对故障诱因进行保养、更换、修复、改进、替换等，以从根本上消除产品故障。理论上讲，通过预先维修有可能实现产品的“零失效”。预先维修适用于那些能够准确确定机件故障根源的产品，显然这很可能需要较高的资源投入。

（4）故障检查。故障检查又称为功能检查，是指检查产品是否仍能工作的活动。故障检查是针对那些后果不明显的故障（又可称为隐蔽功能故障），也就是说，该产品是否故障对于使用人员来说是不明显的。通过故障检查（如采用观察、演示、操作等方法）以确定产品是否发生故障，以免造成更严重的故障后果。由此可见，故障检查的目的就是及时发现产品的隐蔽功能故障。故障检查适用于平时不使用的装备或产品的隐蔽功能故障。通过故障检查可以预防故障造成的严重后果。

值得说明的是，以上几种预防性维修方式各有其适用的范围和特点，并无优劣之分。正确运用定时维修与视情维修相结合的原则，适时进行故障检查，积极研究和合理应用预先维修，可以在保证装备战备完好性的前提下显著地节约维修人力、物力和财力。

在使用分队对装备所进行的例行擦拭、清洗、润滑、加油注气等，是为了保持装备在工作状态正常运转，显然，这也是一种预防性维修，通常称为维护或保养（servicing），它是指为使产品保持规定状态所需采取的措施，如润滑、加油、紧固、调整和清洁等。

3）应急性维修

应急性维修是指在紧急情况下，采用应急手段和方法，使损坏的装备迅速恢复必要功能所进行的突击性修理。对于部队装备而言，最常见的就是战场抢修，又称战场损伤评估与修复（battlefield damage assessment and repair，BDAR）。显然，应急性维修是在装备突然损坏的紧急情况下，抢修者按照一定的原则和程序，利用现场适用资源临时及适当地对损伤装备进行的应急性修理。虽然这也是修复性的，但因为环境条件、时机、要求和所采取的技术措施与一般修复性维修有着明显不同，这与平时条件的常规修理在修理方法等方面有着很大的差异。事实上，现代的装备战场抢修已不纯粹是一种维修工作，也不是单一的一个概念，就像医学中的急救在临床医学专业中称为急诊医学一样，战场抢修在装备维修领域也已经成为一个重要的研究领域，必须对其给予高度重视，深入开展理论与应用研究，并及时进行检验和推广应用实践。

4）改进性维修

改进性维修是指利用完成装备维修任务的时机，对装备进行经过批准的改进和改装，以提高装备的战术性能、可靠性或维修性，或使之适合某一特殊的用途。改进性维修实质上是维修工作的扩展，本质上是修改装备的设计。结合维修进行改进，一般来说，其属于基地级维修（制造厂或修理厂）的职责范围。

按照维修时机即产品发生故障前主动预防还是发生后去处理，可将维修分为主动性维修（active maintenance）和非主动性维修（reactive maintenance）。主动性维修是指为了防止产品达到故障状态，而在故障发生前所进行的维修工作。前述的定时维修、视情维修和预先维修均属于主动性维修。非主动性维修又称为“反应式维修”，前述的故障检查（或称“故障探测”）和修理（修复性维修）都属于非主动性维修。

按照维修对象是否撤离现场，可将维修分为现场维修与后送维修。

按照是否预先有计划安排，还可将维修分为计划维修（planned maintenance）和非计划维修（unplanned maintenance）。预防性维修通常是按计划安排的，属于计划维修；而修复性维修通常是非计划的，但有时也可能要由计划安排。

1.2.2 软件维修概念

随着计算机在装备中的广泛应用，计算机软件维修（或称维护）也日益成为不可忽视的问题。装备维修必须考虑和包含软件维修。软件维修大体上包含与上述相似的一些维修分类。

软件（software）即计算机软件，其含义是“计算机程序及其有关文档”。在此，其所指的是武器系统和自动化信息系统，即装备中的计算机软件。

软件维修（software maintenance）在计算机软件行业中习惯地称为软件维护。国际电气与电子工程师协会（Institute of Electrical and Electronics Engineers，IEEE）定义的软件维护是“软件产品交付后的修改，以排除故障、改进性能或其他属性，或使产品适应改变的环境”。

软件维修与硬件维修虽然都是在产品交付使用后进行的活动，其目的都是排除故障、改进性能，以便使武器系统能够正常运行发挥其效能，但软件维护实际上都是针对软件缺陷、环境改变或需求变化的软件更改（重新设计），而不是像硬件那样主要是保持、恢复规定的状态（只有改进性维修才要改变其原有状态）。这是因为对于硬件来说，随着其使用、储存，零部件、元器件会磨损、腐蚀、老化或由其他偶然因素造成技术状态改变，从而导致单元、系统故障，因此，硬件维修的主要任务是恢复、保持其规定状态。而软件没有磨损、腐蚀、老化等问题，它本身不会随时间变化。但是，软件作为一种高科技、知识密集型产品，其开发过程总会有不足，即软件会有各种缺陷，在一定的使用运行条件下，就可能造成故障。同时，随着使用时间增长，应用软件所处的硬件、软件环境可能发生变化，原来的软件将不能适应变化了的环境等，这些都要求对软件进行修改，即维护。此外，为了提高装备性能可能也需要更改软件。国外总结武器装备中使用的软件有 8 种更改的具体原因：纠正设计缺陷、敌对威胁改变、作战条令或战术改变、安全保密要求、提高软件或装备互用性的要求、硬件更改、引进新的技术、软件或装备功能改变等。所有这些原因都需要改变某些数据甚至程序。由此可见，装备中的软件维护也是一项繁重的工作。

多年来，美军对装备中的软件维护问题是非常重视的。例如，在 20 世纪 90 年代初的海湾战争中，软件维护就是美军武器装备保障的重要内容和克敌制胜必不可少的环节，发挥了应有的作用。美军在战中就及时对“爱国者”导弹武器系统软件进行了 5 项更改，而对其情报与指挥系统则进行了 30 余项软件更改。其经验表明，对于任何一种具体的战场系统，特别是威胁敏感的系统，软件更改可能以每个月几次的速率出现。据统计，进入 21 世纪后，美国陆军在任何时刻都有 40 个或更多的武器系统处于软件维护中。进入新时代，随着我军装备的发展，特别是各种信息化装备的广泛使用，可以预见，软件维护也会越来越重要，并在装备维修中占据更大的份额。

在软件维护领域，软件维护可分为改正性维护（corrective maintenance）、适应性维护（adaptive maintenance）、完善性维护（perfective maintenance）和预防性维护。改正性维护也称为纠错性维护，是指为了改正软件系统中的错误使其能够满足预期要求而进行的维护；适应性维护是指为使软件产品在改变了的环境下仍能使用而进行的维护；完善性维护是指为了增加功能或满足用户提出的新要求而进行的维护；预防性维护是指为防止问题发生而进行的事先维护。预防性维护对于安全性要求高的系统是十分重要和必要的。

1.2.3 装备维修保障系统与装备维修保障能力

任何装备，只要用于作战和训练就需要一定形式和规模的保障，没有装备保障，装备就不可能很好地持续完成任务或发挥其效能。而装备维修工作自身也需要保障，也需要人力、物力和财力的支持，特别是人员训练，备件及原料、材料、油料等消耗品供应，仪器设备维修及补充，技术资料的准备及供应等要素。这就是说，部队装备维修保障任务的完成，需要具有与部队装备相匹配的装备维修保障系统。

1. 装备维修保障系统

装备维修保障系统是由经过综合和优化的装备维修保障要素构成的总体。装备维修保障要素，除前述的人与物质因素外，还包括装备维修的组织机构、规章制度等管理因素，以及包含程序和数据等软件与硬件构成的计算机资源或系统。所以，装备维修保障系统也可以说是由装备维修所需的物质资源、人力资源、信息资源以及管理手段等要素组成的系统。显然，装备维修保障系统是由硬件、软件、人及其管理组成的复杂系统。

需要说明的是，装备维修保障系统可以是针对某种具体装备来说的（如某型飞机、火炮），它是具体装备系统的一个分系统；也可以是按军队编制体制来说的（如某级某种部队），它是在部队首长统一领导、技术保障或装备部门管理下的，是部队的一个分系统。建立、建设或完善维修保障系统，是贯穿于装备研制、采购、使用各阶段的重要任务；对部队装备部门来说，则是长期的经常性任务。

装备维修保障系统的功能是完成维修任务，将待维修装备转变为技术状况符合规定要求的装备（图 1-1）。在此过程中，它还需要投入：各种有关的作战、任务要求（信息输入），能源、物资（物、能输入）等。

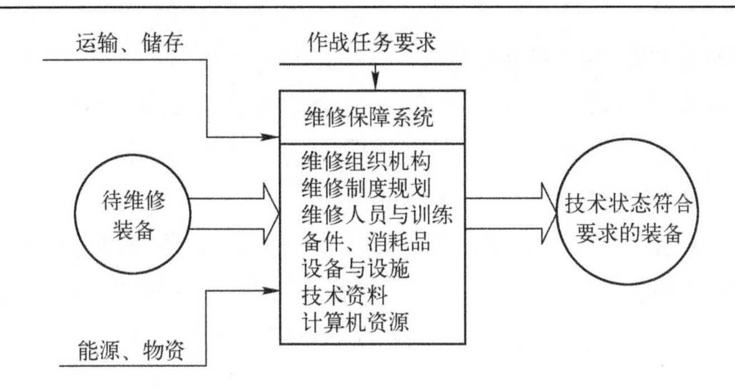

图 1-1　装备维修保障系统的组成、功能示意图

2. 装备维修保障能力

在《辞海》中关于“能力”的解释为“能胜任某项任务的主观条件”，显然，这是一个关于人类活动的广泛的概念，其中的主观是说明能力必须有主体。部队执行作战或训练任务，运用装备并使之达到任务要求和目的，必须提供装备与任务相适应的装备维修保障能力。

装备维修保障能力实质上就是装备维修保障系统完成其功能的能力，或简称为保障力。装备维修保障系统的能力既取决于它的组成要素及相互关系，又同外部环境因素（作战指挥、装备特性、科技工业的供应水平以及运输、储存能力等）有关。

关于装备维修保障能力的含义应注意以下几点：

（1）装备维修保障必须以任务（作战或训练）需求为依据，没有任务需求就难以确定装备维修保障需求。所以，装备维修保障是为作战或训练任务服务的，其最终目的是及时经济高效地完成装备维修保障任务，满足装备任务需求。

（2）装备维修保障应是有条件的，对此应加以规定。从部队形成和保持装备维修保障能力角度出发，规定条件就是部队使用的装备和部队维修保障条件，这包括部队所保障的装备（保障对象），即一定数量的设计得易于保障并能够得到保障的装备，合理的符合任务要求的装备维修保障方案、装备维修保障人员编配方案，以及配套的装备维修保障资源，还包括装备维修保障的程序与方法、维修保障信息、维修保障指挥与管理等。

（3）装备维修保障能力的主体是执行装备维修保障工作的人员，通常包括装备使用与装备保障人员。所以，装备维修保障能力通常指的是一个作战单位或者是一个作战单元或群体的维修保障能力，也可以是一个包括主装备和保障系统在内的独立作战系统的能力。

（4）装备维修保障能力是动态的，它会随着任务要求的变化而变化。也就是说，部队执行不同的任务其装备维修保障能力也是不同的。或者说，需要具有与之相适应的装备维修保障条件和能力。

从上述装备维修保障能力的含义可以看出，装备维修保障能力与有关条令法规制度、部队装备与保障组织机构、维修保障指挥与训练、维修保障资源（人员、器材、设备、工具、设施、资料等）都有直接的关系。

1.3 装备维修保障能力与装备维修保障质量特性的关系

部队装备维修保障能力与装备设计及其装备维修保障质量特性有着紧密的联系。下面仅从部队装备维修保障能力建设角度，对部队装备维修保障能力与装备可靠性、维修性、保障性等装备维修保障质量特性的关系进行简要说明。

装备可靠性、维修性、保障性这些质量特性，对于部队装备维修保障能力形成与保持、部队装备战备完好性高低、部队作战（训练）任务完成或部队装备作战效能发挥，都具有至关重要的影响和作用。

1.3.1 可靠性、维修性、保障性基本概念

（1）可靠性（reliability）。装备可靠性是装备在使用中不出、少出故障的一种重要质量特性。按照 GJB 451A—2005《可靠性维修性保障性术语》关于可靠性的定义，可靠性是指产品在规定的条件下和规定的时间内，完成规定功能的能力。由该定义可知，装备可靠性反映了产品保持性能指标的能力，是装备使用或工作时间延续性的表示。可靠性可以用装备的使用寿命、故障间隔时间或不出故障的概率等参数量度。装备作为一种产品，其可靠性主要取决于装备设计与制造，同时与装备使用、储存、维修等因素密切相关。

（2）维修性（maintainability）。装备维修性是装备在维修时是否便于维修的一种重要质量特性。按照 GJB 451A—2005《可靠性维修性保障性术语》关于维修性的定义，维修性是指产品在规定的条件下，在规定的时间内，采用规定的程序和方法，完成维修的能力。装备维修性可用完成维修的时间、工时或概率等参数表示。可见，装备自身的维修性好，说明部队使用的装备进行维修时所需的时间、人力或费用就少，这既可保证部队装备使用，又可节省装备维修所需的各种保障资源。装备维修性与可靠性相似，主要取决于装备的设计。

（3）保障性（supportability）。装备保障性是装备在使用和维修保障中是否便于保障的一种重要质量特性。按照 GJB 451A—2005《可靠性维修性保障性术语》关于保障性的定义，保障性是指装备的设计特性和计划的保障资源满足平时战备完好性和战时利用率要求的能力。在装备保障性定义中包括两个不同性质的内容，即设计特性和计划的保障资源。保障性中的设计特性是指与装备保障有关的设计特性，如基本可靠性、维修性、运输性等有关的设计特性。这些设计特性都是通过设计途径赋予装备的硬件和软件。从保障性的角度看，良好的保障设计特性是使装备具有可保障的特征，或者说所设计的装备是可保障、易保障的。保障性中计划的保障资源是指为保证装备实现平时战备完好性和战时利用率要求所规划的人力、物质和信息资源。要使计划的保障资源达到上述目的，必须使保障资源与装备的保障特性协调一致，并有适量的资源满足被保障对象——装备的任务需求。从保障性的角度看，计划适量并与装备相匹配的保障资源说明装备是能够得到保障的。装备具有可保障特性并能够得到保障才是具有完整的保障性。

装备可靠性、维修性、保障性同样也是装备的性能。要想使装备具有好的可靠性、维修性、保障性，就必须进行一系列的论证、设计、生产、试验、分析等工程活动，需要研制、生产、使用各方面的共同参与和不懈努力。

1.3.2　可靠性、维修性和保障性是武器装备的重要性能

装备要完成其规定任务，作战性能当然是最基本的。而装备的可靠性、维修性和保障性则是作战性能能否保持、恢复（延续）和改善的重要质量特性。如果装备不可靠，坏了又不好修，修时又得不到保障，那么，再好的作战性能也不可能发挥其作用。所以，装备的可靠性、维修性和保障性是装备非常重要的性能，应当将它们放在与作战性能同等重要的位置。具体地说，军用装备可靠性、维修性和保障性的作用与影响主要表现在以下方面：

（1）提高作战能力。武器装备可靠性、维修性和保障性好，其可用时间长，平时能经常处于战备状态，战时能持续作战，部队作战能力自然就强。例如，美国早期的 F-15A 战斗机由于可靠性维修性差，又不能及时得到备件，战备完好率长期处在 50%左右；经改型的 F-15E 大大提高了可靠性、维修性和保障性，在海湾战争中其战备完好率达到 95.5%，持续作战能力几乎提高了一倍。在美国国防部文件中，任务可靠性指标就纳入作战性能指标。

（2）增强生存能力。在现代战争中，部队装备的生存能力与作战能力具有

同等重要性。而生存能力与许多因素有关。提高装备的可靠性、维修性和保障性，不仅可以大大减少装备战时的损伤，或损伤后能得到快速的修复或自救，同时，由于可靠性、维修性和保障性好，还可以大大减少装备对维修保障的依赖，进而缩小维修保障人员、保障设备和保障设施等这个“大尾巴”。这些都将十分有利于增强部队装备的生存能力。

（3）提高部队机动性。如上所述，装备可靠性、维修性和保障性好，还有利于缩小部队装备保障的“大尾巴”，提高部队的机动性，降低运输能力的要求，或者便于采用空运陆运等措施，从而满足部队快速机动、大规模投送的要求。显然，这对应对现代信息化战争是非常有现实意义的。

（4）减少维修保障人力。显然，随着装备可靠性、维修性和保障性的提高，部队装备维修的次数会显著减少，而且容易维修和保障，所需的维修保障人力自然就少了。美国空军在其 20 世纪 80 年代中期制订的可靠性、维修性的 2000 年规划中，明确提出通过提高可靠性维修性要使维修减半。70 年代的 F-15A 战斗机，一个中队需要维修人员 554 人，由于提高了可靠性、维修性和保障性，90 年代末的新型 F-22 战斗机，维修人员可减少一半。

（5）降低使用保障费用。装备的可靠性、维修性和保障性提高，必将减少装备维修、储存及其他保障所需的人力，以及人员培训、备件、设备、设施、原材油料等费用，从而大大降低装备使用保障费用。例如，我国某型导弹仅由于维修性的改善就可节省维修费用的 1/7。

此外，提高装备的可靠性、维修性和保障性还将有利于部队尽早形成战斗能力。多年来，有些新研制或引进装备，由于可靠性、维修性和保障性差，加之部队装备维修保障系统构建不及时，运行不规范，部队缺少装备维修保障备件、技术资料、保障设备等资源，致使部队装备开不动、打不响，或者“开得动、走不远，打得响、打不准，联得上、听不清”，长期不能形成应有的战斗能力。尽管“两成两力”建设已经开展了多年，但这种部队难以脱离“保姆”的问题，并未从根本上有效解决。加强装备可靠性、维修性和保障性与装备维修保障系统建设工作，能够有效地从根本上改变部队的这种局面。

总之，军用装备可靠性、维修性和保障性这些重要的装备保障质量特性，对于部队形成、延续和改善战斗能力有着十分重要的作用，是装备极为重要的性能。此外，提高装备可靠性、维修性和保障性，延长使用寿命，对于减少装备保障资源消耗和对环境的影响也有重要的意义。事实上，在世界上资产的维修已成为各国国民经济持续发展的一个关键因素。而装备可靠性、维修性和保障性的提高则将大大减少和便于资产维修。

1.3.3 装备的可靠性、维修性和保障性是装备维修保障工作的重要依据

装备的可靠性、维修性和保障性与部队的装备维修保障工作关系极为密切。显然，装备的可靠性好，装备故障率低且影响或危害程度较低，维修工作或任务自然就少；装备的维修性好，装备容易维修，维修时所花费的时间少，消耗的人力、物力资源少，对于战时装备抢修也十分有利；装备的保障性好，部队装备则容易得到保障，维修所需的资源就容易得到保证。可见，这些设计特性都直接影响着部队的装备维修保障工作。装备可靠性、维修性和保障性好是实现部队装备维修保障及时、经济、有效的前提和重要保证。

同时，部队装备维修保障工作的目的是保持或恢复装备规定状态，保证其正常使用，这实际上就是保持和恢复装备的任务可靠性和可用度。部队装备维修无论是预防性维修，还是修复性维修，或者是战时的装备抢修，其工作有效与否的最基本依据就是装备的可靠性、维修性和保障性，因为离开故障或损伤情况谈维修、做维修就犹如是“空中楼阁”，没有根底支撑，甚至会对部队装备保障能力和战斗力造成难以估计的影响。所以，从部队装备维修保障工作角度讲，装备的可靠性状况，哪些项目或部位易出故障、哪些故障影响严重、各种故障的规律如何，决定着是否需要预防性维修、如何预防性维修以及具体的维修工作内容和方式方法。装备的维修性，决定了装备是否便于维修、哪些部位易于或难于维修，在某种程度上决定和影响着维修所需要的技术、方法和物质资源。装备的保障性，决定了装备是否便于保障、哪些产品易于或难以保障，在某种程度上决定和影响着维修保障所需要的人力资源、物质资源和费用。所以，部队装备维修保障工作的基础或“起点”是装备的可靠性、维修性和保障性这些重要的质量特性。虽然装备的可靠性、维修性和保障性作为设计特性，应在装备论证研制期间高度重视并加以设计，但是这些与维修保障密切相关的重要质量特性，最终是在部队装备使用和维修过程中得以检验的，应在部队装备使用维修过程中，通过合理的维修、储存等维修保障措施使其得到保持甚至得以改善。因此，对部队装备的可靠性、维修性和保障性以及装备维修保障系统进行不断优化和完善，也同样是部队装备维修保障能力建设的重要任务。

1.4 装备维修工程

1.4.1 基本概念

维修工程（maintenance engineering）是装备维修保障的系统工程，是研究装备维修保障系统的建立及其运行规律的学科。它不仅要研究装备维修保障系统的功能、组成要素及其相互关系；还要研究系统相关的外部因素，有关的设计特性、使用要求等，如何建立、完善装备维修保障系统，并及时、有效、经济地实施装备维修保障。它也可表述为：维修工程应用装备全系统、全寿命过程的观点、现代科学技术的方法和手段，优化装备维修保障总体设计，使装备具有良好的有关维修的设计特性，并与装备维修保障分系统之间达到最佳匹配与协调，并对维修保障进行宏观管理，以实现及时、有效而经济的维修。

作为一门学科的维修工程，在其上述定义中的要点是：

（1）研究的范围涉及维修保障系统和与维修有关的装备特性（如可靠性、维修性、测试性、保障性等）和要求。

（2）研究的目的是优化装备有关设计特性和维修保障系统，使维修及时、有效且经济。

（3）研究的对象是维修保障系统的总体设计、维修决策及管理和与维修有关的装备特性要求。

（4）研究的主要手段是系统工程的理论与方法，以及其他有关的技术、手段。

（5）研究的时域贯穿于装备的全寿命过程，包括装备论证、研制、使用（含储存）、维修直至退役。

由此可见，装备维修工程既不是研究具体维修作业的维修技术，也不是研究具体设计验证方法的设计学科，而是进行有关维修的分析、综合、规划与系统总体设计的工程技术学科。

1.4.2 装备维修工程的任务与目标

1．装备维修工程的任务

装备维修工程作为一项工程技术，其基本任务是以全系统、全寿命、全费用观点为指导，对装备维修保障实施科学管理。具体说，其主要任务包括：

（1）以维修工程分析和综合权衡为手段，论证并确定有关维修的设计特性要求，使装备设计成为可维修可保障的。

（2）通过分析、论证、规划，确定装备维修保障方案，进行维修保障系统的总体设计。

（3）通过分析、规划，确定与优化维修工作及保障资源。

（4）对维修活动进行组织、计划、监督与控制，并不断完善维修保障系统。

（5）收集与分析装备维修信息，为装备研制、改进及完善维修保障系统提供依据。

由此可见，装备维修工程的主要活动是分析、权衡、规划和监督、评审。装备维修工程提出可靠性、维修性和维修资源要求，建立这些要求之间的相互关系，做出维修保障方面的决策和规划，进行维修保障分系统的总体设计，并通过监督评审保证这一切得以实现。在使用保障过程中，装备维修工程将对装备设计和维修保障系统运行情况与收集到的维修信息进行分析评价，对保障要素作必要的改进，并将设计更改意见反馈给研制部门。装备维修工程的任务是通过分析权衡、规划和提供文件的多次反复过程来实现的。

作为部队分系统的维修保障系统，往往要对所管辖的多种装备实施保障。其建立、完善和运行是以构造各种装备维修保障系统为基础的，也需开展有关的维修工程活动。不过，这些维修工程活动不是以单种装备维修保障的及时、有效、经济为目标，而是整个部队装备维修保障的及时、有效、经济为目标，即部队维修保障系统建立和运行总体最优。

2．装备维修工程的目标

装备维修工程的总目标是：通过影响装备设计和制造，使所得到的装备使用可靠，便于维修和保障；及时提供并不断改进和完善维修保障系统，使其与装备相匹配、有效而经济地运行。其根本的目的是提高武器装备的战备完好性和维修保障能力，及时形成和保持装备作战能力，并减少用户费用负担。

上面的总目标可以通过下列一系列具体的目标来达到。例如，减少维修频数（包括预防性维修和修复性维修）和维修工作量；减少维修延误时间，提高装备的可用性；在遭受战场损伤的情况下，迅速采取应急手段恢复装备的全部或部分急需的功能或自救能力；改善检测和诊断手段，达到简易、准确和高效；降低对于维修人员数量和技能水平的要求，缩短训练周期；减少备件的需求量（包括品种与数量），并保证货源；改进维修组织，改革维修管理，提高维修质量与效益，减少对环境的危害。

可以看出，上述各个具体目标，既互相联系，又各有不同。必须充分估计每一个具体目标对总目标的影响，统一权衡。

1.5 装备维修保障能力建设应遵循的基本观点

全系统、全寿命和全费用的观点是装备维修工程的基本观点，同样，它也是装备建设与部队装备维修保障能力建设应遵循的重要观点。经过多年的装备发展和理论实践，这一认识已经广为人们接受。

1.5.1 装备全系统观点

装备全系统（total system）的观点，就是要把装备的各种特性和所有的组成部分（含保障部分）作为一个系统来加以研究，弄清它们之间的相互联系和外界的约束条件，通过综合权衡，密切协调，谋求系统的整体优化。

装备维修工程是在系统论的思想指导下，运用系统工程的技术和方法来处理维修保障及有关装备发展问题。首先，对于装备的特性要求要从以往的偏重于作战性能（功能）扩展到重视可靠性、维修性，同时也要兼顾到可生产性、安全性和储存性等。既必须保持优越的作战性能的主导地位，又必须运用系统优化的思想和方法使装备的设计体现出整体优化的战术技术性能。对于现代武器装备必须把可靠性、维修性发展放在与作战性能、费用、研制周期、可生产性等同等重要的位置。从装备的整体优化的战术技术性能出发，协调各个特性之间关系，以达到令人满意的预期目标。而在维修保障系统建设和运行中，必须充分依据装备设计特性，把维修保障建立在科学基础上。

从全系统考虑装备组成，就是既重视主装备（作战装备），又重视保障装备（保障系统），并使它们互相匹配。要为整体优化的装备及时提供一个匹配的、有效而经济的维修保障系统。强调保障系统与作战装备相比，性能上不落后，时间上不滞后，即同步、协调发展。保障装备的可靠性、维修性和保障性同样应当重视。

同时，装备系统是处在更大系统中，即受外界环境条件的制约。大的方面，如我军的战略方针和战略部署、外军状况、我国的综合国力、科技发展水平等；具体的还有自然环境、费用限制、研制与部署进度要求、部队现状等。在装备维修保障系统建设与运行中，必须考虑这些约束。例如，应着眼于整个部队装备维修保障系统进行建设，以使其精简、优化、高效，而不是仅仅追求单种装备的保障设备的“先进”，以节省资源和利于部队机动与生存。

1.5.2 装备全寿命观点

装备全寿命（过程）又称为装备寿命周期（life cycle，LC）。装备全寿命并不是指某一台装备的使用寿命（如一门火炮的使用寿命是以发射弹数计算的），而是指一种型号装备从预想（孕育）到淘汰（消亡）的全过程。一般可分为立项和战技指标论证、方案、工程研制（包括定型）、生产、使用（包括储存、维修）和退役 6 个阶段。概括起来，也可以说是“前半生”的装备研制生产和“后半生”的部队装备使用维修保障。需要强调的是，装备寿命的每个阶段各有其规定的活动和目标，而且各个阶段是互相联系、互相影响的。例如，如果装备在“前半生”没有在事关装备维修保障方面做到位，那么，在“后半生”的部队使用维修保障中则会困难重重。

装备全寿命观点就是要统筹把握装备的全寿命过程，使其各个阶段互相衔接，密切配合，相辅相成，以达到装备“优生、优育、优用”的目的。特别是在装备论证、研制中要充分考虑装备的使用、维修、储存，乃至退役处理。同时，在部队装备使用、维修中要充分利用、依据研制和生产中形成的特性和数据，合理、正确地使用装备并实施装备维修保障工作，在装备使用维修保障过程中积累并恰当地运用有关装备使用和维修的数据。

1.5.3 装备全费用观点

对于现代武器装备，不仅应当重视装备作战效能，也必须要重视装备的经济性，即装备的采购、使用（含维修保障）应当是经济上可承担的。也就是说，要重视装备的全寿命费用。装备全寿命费用（或称寿命周期费用，life cycle cost，LCC）是指一种装备从论证、研制、生产、使用，直到退役的全部费用。其中，装备的研制和生产费用也常称为获取费用，或称为采购费用，这项费用是一次性投资，是非再现的；装备使用与保障费用（operation and support cost，O&SC），需每年开支，在全寿命过程的使用阶段是不断付出的。这两项费用的总和就是装备的寿命周期费用。各种装备这两项费用的比例不尽相同，但一般来说，使用维修费往往占 LCC 的大部分。在装备工作实际中，由于装备研制生产费用最终转化为装备的订购费用，一次付清，容易引起重视，而装备的使用维修费用是逐次开支的，容易被人们忽视。只重视装备的采购费用不重视后期的使用维修费用，其结果则会造成：一些装备虽然买得起，但却因为经常出问题达不到预期的使用目的，甚至是用不起、修不起。因此，在装备论证、设计阶段应对不同方案的寿命周期费用进行估算、比较，使得所发展的装备具有预期的费用-效能。为了提高装备的可靠性、维修性、保障性和完善装备维修保障资源，可能要增加一些投资，但却可以取得节省大量装备使用维修费用的效果，因而质量过硬的装备虽然“前半生”经费投入多，但从全寿命费用来看则是更合算的。

总之，牢固地树立“三全”观点，扩大视野，纵观全局，不仅是装备建设与发展需要遵循的基本观点，也是部队装备维修保障能力建设应当遵循的重要观点。把部队装备的可靠性、维修性、保障性和装备维修保障系统建设放在重要位置，妥善地统筹解决部队装备维修保障问题，可以极大地促进部队装备维修保障能力的建设和提升。

思 考 题

1．什么是装备维修保障能力？并简要进行解释。

2．视情维修能够充分利用产品的寿命并在故障前进行有针对性的维修。这是否说明视情维修优于修复性维修和定期维修？试简要说明理由。

3．什么是修理？它与维修是否相同？并简要进行说明。

4．什么是应急性维修？它与其他几种维修有无关系？是什么关系？

5．什么是装备维修保障系统？它可分为哪几种类型？试举例说明装备维修保障系统的要素构成以及装备维修保障系统对部队“能打仗，打胜仗”的意义和作用。

6．什么是装备维修工程？其主要任务和目标是什么？

7．什么是“全系统”“全寿命”“全费用”（三全）？为什么说“三全”观点是部队装备维修保障能力建设应坚持的重要观点？

第 2 章　装备维修保障能力生成过程

尽管表面上看部队装备维修保障是装备列装后使用阶段的事情，但是，正如装备维修保障系统构建、优化贯穿于装备全寿命过程一样，部队装备维修保障能力生成和保持，同样贯穿于装备论证、研制、生产、使用、退役的全寿命过程。本章主要讨论部队装备维修保障能力生成的基本过程、装备各寿命阶段需开展的主要工作和美军装备维修保障能力建设的主要做法。

2.1　装备维修保障能力生成基本过程

装备维修保障能力是部队装备工作得以顺利展开、完成其任务使命必不可少的重要保证。由装备维修保障能力概念可知，装备维修保障能力即装备维修保障系统完成其功能的能力。从国内外特别是美军装备全寿命过程开展装备维修保障能力建设的实践和效果均可看出，部队装备维修保障能力的生成和不断提升是一个复杂的系统工程，它贯穿于装备全寿命过程。在新时代，部队装备维修保障能力建设不能仅仅考虑或强调某个方面或某个寿命阶段，作为装备使用与维修保障的最终用户，必须在思想上高度重视，在装备工作中通盘考虑、全面筹划，在部队实战化训练或任务中全面评估并有针对性地进行优化完善。

长期以来，在装备维修保障能力建设方面缺少从总体上对部队装备维修保障能力需求进行系统地分析规划与实践，缺乏对部队装备维修保障能力建设进行全系统、全寿命过程的管理与实践，普遍存在关注装备使用阶段的维修保障能力建设较多、关注装备论证研制阶段较少，关注单个装备较多、关注武器系统或整个建制部队装备维修保障能力建设较少，关注平时维修保障较多、关注战场抢修及针对性训练较少等问题。

建立并不断完善部队装备维修保障系统，不仅是装备研制、采购阶段装备发展与订购部门的重要任务，同样也是使用阶段部队装备运用与保障各部门及人员的重要任务。对部队装备保障部门来说，也应是一项长期的经常性的任务。

2.1.1 装备维修保障能力生成各阶段主要任务

部队装备维修保障能力建设，必须在装备论证研制过程中及早地加以论证、规划、设计和建立，还必须在部队装备使用过程中不断地进行验证、完善和优化。如果等装备列装后才加以考虑，装备维修保障系统各要素必然存在不完善、不协调、不匹配等问题，部队将在很长时间内难以形成装备维修保障能力。同样，如果不注重使用阶段装备维修保障系统的评估和完善，初始规划和构建的部队装备维修保障系统的一些重大问题，就不会得到及时有效的解决，也必然难以保持并发挥应有的保障力和战斗力。

部队装备维修保障能力生成各阶段主要任务如下：

（1）论证装备保障需求，确定装备维修保障能力与要求。

（2）确定装备维修保障方案，进行装备维修保障系统设计。

（3）管控装备保障特性实现，确定装备维修保障资源。

（4）评价装备维修保障能力，完善装备维修保障系统。

（5）收集与分析部队装备维修保障信息，为改进装备（研制）和提升装备维修保障能力提供重要支撑。

本节仅对第（1）、（2）项任务进行简要讨论，其他几项任务参见后续章节。

1. 论证装备保障需求，确定装备维修保障能力与要求

论证装备保障需求，确定装备维修保障能力与要求，其前提或来源是装备作战使用研究。对装备作战使用进行研究，不仅是装备论证单位、研制单位必须要开展的第一步重要工作，也是装备使用（用户）方必须熟悉和参与的重要工作，因为部队如果对其即将使用的装备有关作战使用情况和需求不清楚，最终不仅难以得到部队满意的装备，而且也难以快速形成战斗力，难以充分发挥装备的作战效能。

1）装备作战使用研究，确定装备保障需求

装备类型不同，其作战任务也不同，对装备作战能力的要求也不同。随着装备的发展，作战任务的样式也发生了很大变化，如由于无人装备的迅速发展，对作战样式也带来一系列革命性的变化。装备执行的任务不同，所配置的任务载荷也不同，装备保障需求也有所不同。这些问题不仅应在装备设计中予以考虑，在装备保障需求和能力设计中也应加以考虑。

确定作战任务，首先需要进行任务分析，其主要步骤和内容如下：

（1）定义任务目标。

（2）制定任务策略。

（3）确定作战使用和保障工作。

（4）建立任务事件时线。

（5）规划任务使用环境。

（6）确定任务能力。

（7）确定任务所需资源（含保障）和维持任务的方法。

（8）实施任务步骤分析。

（9）评估执行任务及系统风险。

需要说明的是，根据任务目标，后续可确定装备任务可靠性等装备保障特性指标要求，由任务策略，后续可确定装备任务剖面。而能执行任务能力，则体现了装备某种使用模式相关联的需达到的特定目标。因此，作战装备与装备保障系统必须能够在作战能力和保障水平方面相匹配，以保障每种作战模式。

2）确定装备维修保障能力与要求

部队装备作战能力和保障能力的形成有一个过程。对于现代武器装备，一般在部署初期的 2～3 年内，应形成初始作战能力包括保障能力，部署 4～5 年应形成全面作战能力和全面保障能力，而且形成初始保障能力和全部保障能力还要有相应的条件和标准。

从部队形成作战能力和装备保障能力角度看，部队所使用的装备必须要有一个适用经济而有效的装备维修保障系统，其主要包括如下要素：

（1）一定规模的训练合格的装备维修保障人员。

（2）一定数量规模的可保障的装备。

（3）保证一定使用期限的配套合理的使用与维修保障资源。

（4）使用与维修保障程序、方法和信息。

（5）满足规定维修级别的适用的维修保障设施。

（6）高效的作战使用与装备维修保障指挥系统。

（7）满足装备研制和维修保障配套需要的费用。

（8）部队装备维修保障能力生成需要的其他要素。

装备维修保障能力的形成具有阶段性。例如，形成初始装备维修保障能力的标准可以包括如下主要方面：

（1）执行某项任务的装备使用可用度达 80%。

（2）执行某项任务（如无人机执行 24h 任务）的任务可靠度达 90%。

（3）平时平均停机时间 1h（部队级）。

（4）执行 30 天任务的保障资源规模为 3 架次大型运输机（如 1 个无人机分队）。

形成全面维修保障能力的标准可以包括如下方面：

（1）执行某项任务的装备使用可用度达 85%以上。

（2）执行某项任务（如无人机执行 24h 任务）的任务可靠度达 95%以上。

（3）平时平均停机时间 40min（部队级）。

（4）执行 30 天任务的保障资源规模为 2.5 架次大型运输机（如 1 个无人机分队）。

对于大多数装备，经过作战任务需求分析，可以用如下装备保障性主要参数来反映装备维修保障能力目标：

（1）战备完好性。战备完好性是指装备在平时和战时使用条件下，能随时开始执行预定任务的能力。战备完好性可反映部队装备在无不可接受的延误情况下投入使用时提供预期保障输出的能力。对不同类型装备可采用不同的参数，如战备完好率、使用可用度、任务准备时间、保障费用参数等。

（2）任务持续性。任务持续性是指装备按规定的作战能力连续实施作战行动的能力，通常用持续作战的任务时间天数、小时或里程等来衡量。任务持续性与装备任务可靠性、任务维修性、生存能力（包括损伤概率、抢修性、战场抢修能力），以及装备保障资源、任务需求的最低完好装备保有量等均有关系。

（3）保障机动性。保障机动性是指当装备依据作战需求实施机动时，按规定的要求所需保障资源能随同部队实施机动的能力。它与作战条件下所保障装备数量、保障系统规模、任务持续时间等有关。良好的保障机动性能够有效提高装备的生存能力和装备保障系统的抗毁性。保障性机动性是现代战争对装备保障快速反应的必然要求，其实质在于：保障资源不是越多越好，而是应当从简优化并符合共用性要求。

（4）保障信息及时性。进入新时代，信息已成为信息化装备的神经中枢。装备执行作战任务需要作战信息系统的强有力支持，同样，装备保障工作也需要保障信息系统的强有力支持。

（5）保障经济性（或称经济可承受性）。保障经济性是指在装备全寿命周期（整个寿命周期）内，能够承担的装备研制、采购、使用和保障费用的能力。

（6）互用性。互用性是指装备或部队向其他装备或部队提供数据、信息、装备和服务，以及利用彼此交换的数据、信息、装备和服务，使其能够共同有效地执行任务的能力。显然，互用性在联合作战及其装备保障中尤为重要。

3）影响装备维修保障能力的主要因素

装备任务能力包括作战能力和保障能力。影响装备维修保障能力的主要因素如下：

（1）装备设计方案。装备设计方案在很大程度上决定了装备的可靠性、维修性和保障性水平。只有使装备先天设计得高可靠、好维修、易保障，才能使装备在后天使用中保障好、发挥其应有的效能。

（2）储存和使用环境。装备储存和使用环境对装备使用质量、维修保障有着重要影响。在装备论证研制阶段设计人员很难考虑周到，加之我国地域辽阔，环境差别很大，因此，部队对现役和新研装备的环境适应性更应高度重视，对于一些重大问题应认真从改进维修保障和改进装备设计两方面加以研究，并适时采取对策。

（3）人员素质。装备使用、维修保障、管理人员的能力和素质，直接影响着使用阶段装备质量和效能的发挥。部队维修保障人员流动性大、轮换频繁、培训不到位等，对现代复杂装备维修保障能力均有很大的影响。

（4）使用强度。装备执行不同任务、使用频数、持续时间等发生变化，装备维修保障也必然会发生变化，装备维修保障能力以及装备作战性能的发挥也必然受其影响。

（5）保障条件。装备在使用、维修、储存过程中，会需要大量的器材等物资，其满足程度、管理水平等必然影响装备维修保障能力和装备任务能力的发挥。

2．确定装备维修保障方案，进行装备维修保障系统设计

为了解决部队装备维修保障问题，需要在论证、研制阶段规划和确定出一个解决保障的全面方案，包括装备保障方案、保障资源及其管理、信息的总和；进而开展装备维修保障系统设计，以最终建立部队装备保障系统，实现装备维修保障能力建设目标。

GJB/Z 151—2007《装备保障方案和保障计划编制指南》中装备保障方案的定义是：保障系统完整的总体描述。它由一整套综合保障要素方案组成，并与设计方案及使用方案相协调。装备保障方案组成如图 2-1 所示。

由装备保障方案定义可知，其有如下三个方面的含义：

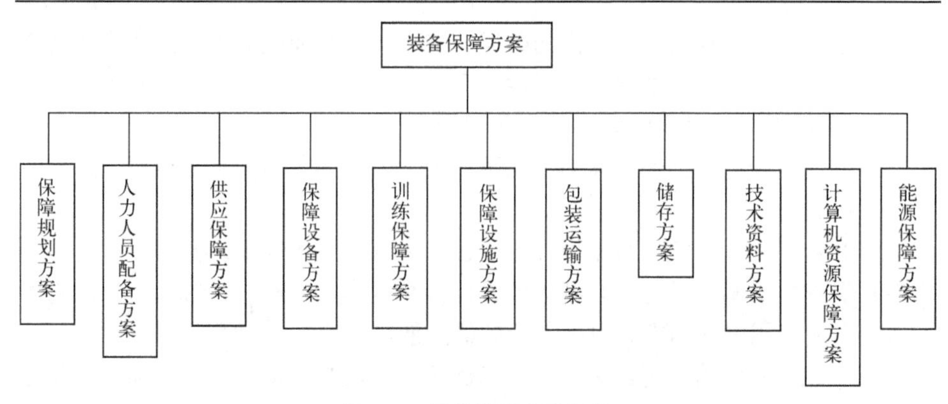

图 2-1　装备保障方案组成

（1）装备保障方案是装备保障系统在总体上的完整说明。

（2）装备保障方案要满足装备功能方面的保障要求，并与装备的设计方案和部队使用方案相协调。

（3）装备保障方案由多个保障要素方案组成。

值得说明的是，装备保障方案是装备保障系统的总体规划，它与部队装备保障工作的任务及编制体制是紧密相关的，与部队装备保障工作的管理也有紧密联系，同时还需要考虑装备保障指挥的问题。

确定装备保障方案，进行装备保障系统设计，需要进行装备保障性分析。

在装备全寿命过程中，装备保障性分析的首要任务是在装备研制早期，及时、合理地提出一套相互协调的保障性要求，它是进行与保障性有关的设计、验证与评估等一系列综合保障工作的前提条件。在论证、方案阶段，应根据新研装备的作战需求和部队使用保障的约束条件，确定装备的保障性要求，并将其写入《战术技术指标》或《研制任务书》，作为装备系统设计的输入影响装备设计。装备保障性分析的第二个重要任务是，按照所提出的保障性要求，制订并优化装备维修保障方案以影响装备设计，使新研装备与其维修保障系统得到最佳的匹配，使新研装备系统能在费用、进度、性能与保障性之间达到最佳的平衡。装备维修保障方案的制订、装备维修保障系统设计与建立是一个动态过程，自装备论证时提出初始保障方案，在方案阶段和工程研制阶段对不同备选保障方案进行权衡分析得到优化的保障方案，并在工程研制阶段的后期进一步完善，在使用阶段进行验证评估，并不断优化完善。

2.1.2　装备维修保障能力生成中的保障性分析基本过程

保障性分析是一个贯穿于装备寿命周期各个阶段并与装备研制进展相适应的反复有序的迭代分析过程。图 2-2 列出了装备寿命周期各阶段的保障性分析过程的目标及输出。

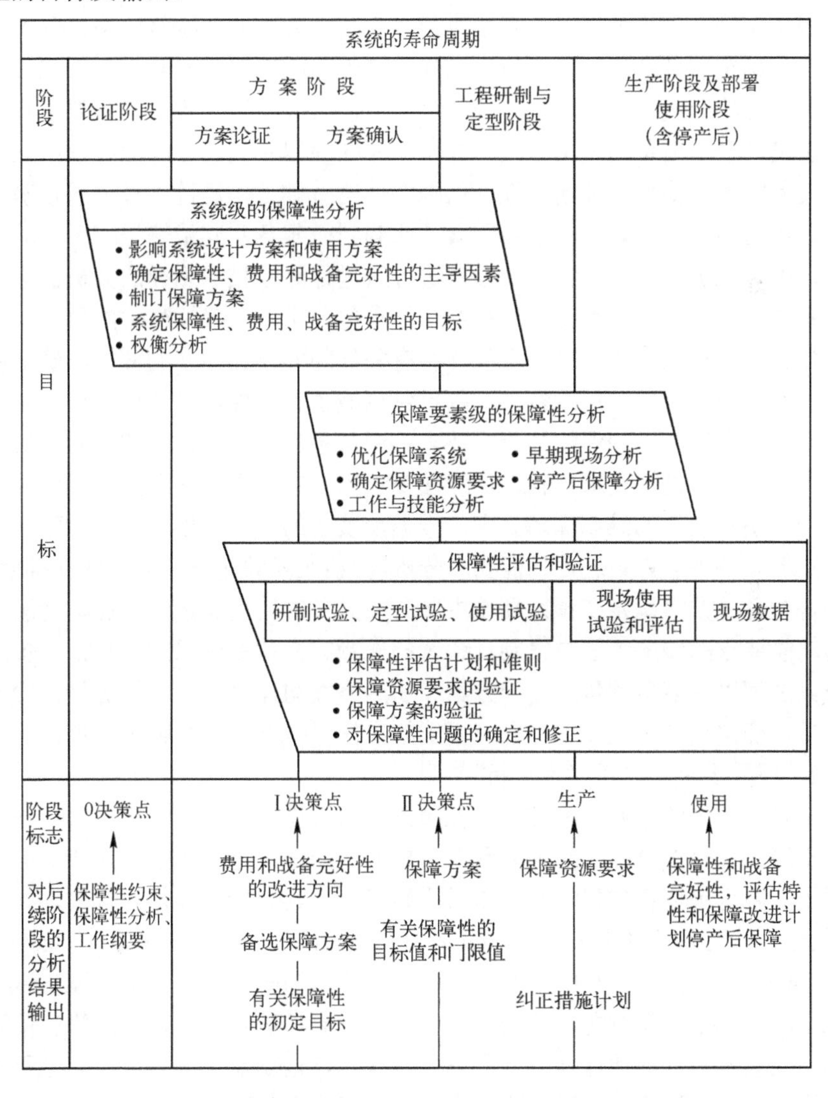

图 2-2　装备寿命周期各阶段的保障性分析过程的目标及输出

在装备研制的早期阶段，保障性分析的主要目标是通过设计接口影响装备的保障特性设计。这种用以影响设计的分析，由系统级开始按硬件层次由上而下顺序延伸；在后期阶段，通过详细地规划维修，自下而上地详细标识全部保障资源。此外，在寿命周期各个阶段还要进行保障性的验证与评价工作。

1．系统级的保障性分析

根据保障性分析的任务，主要进行以下两个方面的系统级保障性分析：

（1）确定装备的作战使用特性和保障特性，制定保障性要求。系统级的保障性分析开始于装备使用研究，即从分析新研（改型）装备的任务要求和使用要求出发，根据装备的使用方案，提出与预期使用有关的保障性要求；在了解新研装备的设计特性、使用特性、保障特性的基础上，通过比较分析，确定保障性、费用和战备完好性的主导因素，明确新研装备及其维修保障系统的改进目标，确定保障性参数及预期指标；进行改进保障性技术途径的分析；进行新研装备的硬件、软件与维修保障系统的标准化分析，明确标准化的要求，确定标准化的设计约束；通过确定保障性和有关保障性设计因素的分析，确定新研装备的作战使用特性、保障特性，制定包括战备完好性、可靠性、维修性以及保障资源等参数指标的保障性指标要求；通过备选方案的评价和权衡分析，进一步优化保障性指标要求。制订保障性要求的分析工作应在方案阶段完成。

（2）确定最佳的维修保障方案。根据新装备的初始使用方案和保障性要求对确定的装备备选方案进行功能要求分析，分析装备每个备选方案的任务剖面，并为每个备选方案确定在预期环境中所必须具备的使用、维修与保障功能；对满足功能要求的装备备选方案制订备选的保障方案和备选保障计划；在备选保障方案之间以及装备的备选设计方案、使用方案与保障方案之间进行评价与权衡分析，确定最能满足使用与保障要求的最佳保障方案，并影响装备设计。

2．保障要素级的保障性分析

一旦系统级的权衡分析结束，保障性分析工作就要转入较低层次，进行保障要素级的保障性分析。保障要素级分析的目的是确定新研装备的全部保障资源要求，并为制订各项保障文件提供原始资料。其分析过程是：首先，利用故障模式、影响及危害性分析（failure mode effects and criticality analysis，FMECA）、以可靠性为中心的维修分析（realiability centered maintenance analysis，RCMA）与功能要求分析，分别确定新研装备的修复性维修、预防性维修、战场抢修及其他保障工作要求；其次，通过功能要求分析，确定所需的各种维修工作；最后，通过维修工作分析（maintenance task analysis，MTA），详细地分析每项工作，确定全部保障资源要求，将结果记入保障性分析记录，并形成分析结果文件。

在这一分析过程中，还要进行早期现场分析，评估新研装备在使用现场对现有其他装备，特别是资源保障方面的影响，以及进行停产后保障分析，规划新研装备停产后的保障资源（特别是备件）的供应问题。

3．保障性评估与验证

通过保障性评估与验证，可以考核所建立的维修保障系统在装备使用期间是否达到规定的保障性目标，判明偏离的原因，确定纠正措施，以便有效地加以解决。保障性评估与验证贯穿于装备系统寿命周期的各个阶段。为确保评估与验证顺利而有效地进行，应在评估与验证之前制订评估与验证的计划，对评估的目的和原则、试验和评价的方案、评估的保障条件和环境要求、进度、人员、数据收集与处理等进行规划。保障性评估与验证的重点应放在保障性要求、费用和战备完好性主导因素以及重要的保障资源的基础上，但每个阶段应有所侧重。例如，在方案阶段应着重评估维修保障方案的有效性和可行性；工程研制阶段应重点评估基层级、中继级有关维修保障问题和保障性设计目标，保障资源的充分性及其有关维修保障的定量要求；生产阶段应重点评估在生产前未能充分试验的装备的硬件、软件及其维修保障项目，验证在使用环境下是否符合保障要求，必要时可提出对作战使用、维修训练要求与部队编制方案的调整；使用阶段应对保障系统做出全面的评估与验证。通过对装备的保障性水平和计划的保障资源的有效性与充分程度进行评估，不断地完善装备维修保障系统，使其低耗、高效地运行。

2.1.3　装备维修保障能力生成主要工作项目

为满足各类装备开展保障性分析工作的需要，我国已颁布国家军用标准 GJB 1371—92《装备保障性分析》。该标准规范了装备寿命周期内实施保障性分析的要求、方法和程序。可以根据装备型号的类型、装备的规模、设计的自由度与技术状态、可用的时间与资源等情况，在寿命周期的不同阶段对这些工作项目进行适当的剪裁。该标准实质上是由特定含义和彼此相关的工程分析工作项目综合在一起，按照规定的分析程序实施分析，并与设计工程协调分析过程。GJB 1371—92《装备保障性分析》工作项目系列与工作项目的应用范围如表 2-1 所列。

表 2-1　保障性分析工作项目应用

工作项目系列的名称与目的	工作项目名称	工作项目目的	各阶段的应用				
			论证阶段	方案阶段		工程研制与定型阶段	生产及部署使用阶段
				方案论证	方案确认		
100 系列 保障性分析工作的规划与控制 目的：为保障性分析制订计划和提出评审要求	101 制订保障性分析工作纲要	制订保障性分析工作纲要，明确具有最佳费用效益的保障性分析工作项目及子项目	√	√	√	√	√
	102 制订保障性分析计划	制订保障性分析计划，以确定并统一协调各项保障性分析工作项目；确定各管理机构及其职责，并提出完成各项工作项目的途径	√	√	√	√	√
	103 有关保障性分析的评审	为承制方制订一项对有关保障性分析提交的设计资料进行正式评审和控制的要求，该要求应保证保障性分析工作的进度与合同规定的评审点相一致，以达到预期的效果	√	√	√	√	√
200 系列 装备与保障系统的分析 目的：通过与比较系统的对比和保障性、费用、战备完好性主导因素分析，确定保障性初定目标和有关保障性的设计目标值、门限值及约束	201 使用研究	确定与装备预定用途有关的保障性因素	√	√	√	√	×
	202 硬件、软件与保障系统的标准化	根据能在费用、人员与人力、战备完好性或保障政策等方面得到益处的现有和计划的保障资源，确定装备的保障性及有关保障性的设计约束，给装备的硬件及软件标准化工作提供保障性方面的信息输入	√	√	√	√	√
	203 比较分析	选定代表新研装备特性的基准比较系统或比较系统，以便提供有关保障性的参数，判明其可行性，确定改进目标，以及确定装备保障性、费用和战备完好性的主导因素	√	√	√	√	×

续表

工作项目系列的名称与目的	工作项目名称	工作项目目的	各阶段的应用				
			论证阶段	方案阶段		工程研制与定型阶段	生产及部署使用阶段
				方案论证	方案确认		
200 系列 装备与保障系统的分析 目的：通过与比较系统的对比和保障性、费用、战备完好性主导因素分析，确定保障性初定目标和有关保障性的设计目标值、门限值及约束	204 改进保障性的技术途径	确定与评价从设计上改进新研装备保障性的技术途径	√	√	√	△	×
	205 确定保障性和有关保障性的设计因素	确定从备选设计方案与使用方案得出的保障性定量特性；制定装备的保障性及有关保障性设计的初定目标、目标值、门限值及约束	√	√	√	√	○
300 系列 备选方案的制订与评价 目的：优化新研装备的保障方案并研制在费用、进度、性能和保障性之间达到最佳平衡的装备系统	301 确定功能要求	为装备的每一个备选方案确定在预期的环境中所必须具备的使用与维修保障功能，然后确定使用与维修所必须完成的各项工作	△	√	√	√	○
	302 确定备选保障方案	制订可行的装备备选保障方案，用于评价与权衡分析及确定最佳的保障系统	△	√	√	√	○
	303 备选方案的评价与权衡分析	为装备的每一个备选方案确定优先的备选的保障系统方案，并参与装备备选方案的权衡分析，以便确定在费用、进度、性能、战备完好性和保障性之间达到最佳平衡所需的途径	△	√	√	√	○
400 系列 确定保障资源要求 目的：确定新研装备在使用环境中的保障资源要求并制订停产后保障计划	401 使用与维修工作分析	分析装备的使用与维修工作，以便：①确定每项工作的保障资源要求；②确定新的或关键的保障资源要求；③确定运输性要求；④确定超过目标值、门限值或约束的保障要求；⑤为制订备选设计方案提供保障方面的资料，以减少使用与保障费用、优化保障资源要求或提高战备完好性；⑥保障所需的技术资料提供原始资料	×	×	△	√	○

续表

工作项目系列的名称与目的	工作项目名称	工作项目目的	各阶段的应用				
			论证阶段	方案阶段		工程研制与定型阶段	生产及部署使用阶段
				方案论证	方案确认		
400 系列 确定保障资源要求 目的：确定新研装备在使用环境中的保障资源要求并制订停产后保障计划	402 早期现场分析	评估新研装备对各种现有的或已计划的装备的影响；确定满足新研装备要求的人员与人力；确定未获得必要的保障资源时对新研装备的影响以及确定作战环境下主要保障资源要求	×	×	×	√	○
	403 停产后保障分析	在关闭生产线之前，分析装备寿命周期内的保障要求，以保证在装备的剩余寿命期内有充足的保障资源	×	×	×	×	√
500 系列 保障性评估 目的：保证达到规定的保障性要求和改正不足之处	501 保障性试验、评价和验证	评估新研装备是否达到规定的保障性要求；判明偏离预定要求的原因；确定纠正缺陷和提高装备战备完好性的方法	△	√	√	√	√

注：√—适用；△—根据需要选用；○—仅设计更改时适用；×—不适用。

值得强调的是，在装备维修保障能力生成过程中，对于装备维修保障系统设计和装备保障性分析，要重点研究解决如下问题：

（1）在装备使用中，可能损坏的是什么产品（项目）？

（2）它为什么会损坏？

（3）何时损坏？

（4）如何使它不损坏？

（5）损坏能否预防和如何预防？

（6）如何修理它？

（7）修理它需要多长时间？

（8）修理它需要什么条件和资源？诸如作战使用环境、作战使用节拍、用户技能和敌对条件，这些因素的影响如何？怎样将它们纳入装备维修保障方案或计划中？

（9）应当由谁修理它？

（10）应当在哪里修理它？

（11）应当在何时修理它？

这些不仅是装备维修保障中所需解决的重要内容，也是制约部队装备维修保障能力的重要因素。

在装备部署使用后，应根据装备使用与维修实践，适时修正装备维修保障方案，优化和完善装备维修保障系统，并将其真正落实到装备维修保障资源中，从而使装备维修保障系统及时有效地发挥其功能。

2.2　装备维修保障能力生成各寿命阶段主要工作

部队装备维修保障能力尽管其形成、保持和发挥主要表现在部队装备使用过程中，但是，其能力生成和保持贯穿于装备论证、研制、生产、使用、退役整个寿命周期过程中。

2.2.1　论证阶段主要工作

这一阶段装备维修保障工作的目标是：为行将研制的新装备，论证并确定维修保障和有关的可靠性、维修性和保障性要求，确定初始维修保障规划。论证阶段主要有以下具体工作：

（1）装备的使用需求分析。装备的使用需求直接影响或决定着装备的可靠性、维修性和保障性要求，因此，应从使用需求出发进行分析，确定装备维修保障要求。与维修工程工作最密切的使用需求主要有以下内容：

① 任务剖面和工作方式。

② 负载情况，如功率、操作速度等。

③ 使用和维修工作环境。

④ 包装、装卸、储存和运输条件。

⑤ 对使用和维修人员的要求等。

（2）论证和确定装备使用与维修保障要求。在装备使用需求分析的基础上论证和确定：

① 可靠性、维修性和保障性等与维修保障有关的设计特性的定性要求。

② 可靠性、维修性和保障性等与维修保障有关的设计特性的定量指标。

③ 维修保障要求。

（3）初始维修保障的规划、维修保障的目标和约束的确定与分析。在论证和确定装备使用与维修要求的基础上，需进行以下工作：

① 初始维修保障方案的规划。

② 分析和确定维修保障的目标和约束条件（维修保障设备、设施、备件、人员、资料等）。

（4）参与装备论证及评审。论证阶段的这些工作主要由装备论证单位、人员进行，通常应由专门负责装备综合保障的单位（室、组）、人员具体实施。

2.2.2 方案阶段主要工作

这一阶段装备维修保障工作的目标是：在确定了装备的维修保障和可靠性、维修性、保障性要求的基础上，制订初始的维修保障计划，为装备选择一种最佳的设计方案和维修方案，使其能最好地满足所确定的使用和维修需求。方案阶段主要工作如下：

（1）装备功能分析。装备功能包括使用功能和维修功能。通过装备功能分析将装备使用和维修保障要求转化为具体的定性和定量的设计要求，确保装备使用和维修保障要求同规定的功能相联系，从而确定装备需求以及为保障此需求而需要的资源之间的关系。

（2）维修保障要求分配与协调。功能分析提供了关于装备重要功能的说明，在此基础上，需将装备系统级维修保障要求同有关设计特性相协调，将有关保障性参数和要求由上到下进行分配，以确保通过设计实现装备维修保障要求。

（3）初始保障性分析。在上述两项工作的基础上，通过初始保障性分析，以便概略地确定各种维修保障资源。

（4）制订初始维修保障计划。维修保障计划是比维修保障方案更为详细的维修保障系统的说明。在上述工作的基础上，制订初始维修保障计划，以便确定各种维修保障要素（尤其是对关键的、长周期的保障资源的开发、研制），并使各要素之间相互协调。

（5）评审初始维修保障方案。方案阶段维修工程活动主要由研制系统、单位、人员进行，通常应由专门负责综合保障的单位（部、室、组）、人员具体实施。军方通过不同的途径和形式，对研制单位的工作进行监督和协助，包括提供有关部队维护保障的信息，对维修保障方案、计划进行评审等。

2.2.3　工程研制阶段主要工作

这一阶段（含定型）装备维修保障工作的目标是：制订一套能够用于采办各种维修保障资源的正式维修保障计划，以便研制和获取经过权衡优化的各项维修保障资源。工程研制阶段主要工作如下：

（1）有关维修的保障性分析。

（2）维修保障要素技术数据收集与分析。

（3）维修保障资源确定、设计与研制。

（4）制订正式的维修保障计划。

（5）参加正式的装备设计评审、试验及定型。

与上相似，这个阶段的装备维修保障工作主要由研制系统、单位、人员在军方监督和协助下进行。由于工作的深入，需要更多人员和物质资源的投入。

2.2.4　生产阶段主要工作

这一阶段装备维修保障工作的目标是：使生产出的装备符合使用与维修要求，并且与计划的维修保障系统相匹配，在开始全面生产后，制造（或由其他方法获取）计划数量的、与装备系统相匹配的各种维修保障资源，组织维修人员培训，做好列装前的各项准备。生产阶段具体工作如下：

（1）维修保障资源生产、订购及监督。

（2）维修保障计划（含停产后保障）的完善与优化。

（3）从生产向使用、维修转移前的各项准备（人员训练、场地准备等）。

（4）参加装备的试验与评价。

这个阶段的装备维修保障工作主要是生产单位、人员进行，军方主要是通过军事代表对其进行监督，保障部门、计划列装部队可能要参与若干计划、培训等工作。

2.2.5　使用阶段主要工作

这一阶段装备维修保障工作的目标是：在部署和使用装备的同时，实施维修保障，评估维修保障系统，并不断完善维修保障系统，实现对装备进行及时、经济而有效的维修保障。使用阶段具体工作如下：

（1）实施装备维修保障。

（2）维修保障数据收集、分析及反馈。

（3）使用中的装备保障性分析。

（4）维修保障能力的评估及改善。

这个阶段的装备维修保障工作是由军方保障部门、部队人员为主进行的。

2.3 美军全寿命过程装备维修保障能力建设主要做法

美军为实现其全球霸权的目的，几十年来在作战与装备建设等方面不断进行转型与改革，与此同时，也不断地创新其作战与装备保障等理论。“他山之石，可以攻玉”，本节主要讨论美军全寿命过程装备维修保障能力建设的主要做法，以供我军部队装备维修保障能力建设参考借鉴。

开展全寿命过程装备维修保障建设，是美军在装备保障领域的一个非常突出的特点或特色，其目的是：通过提高装备的可靠性、维修性和保障性这些与装备维修保障相关的重要质量特性，以获得有效的经济可承受的部队受欢迎的武器装备及其装备维修保障系统。

全寿命过程装备维修保障建设工作是从武器系统的论证、研制、生产、使用、退役全寿命过程着眼，规划并实施装备维修保障系统建设工作。美军从20世纪70年代开始就全面实施该项工作，并不断进行改革，其取得的巨大成效在海湾战争、伊拉克战争等实践中已得到充分验证。

由于全寿命过程装备维修保障建设贯穿装备的整个寿命周期中，涉及装备维修保障能力规划、形成、保持和提高的众多方面，特别是要协调好采办和保障多方面的关系，为此，美军从装备维修保障规划、制度设计、指标要求、资源建设、验证评估等方面入手，全面系统深入地实施装备维修保障能力建设，以确保全寿命过程装备维修保障能力建设目标的实现。

2.3.1 主要做法

1. 进行系统谋划，制定装备维修保障建设实施路线图

为全面规划和系统开展装备维修保障能力建设，1999年7月，美国国防部“装备保障改革实施小组”提交了题为《21世纪产品保障》的报告，提出通过保障领域改革要实现如下4种关键能力：

（1）根据地方公司的业务流程重组产品保障流程。

（2）在保障提供方的选择上引入竞争机制。

（3）实现备件供应流程的现代化。

（4）扩大主供货商队伍。

同时，报告还明确了衡量武器系统保障成功与否的衡量标准，主要包括：

（1）构建面向作战部队的一体化保障链。

（2）形成与作战部队装备战备完好性方面的沟通机制。

（3）建立军地双方优势融合的力量保障链。

（4）选择最佳的“装备保障提供方”。

（5）确保保障业务始终处于竞争性环境中。

（6）可供军地双方使用的、安全的、能实现供应链集成及全资产可视化一体化信息系统。

（7）加大对武器装备系统可靠性、维修性和保障性领域的经费投入力度。

与此同时，美国国防部还修订并颁布了相关政策法规，以确保部队装备维修保障建设各项工作的有序开展和高效推进。

2．完善管理体系，组织实施装备维修保障建设

为有效协调各部门关系，高效地进行部队装备维修保障能力建设，美军建立并完善了相关的组织实施体系，明确了各部门的职责和任务。

一是设立专职领导岗位。2009 年，美国国会正式以法律形式规定：在重点型号项目办公室增设“装备保障副主任”这一领导岗位，专职负责管理装备保障事务。装备保障副主任是实施全寿命过程装备保障的核心领导，直接对项目管理办公室主任负责。其主要职责包括：

（1）为武器系统制定全面的装备保障策略并加以执行。

（2）明确军地装备保障力量的参与程度和方式。

（3）协助项目办公室主任制定采购策略。

（4）筹划装备服役期的备件与保障服务采购。

（5）选择装备保障集成方，确定并调整资源与任务量分配。

（6）定期评估装备保障集成方和装备保障实施单位之间签署的协议，确保协议符合装备保障策略，在保障策略修改时进行支撑性验证。

二是明确组织牵头机构。在全寿命过程装备保障实施过程中，装备保障集成方是装备保障工作的具体牵头和组织者。装备保障集成方由装备保障副主任选出，并将责任交给一个或多个集成方实施。保障集成方大多由军方机构担任，部分由原始装备制造商担任，其主要任务是通过对军地保障资源的有效组合利用，以实现全寿命过程装备保障的目标。

三是选定实施单位。在装备保障副主任的指导下，装备保障集成方按照“最佳效益原则”，在公平对待的基础上，对相关军地单位进行业务分析，评估这些单位的基础设施、技能基础、保障任务完成情况和所具备的装备保障能力，确定装备保障任务分工并选出装备保障实施方，负责完成具体的装备保障工作。负责装备保障的主任、装备保障集成方、装备保障实施方这三要素共同构成了全寿命过程装备保障的组织实施体系。

3. 制定政策法规，持续推进装备维修保障建设

全寿命过程装备维修保障建设，涉及范围广、持续时间长、投入资源多、实施风险高。为此，美军相继出台了一系列有针对性的政策、法规、标准、手册、指南以及备忘录等。例如，为规范指导装备维修保障建设与改革活动，在20世纪70年代，美军就颁布了DoDD.5000.39《系统和设备综合后勤保障的采办和管理》，突出了战备完好性要求。规定了综合后勤保障的政策、程序、职责、组成部分及采办各阶段的工作内容，明确了综合后勤保障的组成要素，以可承受的寿命周期费用，实现武器系统的战备完好性目标。1991年，颁布了采办文件DoDD.5000.1《防务采办》和DoDD.5000.2《防务采办的政策和程序》，将综合后勤保障作为武器系统采办不可分割的组成部分。1996年，又重新颁布5000系列标准，进一步明确了装备保障性的地位和实现的途径。1998年，以国防授权法的形式，授权进行产品保障的创新性工作。1999年，国防部制定了实施基于性能的后勤的工作路线图，分三个阶段实施“基于性能的后勤”（performance based logistics，PBL）战略。2003年，美国国防部颁布的5000系列采办指示，进一步强调对武器系统实行全寿命周期系统管理（total life cycle system management，TLCSM）。2006年8月，由联合参谋部发布的《关键性能参数研究的建议和实施》备忘录，批准“持续保障”作为一个关键性能参数。2009年6月，正式颁发《可靠性、可用性、维修性和拥有费用（RAM-C）手册》，要求在重大里程碑节点都要进行“可靠性、可用性、维修性和拥有费用”（reliability availablity maintenance and cost，RAM-C）的评审。2009年10月，美国总统签署的2010财年国防授权法，即公法Pub.L.11 1-84条款第805节“寿命周期管理和装备保障”，确立了装备保障副主任对武器系统产品保障的关键领导地位，并重申了国防部对寿命周期装备保障管理的承诺。2010—2011年，出版了一系列辅助装备保障主任开展装备综合保障工作的指南，包括《国防部装备保障主任指南》、《国防部装备保障工作案例分析（BCA）指南》和《国防部后勤评估（LA）指南》等。2015年1月，美国国防部发布新版DoDD.5000.02指令，首次以独立附件的形式，专门对武器装备全寿命管理进行全面阐述，使全寿命过程装备保障得以制度化。

4．完善指标体系，明确装备维修保障能力需求

在全寿命过程装备保障建设与改革过程中，美军还不断完善指标体系，规范建设过程，明确能力需求，指导建设工作。

一是完善装备系统级指标体系。该指标体系依据装备可用性、可靠性、使用与保障费用、持续保障 4 个指标构建。其中，装备可用性是装备的关键性能参数和顶层设计指标。装备可靠性是可用性的二级指标，使用与保障费用和持续保障指标也是装备可用性的二级指标。上述 4 个指标已成为目前美军“重大国防采办项目”强制执行指标，美军各装备研制项目都要围绕着该指标构建具体的全寿命过程装备保障指标体系。

二是完善装备维修保障具体要素。在规划某种装备保障能力时，采用新的装备保障要素。新确立的 12 项装备综合保障要素，对传统的十大综合保障要素进行了增强和更新。增加的两个要素是装备保障管理和持续工程。同时，还对一些要素进行了改进。例如，将原有的“规划维修”更改为“规划维修和管理”，“训练和训练设备”更改为“训练和训练保障”。这些都反映出装备保障主任将具有超出传统后装领域的更强的作用和职责。装备保障管理要素进一步为集成其他要素提供了框架，以确保交付给作战部队的装备保障方案是全面一体化的，并满足作战部队的战备完好性、可靠性和经济可承受性方面的需求。持续工程则反映了对各种设计接口活动的全寿命过程关注。这些设计接口活动包括装备可靠性、维修性、保障性和经济可承受性，它们也被纳入装备寿命周期的使用与保障阶段。

三是装备保障绩效指标。为评估和验证装备保障方案、保障效果，其制定了相应的指标。例如，美国国防部长办公厅出版的《使用与保障费用评估指南》，列出了装备使用与保障费用估算的基本要素和指标，《国防部后勤评估（LA）指南》列出了保障效果的评价指标要求。同时，在装备保障实施过程中，还对军民保障力量平衡、装备保障集成方的资质要求等，规定了相应的指标要求。

5．加强信息管理，支撑装备维修保障建设与改革进程

在全寿命过程装备维修保障能力建设中，信息数据是部队装备“保障力”生成、保持和提升的重要因素，其工作贯穿于装备全寿命、全过程。

在装备采办阶段，为解决武器系统日益先进和复杂、开发时间长、使用与维修信息量异常庞大，且不便管理、储存和使用的问题，美国国防部把“持续采办与寿命周期保障”（continuous acquisition and life-cycle support，CALS）技术引入武器装备采办的全过程管理。其实质是以数字信息交换为基础，进行数字化数据生成、存储与维护、交换和集成。持续采办是指可使国防部与承包商之间的业务管理达到最大限度的默契和速度；寿命周期保障则是要确保在武器系统最初的设计和研制阶段，就将更多的注意力投入装备使用和维修保障上。在部队装备使用和保障方面，美军开发了“陆军全球作战保障系统”，这是一个国防部开发并集中管理的开放式的基于网络的信息系统，是由大量系统构成的系统集，其中的信息数据来自各军种和国防部各业务局，涵盖了运输、供应、维修、人员、采办等各个领域。各系统对这些数据进行处理，并转换为可直接利用的信息。其中，陆军子系统开发了 GCSS-A“增强型装备寿命周期管理系统”，该系统能协助陆军对复杂武器系统进行全寿命过程管理。该系统具备寿命周期管理、管理业务主数据、业务情报等功能，并集成了仓库和生产实施、供应链管理、用户关系管理、供应商关系管理，以及业务资源规划等功能。该系统能够对各装备保障领域中的相关信息进行联系分析，研究确定与部队、平台和部件在战备完好性和费用产生直接影响的有关新问题和不足，能够反馈给装备采办部门进行装备的改进和升级。

6．注重验证评估，降低装备维修保障建设与改革风险

美军将装备维修保障确定为高风险领域，其改革和转型面临着大量的不确定因素，受国防预算、装备发展策略等多种条件的限制和制约，需要加强验证评估，降低和规避改革风险。

一是对装备保障整体情况进行评估，为进行改革奠定基础，指明方向。为推进改革，美军专门成立“装备保障评估小组”开展装备保障总体评估，旨在分析国防部装备保障领域的业务流程、工作效率和成本，并向国防部提供改革改进全寿命过程装备保障管理方面的建议。该小组还负责对各采办项目的保障经费管理、战备水平保持及保障风险降低等情况进行评估。评估小组最后提交的报告《武器系统采办改革：装备保障评估》（WSAR-PSA），从部队驱动使用的视角出发，得出了一系列改革装备保障策略所需的研究结论和建议，明确了通过装备使用部门、采办部门和持续保障部门之间的共同合作，实现武器装备所需的性能与经济可承受性目标的途径方法。

二是全寿命过程装备维修保障建设情况的评估。通过加强对指南和政策的推行力度，以确定装备保障问题在关键的全寿命管理决策点（如里程碑）是否得到了考虑和解决。根据国防部发布的顶层政策，在里程碑 B、里程碑 C、大批量生产之前开展“独立保障评价”，并在里程碑决策之前向负责装备战备完好性的副部长帮办助理提交报告。在国防部保障与装备战备完好性的副部长帮办及各军种保障方面的领导的主持下，开展“初始作战能力后期评审”，审查装备保障的实施情况，确定存在的问题，提出方案建议。

三是对关键战技性能参数实施效果的评价。在整个项目执行过程中，关键参数的目标值和项目进行中的实际值，是指导制定全寿命过程装备保障策略的主要依据。装备保障主任负责确定指标目标值，且通过每次的项目评审会来掌握所取得的进展。同时，还不断评估和修正装备保障指标值。装备可用性、可靠性、使用与保障费用等指标确定与评估过程是一个反复评估和修正的过程，需要根据装备研制试验和作战试验验证的情况进行修正，并且还会根据装备战场使用数据进行定期评估。

2.3.2　几点启示

全寿命过程装备维修保障是美军开展装备维修保障能力建设的重要举措，通过对其实施过程和做法等进行研究，有以下几点重要启示值得借鉴和参考。

1．全寿命过程装备维修保障是装备维修保障能力建设的必然选择

武器装备的全寿命过程，不仅是将军事需求和技术能力转化为新型武器装备研发的过程，也是武器装备经过部队训练、装备保障转化为部队战斗力的重要过程。由于现代武器装备结构复杂，技术含量高，研制周期长，费用投入高，服役年限长，更要通过装备论证、研制、生产、使用保障工作的总结，认识并掌握装备建设及装备维修保障能力建设的内在规律，通过制度或程序加以固定，进而形成一种相对科学合理高效的装备保障战略。装备全寿命过程维修保障就是这样一种战略，多年的实践结果已经证明，它能够适应现代战争对装备维修保障的基本要求，有效缩减装备维修保障规模，显著降低部队装备使用和维修保障费用，快速形成并保持部队装备维修保障能力和战斗力。

2．采办与保障的一体化是实现全寿命过程维修保障的有效途径

全寿命过程装备维修保障的核心是：既强调在装备研制阶段对服役后的装备维修保障予以全面、系统、深入的考虑，以设计、生产出部队好保障的装备，实现装备的“优生”，又强调在装备使用阶段对部队装备维修保障进行检验、改进和完善，以实现装备的“优用”。在全寿命过程装备维修保障建设中，应尽全力避免采办管理机构对装备保障问题重视不够，而保障管理机构仅关注研制时“面上”的装备保障工作，部队只注重“末端”保障，根本就不关注或很少关注全寿命过程装备维修保障的问题。通过构建和优化相关的管理机构、岗位，明确相应职责，把采办队伍和部队装备维修保障队伍紧密联系到一起，以有效实现全寿命过程装备维修保障，真正将采办与保障实现一体化，确保装备在“先天”实现“好保障”，在“后天”部队真正地“保障好”。

3．各维修级别职责清晰、任务明确，对维修保障能力提升具有重要作用

管理出效益，管理出保障力，管理出战斗力。美军在装备维修保障与管理方面，特别注重追求保障绩效，把目标放在以最少的费用（消耗）实现部队装备战备完好性上。这一点，既可以从其维修级别职责、具体任务的针对性和有效性来体现，也可以从历年来的美国国防部组织举办的维修年会、维修通报和许多相关文章等方面来体现，其很少讲空话、套话，不务虚、重实效。在美国国防部组织举办的历年维修年会上，其将装备维修保障各方面人员聚集到一起，集中地讨论如何通过提高部队装备维修保障的效率，节省费用，进而提高部队的战备完好性，就是很好的例证。

4．应用装备维修保障理论和技术，为各级装备使用维修人员提供有力支撑

美国陆军无论是之前实施的装备四级维修还是现在实施的装备两级维修，在使用和维修人员承担的维修任务中均有“维修任务分配表”、利用“标准陆军管理信息系统”做好维修记录等任务。维修任务分配表（maintenance allocation chart，MAC）是美军开展装备故障后修理和预防性维修的重要依据，它对各级维修的职能、责任，以及装备分系统、部组件、维修工作类型、维修级别、维修人员、维修场所、实施每项维修工作所需的设备工具等维修资源，都进行了具体的分配或说明。各种装备均有相应的维修任务分配表并配发到相应单位和人员使用。维修任务分配表是通过应用装备故障模式与影响分析技术、以可靠性为中心的维修分析技术、修理级别分析技术等，经过一定的决策流程制定的。将现代装备维修保障理论和技术积极应用于部队装备维修保障，不仅为各级装备使用与维修人员提供了有力支撑，而且可有效提升维修工作的针对性和有效性，进而快速提升部队装备维修保障能力和战斗力。

思 考 题

1．简述部队装备维修保障能力生成各阶段的主要任务。

2．简述装备维修保障能力生成在使用阶段的主要工作。

3．试简要谈谈美军装备维修保障能力建设的做法和自己的感想。

第3章　可靠性基础

装备可靠性这一质量特性，对于装备战备完好性高低、装备维修保障能力提升、装备作战效能发挥具有至关重要的作用。本章主要介绍装备可靠性的基本概念、基本参数、系统可靠性及软件可靠性等基本知识。

3.1　可靠性基本概念

3.1.1　可靠性定义

可靠性是指产品在规定的条件下和规定的时间内，完成规定功能的能力。

上述可靠性定义要点如下：

（1）研究对象：可靠性定义中的产品是一个泛指的产品概念，可以是最终的系统，也可以是设备、部件、组件、元器件等。研究可靠性问题时应首先明确研究对象，不仅应明确具体的产品，还应明确其具体包含的内容。如果研究对象是一个系统，那么它不仅包括硬件，也包括软件甚至可能包括人的因素。

（2）规定条件：产品的使用条件对于未来的性能或行为有着重要影响。产品的使用条件包括使用时的环境条件（如温度、压力、湿度、载荷、振动、腐蚀、磨损等）、储存条件、运输条件、使用方法、维修条件等。

（3）规定时间：人们谈论产品的可靠性时，实际上是在谈论产品未来的性能或行为，因此，有人也把可靠性看成一种以时间为坐标的质量。在研究产品可靠性时一定要明确所要求的使用期限（或区间）和时间单位。时间单位是广义的产品寿命单位，既可以是年、月、日、小时、分钟、秒这样的日历时间，也可以是行驶里程、操作次数、射弹发数、循环周期等。

（4）规定功能：研究可靠性应明确产品规定功能的具体含义和内容。一般来说，产品“完成规定功能”是指在规定的使用条件下和要求的时间内产品能够正常工作，能在规定的功能参数下正常运行。若产品不能正常工作则常常称为故障，对于一次性使用的产品也称为失效。因此，在研究产品可靠性时不仅要明确产品各种功能的具体含义和内容，也要明确产品故障或失效（不能完成规定功能）的定义和具体含义。

（5）能力：产品在未来是否能够完成规定的功能存在着不确定性，因此，人们广泛采用概率论与数理统计方法定量研究产品的可靠性。由于产品完成规定功能的能力具有偶然性，所以，可靠性定义中的“能力”不是指某一个产品“个体”的正常工作情况的程度，而是具有统计学的意义。产品完成规定功能的能力通常采用概率或寿命法进行定量描述，以便对产品的可靠性进行度量、计算、验证和评估。

3.1.2 可靠性的区分

在实际应用中，根据不同的目的和场合，人们常常将可靠性区分为多种。

1. 任务可靠性与基本可靠性

任务可靠性（mission reliability）：产品在规定的任务剖面内完成规定功能的能力。其中，任务剖面（mission profile）是指产品在完成规定任务这段时间内所经历的事件和环境的时序描述。

可见，任务可靠性反映了产品在执行任务时成功的概率，任务可靠性高说明产品在执行任务时完成规定功能的概率高。任务可靠性是装备作战效能的重要因素之一。同样，在研究产品任务可靠性时需要明确产品完成规定功能的具体含义和内容，包括任务成功或故障的判断准则。任务可靠性只统计危及任务成功的致命故障。

基本可靠性（basic reliability）：产品在规定的条件下，规定的时间内，无故障工作的能力。显然，基本可靠性说明装备经过多长时间可能要发生故障需要维修，它反映了产品对维修资源的要求。确定基本可靠性量值时，应统计产品的所有寿命单位和所有关联故障。

2. 使用可靠性与固有可靠性

为比较装备在不同条件下的可靠性，可将可靠性区分为使用可靠性和固有可靠性。

使用可靠性是产品在实际的环境中使用时所呈现的可靠性，它反映产品设计、制造、使用、维修、环境等因素的综合影响。

固有可靠性是设计和制造赋予产品的，并在理想的使用和保障条件下所具有的可靠性。固有可靠性也是可靠性的设计基准。具体装备设计、工艺确定后，装备的固有可靠性是固定的。

3．工作可靠性与不工作可靠性

许多装备往往是工作时间极短，而不工作时间（待命、储存等时间）较长，因此，在实际中可将可靠性区分为工作可靠性和不工作可靠性。

工作可靠性是产品在工作状态所呈现出的可靠性。例如，飞机的飞行，导弹、弹药的发射，车船运行等是装备工作状态，其工作可靠性常用飞行小时、发射成功率、运行小时或千米数等来量度。

不工作可靠性是产品在不工作状态所呈现出的可靠性。不工作状态包括储存、静态携带（运载）、战备警戒（待机）或其他不工作状态，此时尽管装备不工作，但可能由于自然环境或诱导环境应力等影响，装备也可能发生故障。例如，弹药、导弹、电子装备、光学仪器在储存过程中，由于高温、潮湿造成失效。对弹药、导弹等装备储存可靠性尤其重要。

3.1.3　产品的寿命

在可靠性领域将产品从开始工作到发生故障前的一段时间 T 称为寿命。由于产品发生故障是随机的，所以寿命 T 是一个随机变量。对不同的产品、不同的工作条件，寿命 T 取值的统计规律一般是不同的。对应产品的两种类型，不修产品（不能修或不值得修的产品）和可修产品的“寿命”可用图 3-1 表示。

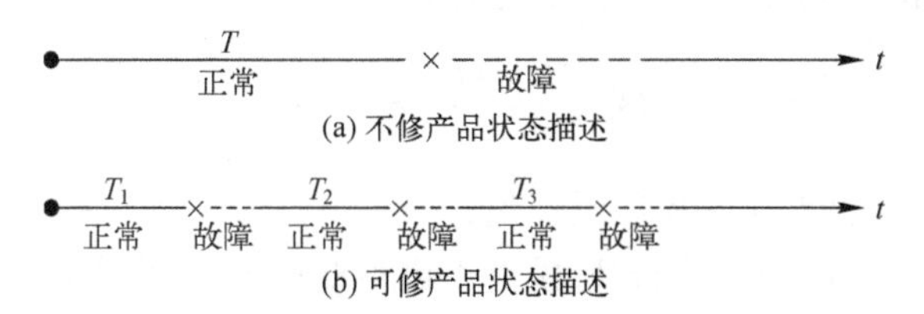

图 3-1　可修产品和不修产品状态描述示意图

产品寿命中所说的时间是广义时间，其单位称为寿命单位。根据产品寿命度量不同，有不同的寿命单位，如小时（h）、千米（km）、摩托小时、发（枪、炮弹）、次（起飞次数、发射次数）、飞行小时等。

3.1.4 可靠度函数

1. 定义

定义：产品在规定的条件下和规定的时间t内，完成规定功能的概率称为产品的可靠度函数，简称可靠度，记为$R(t)$。

设T是产品在规定条件下的寿命，则下面三个事件等价：

（1）“产品在时间t内能完成规定功能”。

（2）“产品在时间t内无故障”。

（3）“产品的寿命T大于t”。

产品的可靠度函数$R(t)$可以看作事件“$T>t$”的概率，即

$$R(t)=P\{T>t\} \tag{3-1}$$

显然，这个概率值越大，表明产品在时间t内完成规定功能的能力越强，产品越可靠。

2. 可靠度的性质

（1）$0\leqslant R(t)\leqslant 1$（因$R(t)$是一种概率）。

（2）$R(0)=1$（假定产品开始工作时完全可靠）。

（3）$R(\infty)=0$（表示产品最终会发生故障）。

（4）$R(t)$是t的非增函数（表示随产品使用时间增加可靠性降低）。

3. 可靠度的估计

由概率论和数理统计理论可知，当统计的同类产品数量较大时，概率可以用频率进行估计。假如在$t=0$时有N件产品开始工作，而到t时刻，有$r(t)$个产品故障，还有$N-r(t)$个产品继续工作，则频率

$$\hat{R}(t)=\frac{N-r(t)}{N}=1-\frac{r(t)}{N} \tag{3-2}$$

可以用来作为时刻t的可靠度的近似值。

例3-1 对100个元件在相同条件下进行寿命试验，每工作100h统计一次，得到结果如图3-2所示，试估计该种元件在各检测点的可靠度。

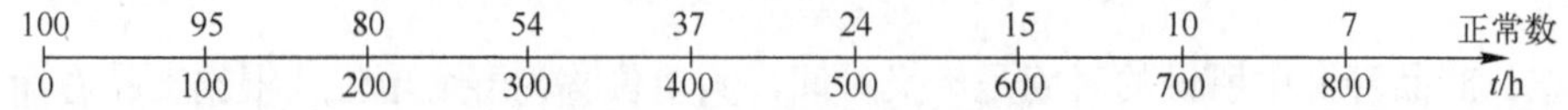

正常数	100	95	80	54	37	24	15	10	7
t/h	0	100	200	300	400	500	600	700	800

图3-2 元件寿命试验统计结果

解：依题意，计算结果如表 3-1 所列。

表 3-1　例 3-1 计算结果

时刻 t_i / h	在 (0，t_i) 内故障数 $r(t_i)$	$\hat{R}(t_i)=\frac{N-r(t_i)}{N}$
0	0	1.00
100	5	0.95
200	20	0.80
300	46	0.54
400	63	0.37
500	76	0.24
600	85	0.15
700	90	0.10
800	93	0.07

由表 3-1 可画出 $R(t)$ 的曲线（图 3-3）。

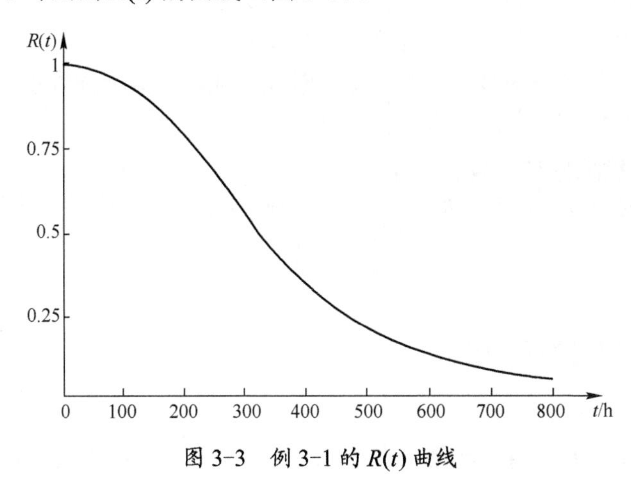

图 3-3　例 3-1 的 $R(t)$ 曲线

从图 3-3 可以估计出不同时刻的可靠度值。例如，在 $t=250\text{h}$ 这一时刻，对应的可靠度为 $R(250)\approx 0.68$。相反，若给定可靠度为 0.90，也可按图估计出对应的时间 t_0，即 $R(t_0)=0.90$ 时，$t_0=130\text{h}$。

3.1.5 累积故障分布函数

1. 定义

产品在规定的条件下和规定的时间t内，丧失规定功能（即发生故障）的概率，称为产品的故障概率（或不可靠度），记为$F(t)$。

设产品的寿命为T，t为规定的时间，则

$$F(t)=P\{T\leqslant t\} \tag{3-3}$$

$F(t)$表示在规定条件下，产品的寿命不超过t的概率，或者说，产品在t时刻前发生故障的概率。

由于产品故障与可靠两个事件是对立的，所以

$$R(t)+F(t)=1 \tag{3-4}$$

$F(t)$也称为“累积故障分布函数”，它是一种普通概率分布函数，概率论与数理统计中有关分布函数公式和定理可以全部套用。

2. 累积故障分布函数的性质

（1）$0\leqslant F(t)\leqslant 1$。

（2）$F(0)=0$（设产品未使用时，故障数为0）。

（3）$F(\infty)=1$（产品最终全部发生故障）。

（4）$F(t)$为非减函数。当产品工作时间增加时，其故障数不可能减少，只可能不变或增加，因此$F(t)$为非减函数。

3. 累积故障分布函数的估计

设$t=0$时有n个产品开始工作，到时刻t已有$r(t)$个产品发生了故障，则

$$\hat{F}(t)=\frac{r(t)}{N} \tag{3-5}$$

3.1.6 故障密度函数

1. 定义

在规定条件下使用的产品，在时刻t后一个单位时间内发生故障的概率称为产品在t时刻的故障密度函数，记为$f(t)$，即

$$f(t)=\lim_{\Delta t\to 0}\frac{P\{t<T\leqslant t+\Delta t\}}{\Delta t} \tag{3-6}$$

式中　$P\{t<T\leqslant t+\Delta t\}$——产品在区间$(t,\ t+\Delta t)$内发生故障的概率。

由式（3-6）可进一步推得

$$f(t)=\lim_{\Delta t\to 0}\frac{P\{T\leqslant t+\Delta t\}-P\{T<t\}}{\Delta t}=\lim_{\Delta t\to 0}\frac{F(t+\Delta t)-F(t)}{\Delta t}=F'(t) \quad (3-7)$$

故障密度函数就是普通的概率密度函数。

2．故障密度函数的性质

$f(t)$ 具有一般概率密度函数的性质：

（1）$\int_0^{+\infty} f(t)\mathrm{d}t=1$（归一性）。

（2）$f(t)\geqslant 0$（非负性）。

3．故障密度函数的估计

显然 $f(t)$ 也可用频率变化率来估计，即在时刻 t 后（前）一个单位时间内的故障数与产品总数之比。$f(t)$ 可近似表示为

$$\hat{f}(t)=\frac{r(t+\Delta t)-r(t)}{N}\times\frac{1}{\Delta t}=\frac{\Delta r(t)}{N}\times\frac{1}{\Delta t} \quad (3-8)$$

式中 N ——同类产品总数；

Δt ——很小的时间区间；

$r(t)$ ——产品在 $(0,t)$ 内发生故障的数目；

$r(t+\Delta t)$ ——产品在 $(0,t+\Delta t)$ 内发生故障的数目；

$\Delta r(t)$ ——产品 t 时刻后，Δt 时间内发生故障的数目。

例 3-2 对 1000 个元件进行试验，同时工作 500h 时，已有 50 个元件发生故障，在 500～550h 区间内有 5 个元件发生了故障。试求该元件在 $t=500\text{h}$ 时的故障密度函数值。

解： 因为 $\hat{f}(t)=\frac{\Delta r(t)}{N}\times\frac{1}{\Delta t}$

所以 $\hat{f}(500)=\frac{5}{1000}\times\frac{1}{50}=10^{-4}(\text{h}^{-1})$

例 3-3 已知条件同例 3-1，估计该元件在各检测点的分布函数值 $F(t_i)$ 及故障密度函数值 $f(t_i)$，并给出 $F(t)$、$f(t)$ 曲线。

解： 由式（3-5）和式（3-8）可得

$$F(t_i)\approx\frac{r(t_i)}{N}$$

$$f(t_i)\approx\frac{r(t_{i+1})-r(t_i)}{N}\times\frac{1}{t_{i+1}-t_i}=\frac{\Delta r(t_i)}{N}\times\frac{1}{\Delta t_i}$$

其中
$$\Delta r(t_i)=r(t_{i+1})-r(t_i),\quad \Delta t_i=t_{i+1}-t_i$$

由于$N=100$，再由式（3-5）和式（3-8）计算，可得表 3-2。

表 3-2　例 3-3 计算结果

序号	时刻 t_i /h	$\Delta r(t_i)$	$r(t_i)$	$F(t_i)$	$f(t_i)$ /h^{-1}
0	0	5	0	0	5×10^{-4}
1	100	15	5	0.05	15×10^{-4}
2	200	26	20	0.20	26×10^{-4}
3	300	17	46	0.46	17×10^{-4}
4	400	13	63	0.63	13×10^{-4}
5	500	9	76	0.76	9×10^{-4}
6	600	5	85	0.85	5×10^{-4}
7	700	3	90	0.90	3×10^{-4}
8	800	—	93	0.93	—

由表 3-2 可画出$F(t)$和$f(t)$曲线（图 3-4）。

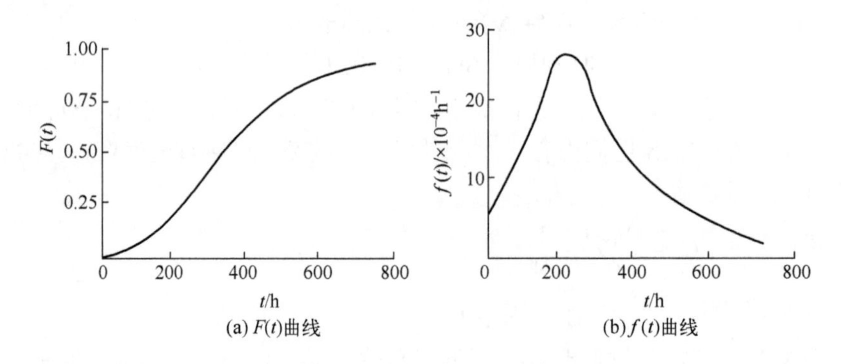

(a) $F(t)$曲线　　(b) $f(t)$曲线

图 3-4　$F(t)$和$f(t)$曲线

3.1.7　故障率函数

1. 定义

已工作到时刻t的产品在其后单位时间内发生故障的条件概率称为产品在时刻t的故障率，简称故障率，记为$\lambda(t)$，即

$$\lambda(t)=\lim_{\Delta t\to 0}\frac{P\{t<T\leqslant t+\Delta t\mid T>t\}}{\Delta t} \tag{3-9}$$

该概念表示，如果装备工作到时刻t还没有发生故障，即正常工作，那么该装备在以后单位时间内发生的故障概率即故障率。

由条件概率公式可推得

$$\begin{aligned}&P\{t<T\leqslant t+\Delta t\mid T>t\}\\&=\frac{P\{t<T\leqslant t+\Delta t,T>t\}}{P\{T>t\}}=\frac{P\{t<T\leqslant t+\Delta t\}}{P\{T>t\}}\\&=\frac{P\{T\leqslant t+\Delta t\}-P\{T\leqslant t\}}{1-P\{T\leqslant t\}}=\frac{F(t+\Delta t)-F(t)}{1-F(t)}\end{aligned}$$

于是

$$\lambda(t)=\lim_{\Delta t\to 0}\frac{F(t+\Delta t)-F(t)}{\Delta t}\times\frac{1}{1-F(t)}=\frac{F'(t)}{1-F(t)}=\frac{f(t)}{R(t)} \tag{3-10}$$

故障率是可靠性理论中的一个很重要的概念。在实践中，它又是产品或装备的一个重要参数。故障率越小，其可靠性越高；相反，故障率越大，可靠性就越差。电子元件就是按故障率大小来评价其质量等级的。

2．故障率的估计

故障率也可用频率来估计。假若$t=0$时刻有N个产品开始工作，到时刻t有$r(t)$个产品发生故障，这时还有$N-r(t)$个产品在继续工作；为了研究产品在t时刻后的故障情况，再观察Δt时间，如果在t到$t+\Delta t$时间内又有$\Delta r(t)$个产品故障，那么在t时刻尚未发生故障的$(N-r(t))$个产品继续工作，在$(t,t+\Delta t)$内故障的频率为

$$\frac{\Delta r(t)}{N-r(t)}=\frac{\text{在时间}(t,t+\Delta t)\text{内故障的产品数}}{\text{在时刻}t\text{仍在工作的产品数}}$$

于是，工作到t时刻的产品在单位时间内发生故障的频率为

$$\frac{\Delta r(t)}{N-r(t)}\times\frac{1}{\Delta t}$$

故障率的估计值为

$$\hat{\lambda}(t)=\frac{\Delta r(t)}{N-r(t)}\times\frac{1}{\Delta t}=\frac{r(t+\Delta t)-r(t)}{N-r(t)}\times\frac{1}{\Delta t} \tag{3-11}$$

例 3-4 在$t=0$时，有100个元件开始工作，工作100h时，发现有2个元件已发生故障；继续工作10h，又有1个元件故障。求$\lambda(100)$和$f(100)$的估计值。

解：由题可知 $N=100, r(100)=2, \Delta r(100)=1, \Delta t=10\text{h}$

所以 $$\hat{\lambda}(100)=\frac{\Delta r(100)}{N-r(100)}\times\frac{1}{\Delta t}=\frac{1}{100-2}\times\frac{1}{10}=\frac{1}{980}(\text{h}^{-1})$$

$$\hat{f}(100)=\frac{\Delta r(100)}{N}\times\frac{1}{\Delta t}=\frac{1}{100}\times\frac{1}{10}=\frac{1}{1000}(\text{h}^{-1})$$

$\lambda(t)$ 和 $f(t)$ 都可以反映产品故障发生变化的情况，但是 $f(t)$ 不如 $\lambda(t)$ 灵敏。一般情况下，人们希望，产品工作时间 t 后，未来的故障数与还在工作的产品数之比越小越好，这一点 $f(t)$ 是无法反映的，只有 $\lambda(t)$ 能反映。

在工程实践中常用平均故障率的概念，即某时期内故障数与其时间的比值。

3. 故障率的量纲

故障率的单位是时间的倒数，由于不同装备的寿命单位不同，$\lambda(t)$ 的单位也不同，它可以是 h^{-1}、1/发、1/次或 km^{-1} 等。例如，枪的平均故障率为 0.001/发（= 1/1000 发），它表示这种枪射击 1000 发子弹大约有 1 次故障。

对于高可靠性的产品，常采用菲特（fit）作为故障率的单位，它的定义为

$$1\text{fit}=10^{-9}(\text{h}^{-1})=10^{-6}(\text{kh}^{-1})$$

它也可理解为每 1000 个产品工作 1000000h 后，只有一次故障。

3.1.8 $\lambda(t)$与 $R(t)$、$F(t)$和 $f(t)$的关系

根据 $R(t)$、$F(t)$ 及 $f(t)$ 的关系，进一步推得

$$\lambda(t)=\frac{F'(t)}{R(t)}=\frac{f(t)}{R(t)}=-\frac{R'(t)}{R(t)} \tag{3-12}$$

这些都是故障率的数学表达式，显然，已知产品故障分布 $F(t)$ 或 $f(t)$，或可靠度函数 $R(t)$，都可以求出 $\lambda(t)$。

由式（3-12）可得

$$R(t)=\text{e}^{-\int_0^t \lambda(t)\text{d}t} \tag{3-13}$$

同样

$$F(t)=1-R(t)=1-\text{e}^{-\int_0^t \lambda(t)\text{d}t} \tag{3-14}$$

$$f(t)=F'(t)=\lambda(t)\text{e}^{-\int_0^t \lambda(t)\text{d}t} \tag{3-15}$$

例 3-5　假设某装备的故障率函数 $\lambda(t)$ 为

$$\lambda(t)=\frac{m}{\eta}\left(\frac{t}{\eta}\right)^{m-1}\qquad(t\geqslant 0,\quad \eta\geqslant 0,\quad m>0)$$

求该装备的可靠度 $R(t)$ 及故障分布 $F(t)$ 与 $f(t)$。

解：$$R(t)=\mathrm{e}^{-\int_0^t \lambda(u)\mathrm{d}u}=\exp\left[-\int_0^t \frac{m}{\eta}\left(\frac{u}{\eta}\right)^{m-1}\mathrm{d}u\right]=\exp\left[-\left(\frac{t}{\eta}\right)^m\right]$$

$$F(t)=1-R(t)=1-\exp\left[-\left(\frac{t}{\eta}\right)^m\right]$$

$$f(t)=F'(t)=\frac{m}{\eta}\left(\frac{t}{\eta}\right)^{m-1}\exp\left[-\left(\frac{t}{\eta}\right)^m\right]$$

例 3-6　已知某产品的故障密度函数为

$$f(t)=\lambda\mathrm{e}^{-\lambda t}\qquad(t\geqslant 0,\ \lambda>0)$$

求该产品的可靠度函数 $R(t)$ 和故障率函数 $\lambda(t)$。

解：因为 $$F(t)=\int_0^t f(t)\mathrm{d}t=\int_0^t \lambda\mathrm{e}^{-\lambda t}\mathrm{d}t=1-\mathrm{e}^{-\lambda t}$$

所以 $$R(t)=1-F(t)=\mathrm{e}^{-\lambda t}$$

$$\lambda(t)=\frac{f(t)}{R(t)}=\frac{\lambda\mathrm{e}^{-\lambda t}}{\mathrm{e}^{-\lambda t}}=\lambda$$

3.1.9　故障规律

如上述，故障率反映了装备故障发生的快慢情况，因此，常用故障率随时间的变化表示故障规律。最基本的故障规律有以下三种。

（1）故障率恒定型。当产品的故障率函数 $\lambda(t)=\lambda$ (常数)时，称为故障率恒定型（constant failure rate，CFR）。其可靠度函数 $R(t)=\mathrm{e}^{-\lambda t}$，呈最简单的指数分布，即例 3-6 的情况，是可靠度函数的最基本形式。在这种情况下产品故障发生是随机的，即没有一种特定的故障因素在起主导作用，而大多数是由于使用不当，操作上疏忽或润滑密封及类似维护条件不良等偶然原因引起的。

（2）故障率递减型。故障率函数 $\lambda(t)$ 随时间单调递减时，称为故障率递减型（decreasing failure rate，DFR）。产品在开始故障率高，其后逐渐降低，这反映出一些产品的早期故障过程。其原因在于材料、结构、制造及装配上存在有某些缺陷。一些受静载荷作用或有少量摩擦磨损，又没有经过充分筛选或磨合的产品故障，基本上属于这种类型。

（3）故障率递增型。故障率函数 $\lambda(t)$ 随时间单调递增时，称为故障率递增型（increasing failure rate，IFR）。说明产品故障率随时间增加而不断升高，最后出现大量故障。大多数受变载荷作用及易磨损、老化、腐蚀产品的耗损性故障属于这种类型，其故障密度函数 $f(t)$ 多半是近似正态分布。

通过对大量使用和试验中得到的故障数据进行统计分析后，可以得到产品故障率随时间变化的曲线。显然，实际故障率是复杂的，但都可以看作上述三种基本型的组合。一种简单产品典型的故障率 $\lambda(t)$ 随工作时间 t 的变化趋势有图 3-5 所示的曲线形式，人们形象地将它称为“浴盆曲线”。从这条曲线可以看出，根据产品故障率的变化情况，可将产品的寿命分为早期故障期、偶然故障期和耗损故障期三个阶段。

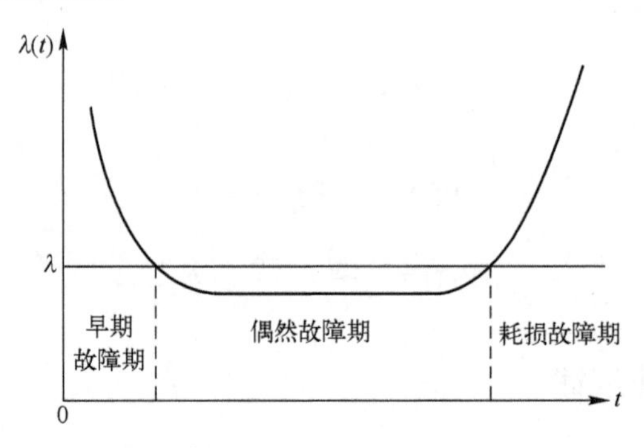

图 3-5　简单产品的故障规律

上述产品的“浴盆曲线”并不适用于所有装备。由于装备复杂程度不同，故障模式（或原因）或多或少，使用维修条件差异，使其表现出的故障规律存在较大差别，如有些没有早期或耗损故障期。根据装备的故障率曲线，可从宏观上掌握故障规律，分析故障原因，进而寻求解决途径。

3.2　可靠性参数及指标

3.2.1　基本概念

1. 可靠性参数

可靠性参数是描述系统（产品）可靠性的量，它直接与装备战备完好、任务成功、维修人力和保障资源需求等目标有关。根据应用场合的不同，其又可分为使用可靠性参数与合同可靠性参数两类。可靠性参数是反映装备使用需求的参数，一般不直接用于合同，如确有需要且参数的所有限定条件均明确，也可用于合同；而合同可靠性参数则是在合同或研制任务书中用以表述订购方对装备可靠性要求的，并且是承制方在研制与生产过程中能够控制的参数。

2. 可靠性指标

可靠性指标是对可靠性参数要求的量值，如 MTBF≥1000h 即为可靠性指标。与使用、合同可靠性参数相对应，则有使用、合同可靠性指标。前者是在实际使用保障条件下达到的指标；而后者则是按合同规定的理想使用保障条件下达到的要求。所以，一般情况下，同一装备的使用可靠性指标低于同名的合同指标。国家军用标准 GJB 1909A—2009《装备可靠性维修性保障性要求论证》中，将指标分为最低要求和希望达到的要求，即使用可靠性指标的最低要求值称为“门限值”，希望达到的值称为“目标值”；合同可靠性指标的最低要求值称为“最低可接受值”，希望达到的值称为“规定值”。某装甲车辆可靠性参数与指标举例如表 3-3 所列。

表 3-3　某装甲车辆可靠性参数与指标举例

参数名称	使用指标		合同指标	
	目标值	门限值	规定值	最低可接受值
任务可靠度	0.66	0.61	—	—
致命性故障间隔任务里程/km	1200	1000	1500	1250
平均故障间隔里程/km	250	200	300	250

3.2.2　常用可靠性参数

除前面介绍的 $R(t)$、$\lambda(t)$ 可作为可靠性参数外，还有以下一些常用的可靠性参数，应当根据装备的类型、使用要求、验证方法等进行选择。

1. 平均寿命

（1）定义：产品寿命的平均值或数学期望称为该产品的平均寿命（mean life），记为θ。

设产品的故障密度函数为$f(t)$，则该产品的平均寿命，即寿命T（随机变量）的数学期望为

$$\theta = E(T) = \int_0^{\infty} t f(t)\,\mathrm{d}t \tag{3-16}$$

对可修产品平均寿命又称为平均故障间隔时间（mean time between failure，MTBF）。

对不修产品平均寿命又称为平均故障前时间（mean time to failure，MTTF）。

若产品的故障密度函数为

$$f(t) = \lambda \mathrm{e}^{-\lambda t} \qquad (\lambda > 0，\ t > 0)$$

则

$$\theta = \int_0^{\infty} t\lambda \mathrm{e}^{-\lambda t}\mathrm{d}t = \frac{1}{\lambda} \tag{3-17}$$

即故障率为常数时，平均寿命与故障率互为倒数。

平均寿命表明产品平均能工作多长时间。很多装备常用平均寿命来作为可靠性指标，如车辆的平均故障间隔里程，雷达、指挥仪及各种电子设备的平均故障间隔时间，枪、炮的平均故障间隔发数等。人们可以从这个指标中比较直观地了解一种产品的可靠性水平，也容易在可靠性水平上比较两种产品的高低。

（2）估计值。平均寿命一般通过寿命试验，用所获得的一些数据来估计。由于可靠性试验往往是具有破坏性的，故只能随机抽取一部分产品进行寿命试验。这部分产品在统计学中称为子样或样本，每个产品称为样品。一般情况下，平均寿命是指试验的总工作时间与在此期间的故障次数之比，即

$$\hat{\theta} = \frac{s}{r}$$

式中　s——试验总工作时间；

　　　r——故障次数。

如果从一批不修产品中随机抽取n个，将它们都投入使用或试验，直到全部发生故障为止。这样就可以获得每个样品工作到故障前的时间，即寿命为$t_1,t_2,\cdots,t_n$；则试验总工作时间为

$$s=\sum_{i=1}^{n}t_i$$

在试验中，产品发生了 $r=n$ 次故障，显然，平均寿命为

$$\theta=\frac{\sum_{i=1}^{n}T_i}{n} \tag{3-18}$$

例 3-7　取 10 个元件做寿命试验，每个工作到出故障时间为（单位：h）

5000,7500,8000,8500,10000,11000,12500,13000,13500,14000

试估计这批元件的平均寿命。

解：这 10 个元件的试验总时间为

$$\begin{aligned}s=\sum_{i=1}^{n}t_i&=5000+7500+8000+8500+10000+11000+\\&\quad 12500+13000+13500+14000\\&=103000(\text{h})\end{aligned}$$

由 $n=10$，故这批元件平均寿命的估计值为

$$\hat{\theta}=\frac{s}{n}=\frac{103000}{10}=10300(\text{h})$$

如果所抽取的样品数量较大，即 n 较大，那么可按一定时间间隔对寿命试验数据进行分组。例如，将 n 个数据分为 K 组，设第 i 个组中有 Δn_i 个数据，t_i' 表示第 i 组的时间中值，并且用 t_i' 作为该组数据的均值或每个数据的近似值，于是，n 件样品总的工作时间可作近似计算，即

$$s=\sum_{i=1}^{K}t_i'\cdot\Delta n_i$$

于是，这批产品的平均寿命的估计公式为

$$\hat{\theta}=\frac{s}{n}=\frac{1}{n}\sum_{i=1}^{K}t_i'\cdot\Delta n_i \tag{3-19}$$

2．可靠寿命

定义：设产品的可靠度函数为 $R(t)$，使可靠度等于给定值 r 的时间 t_r 称为可靠寿命（reliable life）。其中，r 称为可靠水平，满足 $R(t_r)=r$。

特别地，可靠水平 $r=0.5$ 的可靠寿命 $t_{0.5}$ 称为中位寿命。可靠水平 $r=\mathrm{e}^{-1}$ 的

可靠寿命 $t_{e^{-1}}$ 称为特征寿命（图 3-6）。

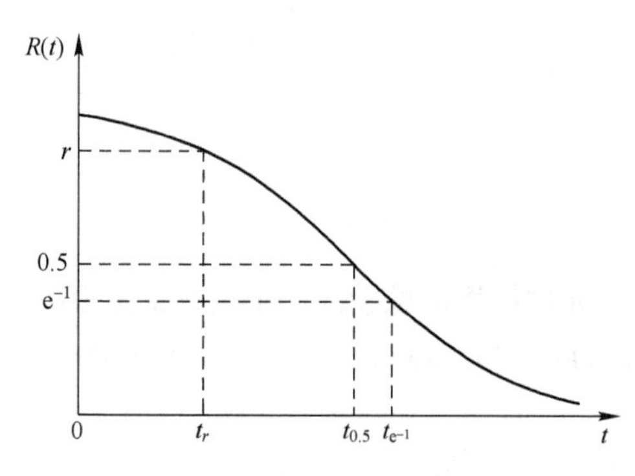

图 3-6　产品的可靠寿命

从定义中可以看出，产品工作到可靠寿命 t_r 大约有 $100(1-r)\%$ 产品已经失效；产品工作到中位寿命 $t_{0.5}$，大约有一半产品失效；产品工作到特征寿命，大约有 63.2% 产品失效（在指数寿命分布下）。

在指数分布场合，可靠寿命满足指数方程

$$e^{-\lambda t_r}=r$$

故

$$t_r=-\frac{\ln r}{\lambda}$$

可以求得任意可靠水平 r 下的可靠寿命 t_r。表 3-4 列出了指数分布的几种可靠寿命。

表 3-4　指数分布的可靠寿命（系数：$1/\lambda$）

r	t_r	r	t_r	r	t_r
0.9999	0.0001	0.7	0.357	0.2	1.609
0.999	0.001	0.6	0.511	0.1	2.302
0.99	0.01	0.5	0.693	0.05	3.000
0.95	0.05	0.4	0.916	0.01	4.605
0.9	0.105	0.368	1.000	0.001	6.91
0.8	0.223	0.3	1.204	0.0001	9.21

对于可靠度有一定要求的产品，工作到可靠寿命 t_r 时就要替换，否则就不能保证其可靠度。例如，为了保证产品有 99% 的可靠度，在指数分布场合下，产品工作时间就不应长于 $0.01/\lambda$，由于 $1/\lambda$ 是指数分布的平均寿命，所以其工作时间应不超过平均寿命的 1%。

例 3-8　产品的故障密度为

$$f(t)=\frac{m}{\eta}\left(\frac{t-r_0}{\eta}\right)^{m-1}\exp\left[-\left(\frac{t-r_0}{\eta}\right)^m\right] \qquad (m>0,\ \eta>0,\ t\geqslant r_0)$$

求可靠寿命 t_r、中位寿命 $t_{0.5}$ 和平均寿命 θ。

解：可靠度函数为

$$R(t)=\int_t^{\infty}\frac{m}{\eta}\left(\frac{t-r_0}{\eta}\right)^{m-1}\exp\left[-\left(\frac{t-r_0}{\eta}\right)^m\right]\mathrm{d}t=\exp\left[-\left(\frac{t-r_0}{\eta}\right)^m\right]$$

$$(t\geqslant r_0)$$

令 $R(t)=r$，解得

$$t_r=r_0+\eta\left(\ln\frac{1}{r}\right)^{\frac{1}{m}}$$

令 $r=0.5$，得 $t_{0.5}=r_0+\eta(\ln 2)^{\frac{1}{m}}$

由平均寿命公式

$$\theta=\int_0^{\infty}tf(t)\,\mathrm{d}t=\int_{r_0}^{\infty}t\frac{m}{\eta}\left(\frac{t-r_0}{\eta}\right)^{m-1}\exp\left[-\left(\frac{t-r_0}{\eta}\right)^m\right]\mathrm{d}t$$

$$=\int_{r_0}^{\infty}\frac{t}{\eta}\exp\left[-\left(\frac{t-r_0}{\eta}\right)^m\right]\mathrm{d}\left(\frac{t-r_0}{\eta}\right)^m$$

作变换　$u=\left(\frac{t-r_0}{\eta}\right)^m$，　　$t=\eta u^{\frac{1}{m}}+r_0$

则　$$\theta=\int_0^{\infty}\left[\eta(u)\frac{1}{m}+r_0\right]\mathrm{e}^{-u}\mathrm{d}u=r_0+\eta\int_0^{\infty}u^{\frac{1}{m}}\mathrm{e}^{-u}\mathrm{d}u=r_0+\eta\Gamma\left(\frac{1}{m}+1\right)$$

其中　$\Gamma(x)=\int_0^{\infty}y^{x-1}\mathrm{e}^{-y}\mathrm{d}y$

有　$\Gamma(x+1)=x\Gamma(x)$，　$\Gamma(1)=1$，　$\Gamma\left(\frac{1}{2}\right)=\sqrt{\pi}$

3．使用寿命

使用寿命（useful life）指的是产品从制造完成到出现不修复的故障或不能接受的故障率时的寿命单位数。对有耗损期的产品，其使用寿命如图 3-7 中的 *AB* 段。

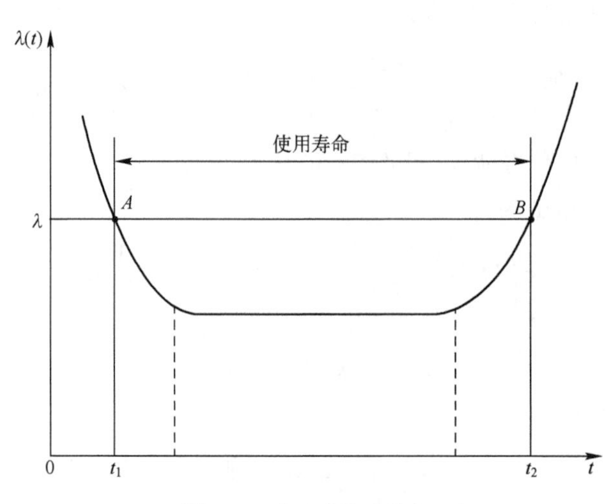

图 3-7　产品的使用寿命

4．平均拆卸间隔时间

在规定的时间内，系统寿命单位总数与从该系统上拆下的产品总次数之比，不包括为了方便其他维修活动或改进产品而进行的拆卸。平均拆卸间隔时间（mean time between removals，MTBR）是与供应保障要求有关的系统可靠性参数。

5．平均故障间隔时间

这个参数主要用于可修产品。平均故障间隔时间前面已有介绍，对于不同的武器装备可采用不同的寿命单位表达。例如，坦克、车辆等可采用平均故障间隔里程；对于飞机可采用平均故障间隔飞行小时；对于火炮等可采用平均故障间隔发数。

6．致命性故障间隔的任务时间

致命性故障间隔的任务时间（mission time between critical failure，MTBCF）是与任务有关的一种可靠性参数，其度量方法为在规定的一系列任务剖面中，产品任务总时间与致命性故障之比。

对于不同的武器装备也能采用不同的任务时间单位表达。例如，对于坦克、车辆等可采用致命性故障间隔的任务里程；对于火炮等可采用致命性故障间隔的任务发数。

7. 翻修间隔期限

在规定的条件下，产品两次相继翻修间的工作时间、循环数和（或）日历持续时间，称为翻修间隔期限（time between noverhauls）。

8. 总寿命

在规定的条件下，产品从开始使用到规定报废的工作时间、循环数或日历持续时间，称为总寿命（total life）。

9. 任务成功概率

在规定的条件下和规定的任务剖面内，武器装备能完成规定任务的概率，称为任务成功概率（mission completion success probability，MCSP）。

10. 成功率

产品在规定的条件下完成规定功能的概率或试验成功的概率，称为成功率（success probability）。某些一次性使用的产品，如弹射救生系统、导弹、弹药、火工品等，其可靠性参数可选用成功率。

3.3 系统可靠性

3.3.1 概念

装备通常是由各个分系统及元器件、零部件和软件组成的完成一定功能的综合体或系统。更完整地说，系统组成还应包括使用装备的人。显然，系统各个组成元素（单元）的可靠性对整体、对系统的可靠性是有影响的。因此，在讨论可靠性时，要从系统的角度研究各组成部分与系统的关系，建立系统可靠性与各个组成元素（单元）可靠性的关系。也就是说，找出各种类型系统可靠性与单元可靠性关系，用不同形式表现出来，即建立系统可靠性的模型，以便进行可靠性分配、预计以及相应的可靠性设计、评定。在分析使用维修及储存问题中，也同样要研究系统的可靠性。

可靠性模型是指为分配、预计、分析或估算产品的可靠性所建立的模型。它包括可靠性框图和可靠性数学模型。

可靠性框图是表示系统与各单元功能状态之间的逻辑关系的图形。它是指对于复杂产品的一个或一个以上的功能模式，用方框表示的各组成部分的故障或它们的组合如何导致产品故障的逻辑图。一般情况下，可靠性框图由方框和连线组成，方框代表系统的组成单元，连线表示各单元之间的功能逻辑关系。所有连接方框的线没有可靠性值，不代表与系统有关的导线和连接器。若必要，导线和连接器可单独放入一个方框作为另一个单元或功能的一部分。用框图表示单元故障与整个系统故障的关系，但这种表示是定性的。可靠性数学模型表达系统与组成单元的可靠性函数或参数之间的关系。

本节讨论中假设：

（1）系统和单元仅有“正常”和“故障”两种状态。

（2）各单元的状态均相互独立，即不考虑单元之间的相互影响。

（3）系统的所有输入在规定极限之内，即不考虑因输入错误而引起系统故障的情况。

符号约定：

A——系统 A 正常工作的事件；

A_i——第 i 个单元正常工作的事件；

$R_s(t)$——系统的可靠度；

$F_s(t)$——系统的不可靠度；

$R_i(t)$——单元 i 的可靠度；

$F_i(t)$——单元 i 的不可靠度；

T——系统寿命；

T_i——单元 i 的寿命；

θ_s——系统平均寿命。

3.3.2 串联系统

1. 定义及框图模型

组成系统的所有单元中任一单元的故障均会导致整个系统故障（或所有单元都能完成规定功能，系统才能完成规定功能）的系统称为串联系统。

串联系统是最常见和最简单的系统之一，下面通过举例来说明可靠性框图的画法。

例 3-9 试画出 L-C 振荡电路的可靠性框图。

解：L-C 振荡电路原理如图 3-8（a）所示，要完成振荡功能，其中单元 L 和 C 是缺一不可的。也就是说，如果其中任何一个单元故障，就使系统发生故障，所以其可靠性框图是一个串联模型（可以理解为有一电流从一端点流向另一端点，能流通的条件是两个单元都好），如图3-8（b）所示。

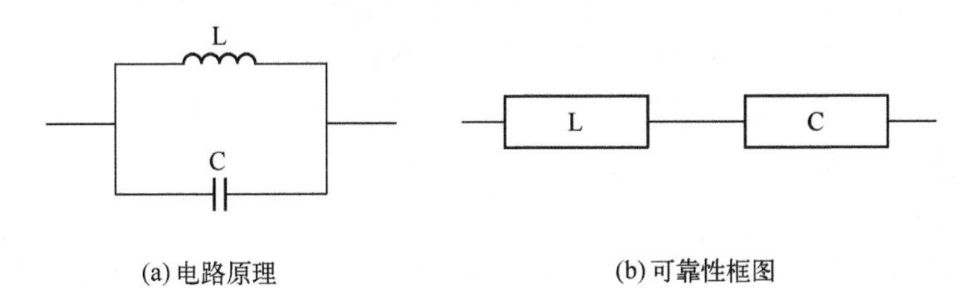

图3-8　L-C振荡电路

例3-10　图3-9所示的是由导管及两个阀门组成的流体系统，试画出其可靠性框图。

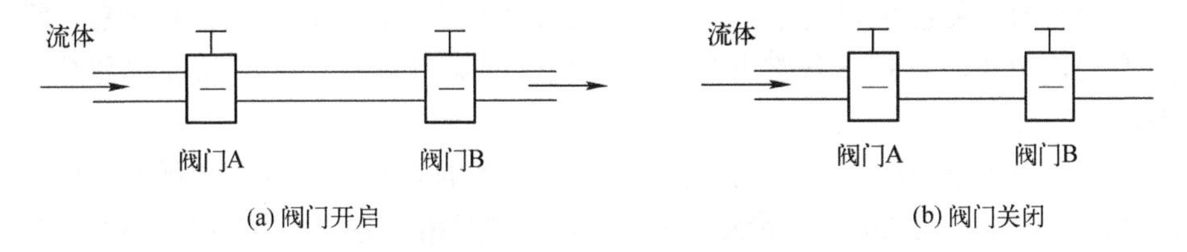

图3-9　流体系统原理

解：要画出系统的可靠性框图，首先要明确系统的功能是什么，也就是要明确系统正常工作的标准是什么，同时还应弄清阀门A、B正常工作时应处的状态（设导管始终是通的，在可靠性框图中不必表示）。

当系统的功能是使流体由左端流入，右端流出，这时系统正常就是指它能保证流体流出。要使系统正常工作，阀门A、B必须同时处于开启状态，这时阀门开启为正常，如图3-9（a）所示。所以可靠性框图就如图3-10（a）所示（为串联系统）。

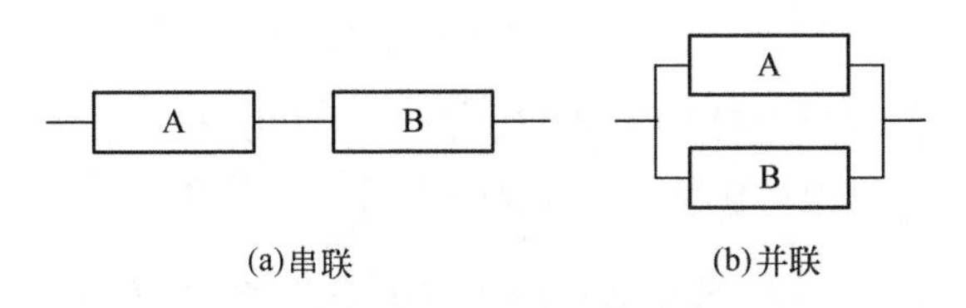

图3-10　流体系统的可靠性框图

当系统的功能是截流时，系统正常是指它能保证截流，要使系统正常工作，只需阀门A或B有一个处于关闭状态即可。这时阀门关闭为正常，如图3-9（b）所示，其可靠性框图如图3-10（b）所示（为后面讲到的并联系统）。

由此可见，系统内各部件之间的物理关系和功能关系是有区别的，不能混为一谈。如果仅从表面形式看，两个阀门（图3-9）像是串联的，如不管其功能如何，把它们都作为串联系统进行计算就会产生错误。

从上面例子可以看出：

（1）可靠性框图可能和系统的直观结构有很大差异。有些结构复杂的设备，由于其任一部分都是必不可少的，所以在可靠性框图中只用串联表示。有些在直观上并不复杂的装备，由于其功能作用，却有较复杂的可靠性框图。

（2）同一装备，在不同的规定任务下，其可靠性框图不同。例如，一门火炮，完成射击和完成机动任务其可靠性框图是不同的。

（3）同一装备在规定任务的成功（失效）判据不同的情况下，其可靠性框图不同。例如，导弹任务判据是击中或是击毁某种目标，其可靠性框图会有不同。

（4）考虑不同的功能或故障模式，其可靠性框图可能不同。上面两个阀门组成的系统，对完成截流和流通功能，即不能关闭和不能流通这两种失效模式，前者是并联系统，后者是串联系统。

一般由n个单元组成的串联系统可靠性框图如图3-11所示。

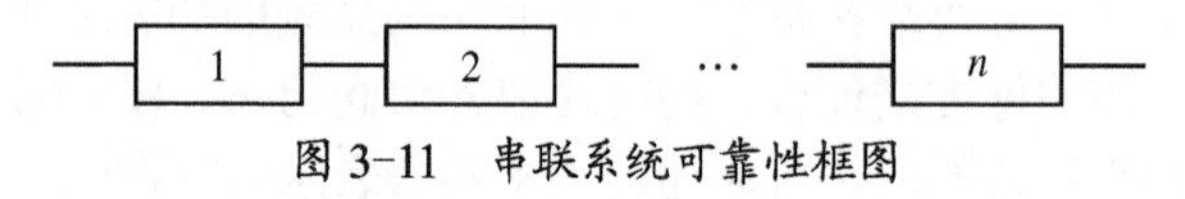

图3-11　串联系统可靠性框图

2. 数学模型

由于n个单元的串联系统中，只要有一个单元故障，系统就会发生故障，故系统寿命T应是单元中最短寿命的，即

$$T=\min_{i}(T_{i})$$

按可靠度定义：$R(t)=P(T>t)$

则 $$R_{s}(t)=P(T>t)=P\{\min(T_{1},T_{2},\cdots,T_{n})>t\}=P\{T_{1}>t,T_{2}>t,\cdots,T_{n}>t\}$$

由于各单元之间相互独立，且$R_{i}(t)=P(T_{i}>t)$，得

$$R_{s}(t)=P\{T_{1}>t\}P\{T_{2}>t\}\cdots P\{T_{n}>t\}=R_{1}(t)R_{2}(t)\cdots R_{n}(t),T_{2},T_{3},\cdots,T_{n}=\prod_{i=1}^{n}R_{i}(t) \tag{3-20}$$

当已知第 i 个单元的故障率为 $\lambda_i(t)\quad(i=1,2,\cdots,n)$ 时

得
$$\lambda_s(t)=\sum_{i=1}^{n}\lambda_i(t) \tag{3-21}$$

当各单元的寿命服从指数分布时，即故障率 $\lambda_i(t)=\lambda_i\ (i=1,2,\cdots,n)$，由式（3-21）得

$$\lambda_s(t)=\sum_{i=1}^{n}\lambda_i=\lambda_s$$

即若所有单元寿命服从指数分布，则系统寿命也服从指数分布，且故障率等于各单元故障率之和。

当所有单元的故障率相等时，即 $\lambda_i=\lambda(i=1,2,\cdots,n)$ 时，系统的可靠性参数由式（3-20）、式（3-21）可以推得

$$R_s(t)=e^{-n\lambda t}\text{，}\quad \lambda_s=n\lambda\text{，}\quad \theta_s=\frac{1}{n\lambda}$$

例 3-11　假设系统由若干单元串联组成，单元寿命服从指数分布，且故障率相等，求下列系统的可靠度、平均寿命。

（1）单元故障率为 0.002h^{-1}，任务时间为 10h，单元数分别为 1，2，3，4，5。

（2）单元数为 5，任务时间为 10h，单元故障率分别为 0.001h^{-1}，0.002h^{-1}，0.003h^{-1}，0.004h^{-1}，0.005h^{-1}。

（3）单元故障率都为 0.002h^{-1}，单元数量为 5，任务时间分别为 10h，20h，30h，40h，50h。

解： 由于单元寿命服从指数分布，且各单元故障率相等，故

$$\lambda_s=n\lambda\text{，}\quad R_s(t)=e^{-n\lambda t}\text{，}\quad \theta_s=\frac{1}{n\lambda}$$

计算结果分别如表 3-5～表 3-7 所列。

表 3-5　(1)的计算结果（$t=10\text{h}$，$\lambda_i=0.002\text{h}^{-1}$）

单元数量	1	2	3	4	5
λ_s	0.002	0.004	0.006	0.008	0.010
$R_s(10)$	0.980	0.961	0.942	0.923	0.905
θ_s	500	250	166.7	125	100

表 3-6 (2)的计算结果（$n=5$，$t=10\text{h}$）

单元故障率 λ_i	0.001	0.002	0.003	0.004	0.005
λ_s	0.005	0.010	0.015	0.020	0.025
$R_s(10)$	0.951	0.905	0.861	0.819	0.779
θ_s	200	100	66.7	50	40

表 3-7 (3)的计算结果（$\lambda_i=0.002\text{h}^{-1}$，$n=5$）

任务时间 t	10	20	30	40	50
λ_s	0.010	0.010	0.010	0.010	0.010
$R_s(t)$	0.905	0.819	0.741	0.670	0.606
θ_s	100	100	100	100	100

3. 提高串联系统可靠度的途径

从设计角度出发，为提高串联系统的可靠性，应从下列几方面考虑：

（1）提高单元可靠性，即降低单元故障率。

（2）减少串联单元个数。

（3）可能时，缩短任务时间。

3.3.3 并联系统

1. 定义

组成系统的所有单元都发生故障时系统才发生故障（或只要有任意单元能完成规定功能，系统就能完成规定功能）的系统称为并联系统。

并联系统是最简单的冗余系统，其可靠性框图如图 3-12 所示。从完成功能而言，仅需一个单元也能完成，设置多单元并联是为了提高系统的任务可靠性。但是，系统的基本可靠性随之下降，增加了维修和保障要求，设计时应进行综合权衡。

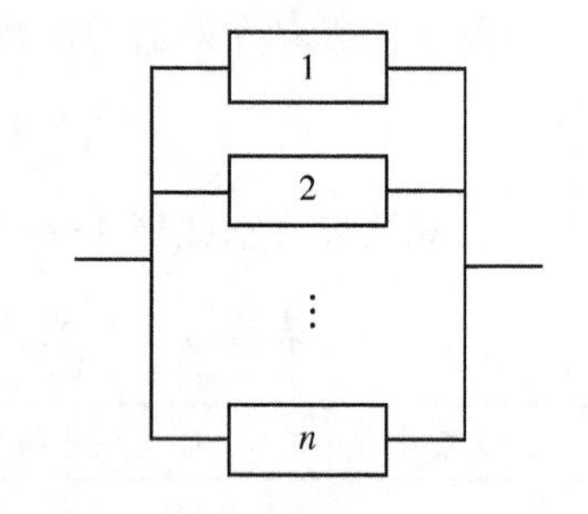

图 3-12 并联系统可靠性框图

2. 数学模型

由于 n 个单元的并联系统中，当 n 个单元都发生故障时系统才发生故障，

故系统寿命 T 应与单元中最长的寿命相等，即

$$T=\max_i(T_i)$$

所以

$$\begin{aligned}F_{\mathrm{s}}(t)&=P\{T\leqslant t\}=P\{\max(T_1,T_2,\cdots,T_n)\leqslant t\}\\&=P\{T_1\leqslant t,T_2\leqslant t,\cdots,T_n\leqslant t\}\end{aligned}$$

由于各单元相互独立，且 $F_i(t)=P\{T_i\leqslant t\}$，得

$$F_{\mathrm{s}}(t)=P\{T_1\leqslant t\}P\{T_2\leqslant t\}\cdots P\{T_n\leqslant t\}=F_1(t)F_2(t)\cdots F_n(t)=\prod_{i=1}^{n}F_i(t) \tag{3-22}$$

或

$$R_{\mathrm{s}}(t)=1-F_{\mathrm{s}}(t)=1-\prod_{i=1}^{n}F_i(t)=1-\prod_{i=1}^{n}[1-R_i(t)] \tag{3-23}$$

3. 模型讨论

（1）将串联系统中的 $R_s(t)$ 用 $F_s(t)$ 替换，同时将 $R_i(t)$ 用 $F_i(t)$ 替换，则串联系统公式就变为并联系统公式，反之，亦成立。这说明串联系统与并联系统存在对偶性。

（2）当单元寿命服从相同的指数分布时，即 $\lambda_i(t)=\lambda \quad (i=1,2,\cdots,n)$

$$\begin{cases}R_{\mathrm{s}}(t)=1-(1-\mathrm{e}^{-\lambda t})^n\\[2mm]\lambda_{\mathrm{s}}(t)=-\dfrac{R_{\mathrm{s}}'(t)}{R_{\mathrm{s}}(t)}=\dfrac{n\lambda\mathrm{e}^{-\lambda t}(1-\mathrm{e}^{-\lambda t})^{n-1}}{1-(1-\mathrm{e}^{-\lambda t})^n}\\[2mm]\theta=\displaystyle\int_0^{\infty}R_{\mathrm{s}}(t)\,\mathrm{d}t=\int_0^{\infty}[1-(1-\mathrm{e}^{-\lambda t})]\,\mathrm{d}t\end{cases} \tag{3-24}$$

为 t 的函数但不是指数分布。

令 $y=1-\mathrm{e}^{-\lambda t}$，则 $\mathrm{d}y=\lambda\mathrm{e}^{-\lambda t}$；当 $t=0$ 时，$y=0$

$$\lim_{t\to\infty}y=\lim_{t\to\infty}(1-\mathrm{e}^{-\lambda t})=1$$

所以

$$\begin{aligned}\theta_{\mathrm{s}}&=\int_0^1(1-y^n)\cdot\frac{\mathrm{d}y}{\lambda(1-y)}=\int_0^1\frac{1}{\lambda}(1+y+y^2+\cdots+y^{n-1})\,\mathrm{d}y\\&=\frac{1}{\lambda}\left(1+\frac{1}{2}+\cdots+\frac{1}{n}\right)=\frac{1}{\lambda}\sum_{i=1}^{n}\frac{1}{i}\end{aligned}$$

（3）当系统仅有两个指数分布单元组成时，且 $\lambda_1\leqslant\lambda_2$，则

$$R_{\mathrm{s}}(t)=1-(1-\mathrm{e}^{-\lambda_1 t})(1-\mathrm{e}^{-\lambda_2 t})=\mathrm{e}^{-\lambda_1 t}+\mathrm{e}^{-\lambda_2 t}-\mathrm{e}^{-(\lambda_1+\lambda_2)t}$$

$$\lambda_s(t)=-\frac{R_s'(t)}{R_s(t)}=(\lambda_1+\lambda_2)-\frac{\lambda_1 e^{-\lambda_2 t}+\lambda_2 e^{-\lambda_1 t}}{e^{-\lambda_1 t}+e^{-\lambda_2 t}-e^{-(\lambda_1+\lambda_2)t}}$$

尽管λ_1、λ_2都是常数，但并联系统故障率不再是常数，其变化规律如图 3-13 所示。

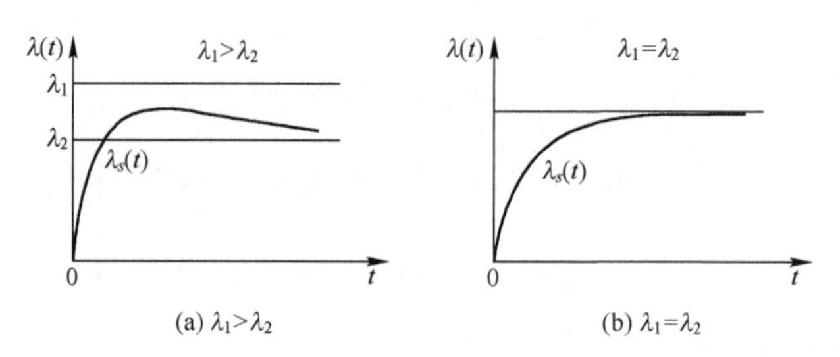

(a) $\lambda_1>\lambda_2$　　(b) $\lambda_1=\lambda_2$

图 3-13　并联系统故障率与单元故障率之间的关系

例 3-12　假设系统由若干单元并联组成，工作时间是原来的 10 倍，其他同例 3-11。

解：由公式

$$R_s(t)=1-(1-e^{-\lambda t})^n,\qquad \theta_s=\frac{1}{\lambda}\sum_{i=1}^{n}\frac{1}{i}$$

计算结果如表 3-8～表 3-10 所列。

表 3-8　(1)的计算结果（$\lambda_i=0.002h^{-1}$，$t=100h$）

单元数量	1	2	3	4	5
$R_i(t)$	0.8187	0.8187	0.8187	0.8187	0.8187
θ_s	500	750	917	1041.7	1141.7
$R_s(t)$	0.8187	0.9671	0.9940	0.9989	0.9998

表 3-9　(2)的计算结果（$n=5$，$t=100h$）

单元故障率 λ_i	0.001	0.002	0.003	0.004	0.005
$R_i(t)$	0.9048	0.8187	0.7048	0.6703	0.6065
θ_s	2283.3	1141.7	761.1	570.8	456.7
$R_s(t)$	0.999992	0.9998	0.9988	0.9961	0.9906

表 3-10 (3)的计算结果（$\lambda_i = 0.002\text{h}^{-1}$， $n = 5$）

任务时间 t	100	200	300	400	500
$R_i(t)$	0.8187	0.6703	0.5488	0.4493	0.3678
θ_s	0.9998	0.9961	0.9813	0.9493	0.8991
$R_s(t)$	1141.7	1141.7	1141.7	1141.7	1141.7

4．提高并联系统可靠度的途径

从设计角度出发，为提高并联系统可靠性，可从以下几方面考虑：

（1）提高单元可靠性，即减少单元故障率。

（2）增加并联单元个数，但当单元数在3以上时其增益将很小（参见表3-8）。

（3）可能时，缩短任务时间。

3.3.4 混联系统

1．概述

由串联系统和并联系统混合而成的系统称为混联系统。

对于n个独立单元组成的混联系统，系统可靠度计算可从系统最小局部（为单元间的简单串、并联）开始，逐步迭代到系统，每一步迭代所需公式仅为串、并联公式。

例 3-13 一个混联系统如图 3-14 所示，单元 1，2，3，4，5，6，7 的可靠度分别为$R_1(t), R_2(t), \cdots, R_7(t)$，求系统$S$的可靠度$R_s(t)$。

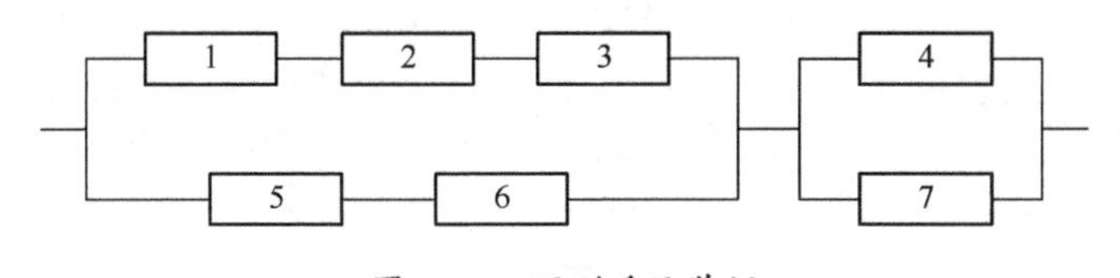

图 3-14 混联系统举例

解：所给系统S可以看作由三个分系统S_1、S_2和S_3构成。其中，S_1由单元1、单元2、单元3串联而成；S_2由单元5和单元6串联而成；S_3由单元4和单元7并联而成。所给系统等效于图3-15所示系统。再把图3-15所示系统中的S_1和S_2并联构成分系统S_4。这时图3-15所示系统和图3-16所示系统等效。由此可得

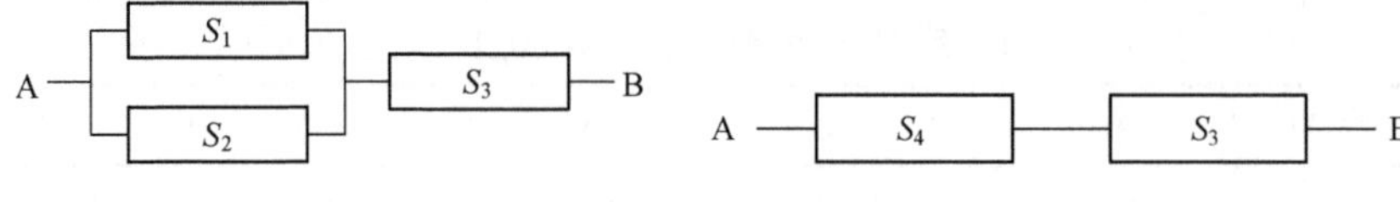

图 3-15　由 S_1、S_2 和 S_3 组成的等效图　　　　图 3-16　由 S_4 和 S_3 组成的等效图

$$R_s(t)=R_{s_4}(t)R_{s_3}(t)$$

而

$$R_{s_4}(t)=R_{s_1}(t)+R_{s_2}(t)-R_{s_1}(t)R_{s_2}(t)$$

$$R_{s_3}(t)=R_{s_4}(t)+R_{s_7}(t)-R_{s_4}(t)R_{s_7}(t)$$

$$R_{s_1}(t)=R_1(t)R_2(t)R_3(t)$$

$$R_{s_2}(t)=R_5(t)R_6(t)$$

$$R_{s_4}(t)=R_1(t)R_2(t)R_3(t)+R_5(t)R_6(t)-R_1(t)R_2(t)R_3(t)R_5(t)R_6(t)$$

从而

$$R_{\mathrm{s}}(t)=[R_1(t)R_2(t)R_3(t)+R_5(t)R_6(t)-R_1(t)R_2(t)R_3(t)R_5(t)R_6(t)]\cdot [R_4(t)+R_7(t)-R_4(t)R_7(t)]$$

2．串并联系统

串并联系统是特殊的混联系统，单元先并联后串联，并联的各单元相同，又称为附加单元系统，其可靠性框图如图 3-17 所示。设每个单元 A_i 的可靠度为 $R_i(t)$，则此系统的可靠度为

$$R_{s_1}(t)=\prod_{i=1}^{n}\{1-[1-R_i(t)]^m\} \tag{3-25}$$

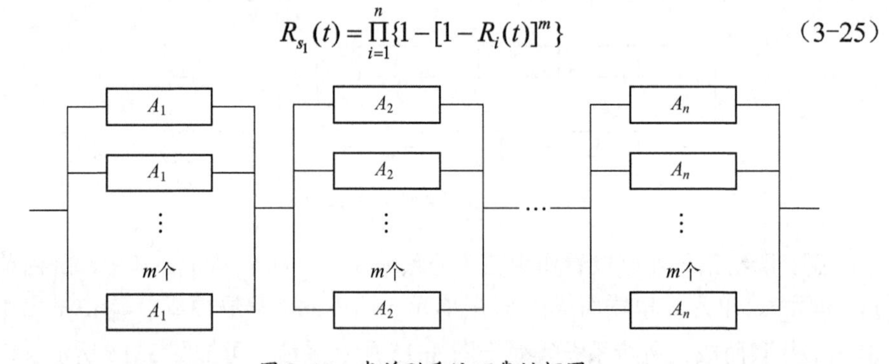

图 3-17　串并联系统可靠性框图

3．并串联系统

并串联系统是又一种特殊的混联系统，单元先串联后并联，且串联单元组

的可靠度相等，又称附加通路系统，其可靠性框图如图 3-18 所示。设每个单元 A_i 的可靠度为 $R_i(t)$，则此系统的可靠度为

$$R_{s_2}(t)=1-\left[1-\prod_{i=1}^{n}R_i(t)\right]^m \tag{3-26}$$

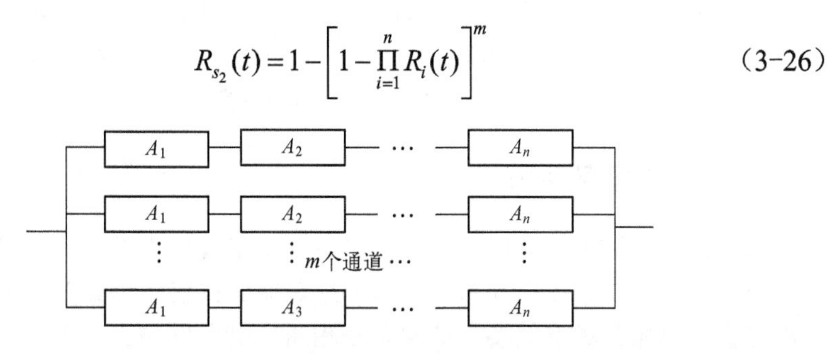

图 3-18　并串联系统可靠性框图

4．混联系统讨论

串并联系统和并串联系统的功能是一样的，但在单元可靠度和单元数相同时系统可靠度是不一样的，可以证明

$$R_{s_1}(t)>R_{s_2}(t)$$

即单元级冗余（如串并联系统）比系统级冗余（如并串联系统）可靠性高，这是一个一般结论，为了说明这个结论，下面再看一个例子。

例 3-14　一个系统由两个独立单元串联组成，如图 3-19 所示，单元可靠度分别为 0.8 和 0.9。在某时刻系统可靠度

$$R_s=0.8\times0.9=0.72$$

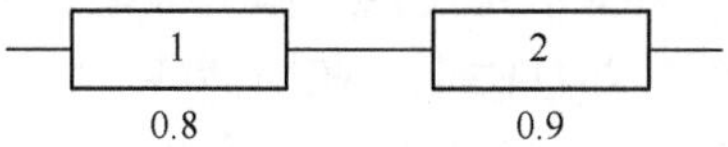

1　2
0.8　0.9

图 3-19　两个独立单元组成的系统

现为提高系统可靠度，取两个可供选择的方案，方案 A：部件（单元）冗余如图 3-20（a）所示；方案 B：系统冗余如图 3-20（b）所示。

对方案 A：$R_{s_A}=[1-(1-0.8)^2][1-(1-0.9)^2]=0.9504$

对方案 B：$R_{s_B}=1-(1-0.8\times0.9)^2=0.9216$

显然两个方案都提高了系统可靠度，但方案 A 优于方案 B，即在低层次设置冗余比高层次设置冗余更有利于提高可靠度。

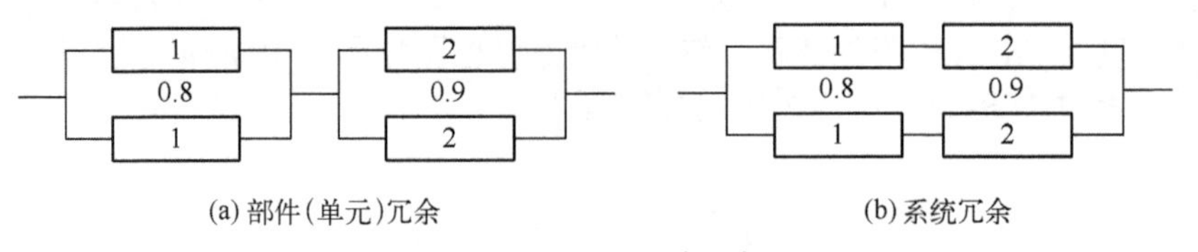

(a) 部件(单元)冗余　　(b) 系统冗余

图 3-20　系统改进方案

3.3.5　冷储备系统

储备系统又称为冗余系统，它是把若干个单元作为备件，且可以代替工作中失效的单元工作，以提高系统的可靠度。单元的储备形式多种多样，常见的有冷储备、热储备和温储备。热储备是指所有储备件与工作单元一起工作，相当于单元在储备期间的故障率和工作时的故障率相同。并联系统是一种特殊的热储备系统。冷储备是指单元在储备过程中不工作不失效，储备期的长短对单元的工作寿命没有影响。例如，在有好的防腐措施的情况下，机械零部件或机械产品在储备期间可以看作冷储备。温储备是指单元在储存期内会有故障，但它的故障率小于工作故障率，即介于冷储备和热储备之间。例如，电子元器件、易老化的垫圈，在储备期间也会失效，可看作温储备。

在后两种储备中，工作单元发生故障后，转换开关就启动一个储备单元代替工作。故转换开关是否可靠工作，也将影响储备系统的可靠度。

下面仅讨论转换开关可靠的冷储备系统。

1．定义

系统 S 由 $n+1$ 个单元组成，其中一个单元工作，其他 n 个单元都作冷储备。当工作单元失效后，一个储备单元代替工作这样逐个去替代工作，直到 n 个单元都失效时，系统才失效。并且假定，在用储备单元去代替失效的工作单元时转换开关不会失效。将这样的系统称为转换开关可靠的冷储备系统或理想的冷储备系统。

转换开关可靠的冷储备系统的可靠性框图如图 3-21 所示，其中 K 为转换开关。

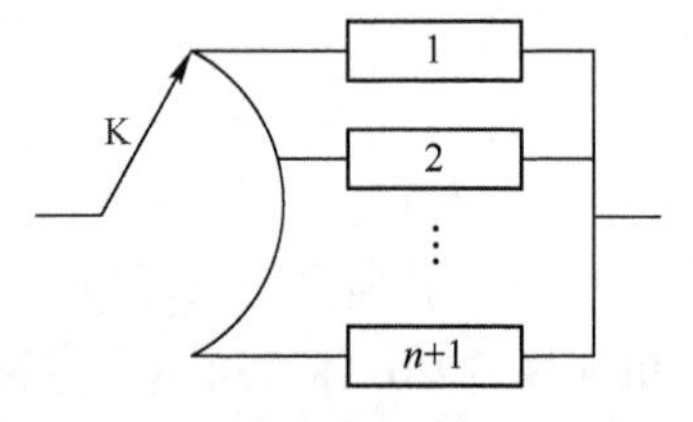

图 3-21　转换开关可靠的冷储备系统的可靠性框图

2．系统可靠度的计算

设 $T_i(i=1,2,\cdots,n,n+1)$ 为单元 i 的寿命，由转换开关可靠的冷储备系统的工作方式可知，该系统的寿命 T 为各单元寿命之和，即

$$\begin{cases} T = T_1 + T_2 + \cdots + T_{n+1} \\ R_s(t) = P\{T > t\} = P\{T_1 + T_2 + \cdots + T_{n+1} > t\} \\ \quad = 1 - P\{T_1 + T_2 + \cdots + T_{n+1} \leqslant t\} \end{cases} \tag{3-27}$$

由概率统计可知，$P\{T_1 + T_2 + \cdots + T_n \leqslant t\}$ 是联合概率分布，可用卷积公式计算，即

$$P\{T_1 + T_2 + \cdots + T_n \leqslant t\} = F_1(t) * F_2(t) * \cdots * F_{n+1}(t) \tag{3-28}$$

其中，$F_i(t)$ 是单元 i 的寿命分布函数，$i = 1, 2, \cdots, n+1$；“ * ”表示卷积。

$$F_1(t) * F_2(t) * \cdots * F_{n+1}(t)$$

$$= \int_{-\infty}^{t} \int_{-\infty}^{t-t_1} \cdots \int_{-\infty}^{t-(t_1+t_2+\cdots+t_n)} f_1(t_1) f_2(t_2) \cdots f_{n+1}(t_{n+1})\, \mathrm{d}t_1 \mathrm{d}t_2 \cdots \mathrm{d}t_{n+1}$$

故

$$R_s(t) = 1 - F_1(t) * F_2(t) * \cdots * F_{n+1}(t) \tag{3-29}$$

当组成系统的单元为同一型号，且寿命服从指数分布时，式（3-29）可以简化为直接可计算的公式。由于指数分布可以看作伽马分布的特殊情况，故每个组成单元的寿命服从伽马分布，即 $T_i \sim \Gamma(t_i \mid 1, \lambda_i)$。

因为组成单元为同一型号，且相互独立，即 $\lambda_i(t) = \lambda =$ 常数$(i = 1, 2, \cdots, n+1)$，根据式（3-27）可得

$$T = \sum_{i=1}^{n+1} T_i \sim \Gamma(t \mid n+1, \lambda)$$

则系统可靠度为

$$R_s(t) = \sum_{i=0}^{n} \frac{(\lambda t)^i}{i!} \mathrm{e}^{-\lambda t} \tag{3-30}$$

3. 系统平均寿命

$$\theta_s = E(T) = E\left(\sum_{i=1}^{n+1} T_i\right) \overset{\text{独立}}{=} \sum_{i=1}^{n+1} E(T_i) = \sum_{i=1}^{n+1} \theta_i$$

$$\begin{cases} \text{当 } \lambda_i(t) = \lambda_i \text{ 时 } (i = 1, 2, \cdots, n+1)\text{，有} \\ \qquad \theta_s = \sum_{i=1}^{n+1} \frac{1}{\lambda_i} \\ \text{当 } \lambda_i(t) = \lambda \text{ 时 } (i = 1, 2, \cdots, n+1)\text{，有} \\ \qquad \theta_s = \frac{n+1}{\lambda} \end{cases} \tag{3-31}$$

例3-15 有3台同型产品组成一冷储备系统。已知产品寿命服从指数分布，且 $\lambda=0.001\text{h}^{-1}$，试求该系统工作100h的可靠度。

解： 由题意，$\lambda=0.001\text{h}^{-1}$，$t=100\text{h}$，$n=2,\lambda t=0.001\times 100=0.1$，由式(3-30)可得

$$R_{\text{s}}(100)=\sum_{i=0}^{n}\frac{(\lambda t)^{i}}{i!}\text{e}^{-\lambda t}=\sum_{i=0}^{2}\frac{0.1^{i}}{i!}\text{e}^{-0.1}=\text{e}^{-0.1}\times\left(1+\frac{0.1}{1}+\frac{0.1^{2}}{2}\right)\approx 0.999845$$

3.3.6 表决系统

表决系统也是一种冗余系统，在工程实践中得到了广泛的应用。下面讨论几种常见的表决系统。

（1）$K/n(G)$系统。组成系统的 n 个单元中，只要有 K 个或 K 个以上单元正常，则系统正常，将这样的系统称为“n 中取 K 好表决系统”，记为 $K/n(G)$系统。例如，装备3台发动机的喷气式飞机，只要有2台发动机正常，即可保证飞机安全飞行和降落，从这个角度上说，这样的系统为2/3(G)系统。

（2）“n 中取 K 至 r”系统。n 个单元中，有 K 至 r 个单元正常则系统正常。如果正常单元数目小于 K 或大于 r（$r>K$）则系统不正常。例如，多处理机系统，若全部 n 台处理机中，少于 K 台正常工作，则系统计算能力太小；若多于 r 台同时工作，则公用设备（如总线）不能容纳那么大的数据量，因而系统效率很低。故可认为 K 至 r 台处理机正常，则系统正常，否则系统发生故障。类似情况存在于任何具有固定容量的计算机网络中。

（3）“n 中取连续 K”系统。考虑有 n 个中继站的微波通信系统，如果 $1^{\#}$站发出的信号可由 $2^{\#}$站或 $3^{\#}$站接收，$2^{\#}$站中继的信号可由 $3^{\#}$站或 $4^{\#}$站接收，以此类推直至 $n^{\#}$站。显然，当 $2^{\#}$站故障时系统仍能把信号从 $1^{\#}$站传至 $n^{\#}$站。所有中间站相间地出现单站故障时也是如此，系统还是正常的。但是，若任何相邻两站发生故障，则通信系统失效。该系统是“n 中取连续2则失效”的直列式系统，简称“n 中取连续2”系统。

表决系统的特例是并联（$1/n(G)$）和串联（$n/n(G)$）系统。以下仅讨论 $K/n(G)$ 表决系统。

1. 可靠性框图

$K/n(G)$系统的可靠性框图如图3-22所示。

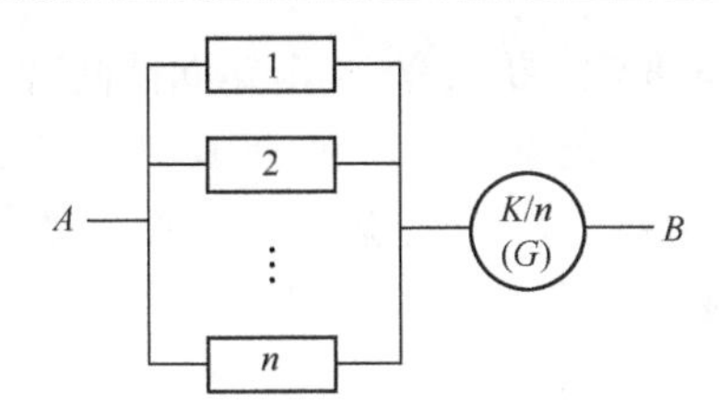

图 3-22　K/n（G）系统的可靠性框图

2. 系统可靠度计算

先计算一个简单表决系统的可靠度。

例 3-16　求 2/3（G）系统可靠度。

解：事件 A（系统完好）与 A_1，A_2，A_3（各单元完好）关系为

$$A = A_1A_2A_3 \cup A_1A_2\overline{A}_3 \cup A_1\overline{A}_2A_3 \cup \overline{A}_1A_2A_3$$

因而，2/3（G）系统的可靠度为

$$R_s(t) = R_1(t)R_2(t)R_3(t) + R_1(t)R_2(t)F_3(t) + R_1(t)F_2(t)R_3(t) + F_1(t)R_2(t)R_3(t)$$

当各单元可靠度相等时，即 $R_1(t) = R_2(t) = R_3(t) = R(t)$

$$R_s(t) = 3R^2(t) - 2R^3(t)$$

对于一般 $K/n(G)$系统，下面只讨论各单元寿命 $T_i\left(i = 1,2,\cdots,n\right)$，独立同分布的情形，设

$$R_i(t) = R(t) \quad (i = 1,2,\cdots,n)$$

则很容易推出，系统可靠度为

$$R_s(t) = \sum_{i=k}^{n} C_n^i R^i(t)[1 - R(t)]^{n-i}$$

这里n个单元中有i个单元正常，$(n = i)$个单元故障的概率是$R^i(t)[1 - R(t)]^{n-i}$，而组合公式表示 n 个单元中取 i 个正常单元可能的组合数。

当各单元寿命服从指数分布时，有

$$R_s(t) = \sum_{i=k}^{n} C_n^i \mathrm{e}^{-i\lambda t}[1 - \mathrm{e}^{-\lambda t}]^{n-i}$$

系统平均寿命为

$$\theta_s = \int_0^{\infty} R_s(t)\mathrm{d}t = \sum_{i=k}^{n} \frac{1}{i\lambda}$$

例 3-17 某 20 管火箭炮，要求有 12 个定向器同时工作才能达到火力密度要求，所有定向器相同，且寿命服从 λ=0.00105/发的指数分布，任务时间是 100 发，试求在任务期间内，该火箭炮能正常工作的概率。

解： 火箭炮系统可看作 $K/n(G)$表决系统，其中 K=12，n=20，λ=0.00105/发，t=100 发。

单元可靠度为

$$R(t)=\mathrm{e}^{-\lambda t}$$

$$R(100)=\mathrm{e}^{-0.00105\times 100}=0.9003$$

系统可靠度为

$$R_{\mathrm{s}}(t)=\sum_{i=12}^{20}C_{20}^{i}R^{i}(t)[1-R(t)]^{20-i}$$

$$R_{\mathrm{s}}(100)=0.99994$$

3.4 软件可靠性

随着现代信息技术的发展，计算机已经广泛应用于国防建设等各个领域，由于计算机应用领域以及功能需求的迅速扩展，使得软件系统的结构和功能越来越复杂、规模越来越庞大，软件可靠性及软件保障问题也引起人们越来越广泛的关注。

3.4.1 软件可靠性作用和意义

进入 21 世纪以来，各种功能强大的计算机系统已被广泛应用于人类活动的各个领域。随着对软件需求的急剧增加，其复杂性、规模和重要性都随之急剧增加。在新一代装备中，软件甚至已成为决定装备性能的主导因素。例如，美国陆军未来作战系统（future combat system，FCS）的软件规模达到 9510 万行源代码，该项目成功的关键是在所有的子系统间建立通信网络；F-22 战斗机机载软件达 196 万行源代码，执行着全机 80%的功能。然而与硬件可靠性相比，软件可靠性要低一个数量级，由于软件问题导致导弹误发射、航天飞行器发射失败等重大事故，使得软件可靠性问题无论是在装备系统还是在其他领域都已成为人们关注的重大问题。

早在 1985—1987 年，曾以安全性闻名的美国 Therac-25 放射治疗仪，由于软件错误导致该型治疗仪多次产生超剂量辐射致死多名病人，2000 年同样的事故又发生于巴拿马城，从美国 Multidata 公司引入的治疗软件，由于软件的辐射剂量预计值出现错误，使得某些患者的治疗超剂量，导致多人死亡。1992 年 10 月 26 日，伦敦救护服务中心的计算机辅助发送系统出现崩溃，致使世界上最大的每天能够接受 5000 名待运病人的救护服务机构瘫痪。1996 年 6 月 4 日，欧洲航空航天局耗资 67 亿美元研制的“阿丽亚娜”5 型火箭第一次发射，火箭点火升空后 40s 后爆炸，箭上搭载的 4 颗科学实验卫星被毁，其直接经济损失达 26 亿法郎（约 5 亿美元）。巨额的投资和首次发射失败令人忧心忡忡。事故调查委员会调查分析后认为，导致“阿丽亚娜”5 型火箭首次发射失利的原因是：两个惯性平台应用了从“阿丽亚娜”4 型火箭移植过来的数百条计算机程序，而这些程序与“阿丽亚娜”5 型火箭的飞行并不兼容。在研制火星气候轨道探测器时，一个 NASA 的工程小组并没有使用预定的公制单位，而使用的是英制单位，这一失误造成探测器导航错误，最终坠毁在火星大气层，直接损失 1.25 亿美元。早在 2002 年美国的一项研究表明，仅每年软件缺陷给美国的各行各业造成的经济损失就高达 595 亿美元。实际上，由于软件可靠性问题导致的事故和损失不胜枚举。因此，研究提高软件的可靠性已经成为软件设计人员和软件使用保障人员迫切需要解决的重大问题。

值得指出的是，软件的可靠性固然取决于软件的开发过程和水平，但是，与硬件一样，软件投入使用后同样需要强有力的保障。随着软件规模和复杂性的快速增加，软件的开发成本和维护成本也在持续地引人注目地节节攀升。一些大型复杂武器系统的软件研制费用高达数亿至数百亿元。国外一些典型软件系统的软件保障费用所占软件寿命周期总费用高达 70%左右。随着我军装备信息化建设的不断推进，软件可靠性和软件保障面临的问题越来越严峻，需要引起高度重视。

3.4.2　软件可靠性有关概念

1．软件可靠性（software reliability）

1983 年，美国 IEEE 计算机学会给出的软件可靠性定义如下：

（1）在规定的条件下，在规定的时间内，软件不引起系统失效的概率，该概率是系统输入和系统使用的函数，也是软件中存在的错误的函数。

（2）在规定的时间周期内，在所述条件下程序执行所要求的功能的能力。

GJB 451A—2005《可靠性维修性保障性术语》给出的软件可靠性定义如下：

在规定的条件下和规定的时间内，软件不引起系统故障的能力。软件可靠性不仅与软件存在的差错（缺陷）有关，而且与系统输入和系统使用有关。

在上述软件可靠性定义中应注意把握运行环境（operational environment）、时间（time）和失效（failure）三个要素。

在不同的运行环境或条件下，软件的可靠性是不相同的。软件可靠性所要求的运行环境主要是指对输入数据的要求和计算机当时的状态（软件运行环境）。明确规定软件的运行环境可以有效地区分导致软件故障的责任。

与硬件相同，软件可靠性同样离不开时间。软件可靠性定义中的时间可分为日历时间、时钟时间和执行时间三种。日历时间是指日常生活中使用的日、周、月、年等。时钟时间是指从软件程序运行开始到运行结束所用的时、分、秒，时钟时间包括软件运行中的等待时间和其他辅助时间，但不包括计算机停机占用的时间。执行时间是指计算机在执行程序时，实际占用的中央处理器（central processing unit，CPU）的时间，它又称为CPU时间。

2．软件失效

软件失效（software failure）是指由于软件故障导致软件系统丧失完成规定功能的能力的事件。软件失效是软件输出不符合软件需求规格说明或软件异常崩溃，是软件运行时产生的一种不期望的或不可接受的外部行为结果，是系统运行行为对用户要求的偏离。例如，用户进行数据库查询操作结果没有产生任何反应；飞机驾驶员启动自动飞行控制模式后发现系统未能按照指令保持在确定的高度；某电话用户拨号后转接系统未按要求正确地连接到线路等。

判断软件失效的依据有系统死机、系统无法启动、不能输入/输出显示记录、计算数据错误等。

所有的软件失效都是由于软件故障引起的。

3．软件故障

软件故障（software fault）是指软件功能单元不能完成其规定功能的状态。软件故障是软件运行过程中出现的一种不希望或不可接受的内部状态，是一种动态行为，是软件缺陷被激活后的表现形式。

4．软件缺陷

软件缺陷（software defect）是指存在于软件（包括说明文档、应用数据、程序代码等）中的不希望的或不可接受的偏差。软件缺陷以一种静态的形式存在于软件的内部,是软件开发过程中人为错误的结果，如数组下标不对、循环变量初值设置有误、异常处理方法有误等。软件的缺陷是多种多样的，从理论上看，软件中的任何一个部分都可能产生缺陷，导致这些缺陷的原因主要是软件开发者的疏忽、不理解、遗漏等。在软件生命周期各个阶段，由于需求不完整、理解有歧义、没有完全实现需求、算法逻辑错误以及编程问题等，使软件在一定条件下不能或将不能完成规定功能，这样就不可避免地存在软件缺陷。软件一旦存在缺陷它就将潜伏在软件中，直到被发现并且被正确修改才会消失。

5．软件错误

软件错误（software error）是指软件开发人员在软件生存期内出现的不希望或不可接受的错误，它是在软件设计和开发过程中引入的，其结果是导致软件缺陷的产生。软件错误是由于人的不正确或疏漏等行为造成的，也是软件开发活动中不可避免的一种行为过失。软件错误相对于软件本身是一种外部行为，在多数情况下，软件错误是可以被查出并排除的，但常常会有一些软件错误隐藏于软件内部。

由上可知，软件错误是一种人为错误，在一个软件的开发过程中，这种错误是难以避免的。一个软件错误必定会产生一个或多个软件缺陷。软件缺陷是程序本身的特性，以静态的形式存在于软件内部，它往往十分隐蔽不易被发现和改正，只有通过不断地测试和使用，才能以软件故障的形式表现出来。软件故障如果没有得到及时的处理将导致系统或子系统失效。一部分系统失效是非常危险的，如果这类失效在系统范围内得不到很好的控制，可能会导致灾难性事故发生。上述概念及联系如图 3-23 所示。

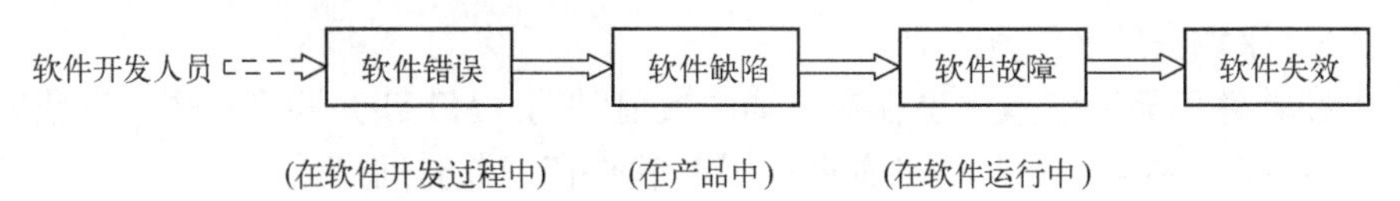

图 3-23　软件错误、软件缺陷、软件故障和软件失效的关系示意图

3.4.3　软件可靠性参数

1．可靠度

软件可靠度是指软件在规定的条件下和规定的时间内完成预定功能的概率。或者说是软件在规定时间内无失效发生的概率。

设规定的时间为 t ，软件发生失效的时间为 ε ，则

$$R(t)=P(\varepsilon>t) \tag{3-32}$$

式（3-32）即软件可靠度的数学表达式，它与硬件可靠度的数学表达式含义相同。

2．失效率

软件失效率又称为风险函数，它是指软件在t时刻没有发生失效的条件下，在t时刻后单位时间内发生失效的概率，用$\lambda(t)$表示为

$$\lambda(t)=\lim_{\Delta t\to 0}\frac{P(t<\varepsilon\leqslant t+\Delta t\mid\varepsilon>t)}{\Delta t} \tag{3-33}$$

将式（3-33）展开可得

$$\lambda(t)=\lim_{\Delta t\to 0}\frac{F(t+\Delta t)-F(t)}{\Delta t}\times\frac{1}{1-F(t)}=\frac{F'(t)}{1-F(t)}=\frac{f(t)}{R(t)} \tag{3-34}$$

式中　$f(t)$——随机变量ε的密度函数；

$F(t)$——随机变量ε的分布函数。

由上可见，软件失效率与硬件可靠性中的故障率定义是完全一致的。

3．成功率

成功率是指在规定的条件下软件完成规定功能的概率。例如，一次性使用的系统或设备（如弹射救生系统、导弹等系统）中的软件，其可靠性参数可选用成功率。

4．任务成功概率

任务成功概率是指在规定的条件下和规定的任务剖面内，软件能完成规定任务的概率。

5．平均失效前时间

在软件可靠性参数中也存在平均失效前时间（MTTF）和平均失效间隔时间（MTBF）概念。平均失效前时间是指软件在当前时间到下一次失效时间的均值。平均失效间隔时间是指软件两次相邻失效时间间隔的均值。在软件可靠性中，目前MTTF和MTBF使用都比较多，并未对其进行特别区分。对用户而言，一般更关心的是从使用到发生失效的时间的特性，因此使用MTTF更为适合。注意，对于硬件可靠性，MTTF用于不修产品，MTBF用于可修产品。

6．平均致命性失效前时间

平均致命性失效前时间是指仅考虑软件致命失效的平均失效前时间。致命性失效是指使系统不能完成规定任务的或可能导致重大损失的软件失效或失效组合。对于不同的武器系统可以派生出不同的参数，如对于飞机、宇宙飞船，可以使用平均致命性失效前飞行小时。

3.4.4　软件可靠性度量

上面讨论了几个面向用户的软件可靠性参数。对于软件开发者而言，不仅需要理解用户的软件可靠性参数指标要求，还应关注面向软件开发过程和中间产品的软件可靠性相关质量属性。在此，仅对 IEEE 982.1—2005 中典型的面向过程评价和改进的软件可靠性度量进行介绍。

1．缺陷密度

缺陷密度（defect density）是指软件每千行代码（包括可执行代码和不可执行的数据声明）中缺陷的数量，该度量可以在一系列版本或模块中用于追踪软件质量。缺陷密度是软件缺陷的基本度量，可用于设定产品质量目标，支持软件可靠性模型（如 Rayleigh 模型），预测潜藏的软件缺陷，进而对软件质量进行跟踪和管理，支持基于缺陷计数的软件可靠性增长模型（如 Musa-Okumoto 模型），对软件质量目标进行跟踪并评判能否结束软件测试。该度量适用于软件生命周期的需求、设计、编码、测试、使用及维护阶段。

缺陷密度计算公式如下：

$$\mathrm{DD}=\frac{D}{\mathrm{KSLOC}} \tag{3-35}$$

式中　D——每个发布或每个模块规定严重性等级下的缺陷（或偏差报告）数；
KSLOC——在每个发布或每个模块中可执行代码和非可执行数据声明的千行源代码数。

2．故障密度

故障密度（fault density），可以通过按严重性分类将计算的故障密度与目标值比较来确定是否已经完成足够的测试。该度量主要用于软件生命周期的测试、使用和维护阶段。

故障密度计算公式如下：

$$\mathrm{FD}=\frac{F}{\mathrm{KSLOC}} \tag{3-36}$$

式中　F——每个发布或模块中发现的导致具有规定的严重性等级失效的唯一故障数。在此，“唯一”是指相同的故障仅计为一次。

3．需求依从性

需求依从性（requirements compliance）用以反映软件需求分析工作的质量，用它可以确定在需求分析阶段，软件需求规格说明中的需求不一致的比例，需求不完整的比例，需求曲解的比例，可以确定主要的需求问题类型，以改进软件需求分析的质量。该度量主要用于软件寿命周期的需求阶段。

需求依从性计算公式如下：

$$I_R = \frac{N_1}{N_1 + N_2 + N_3} \times 100\% \tag{3-37}$$

$$N_R = \frac{N_2}{N_1 + N_2 + N_3} \times 100\% \tag{3-38}$$

$$M_R = \frac{N_3}{N_1 + N_2 + N_3} \times 100\% \tag{3-39}$$

式中 I_R ——由于不一致的需求而引起的错误比例；

N_R ——由于不完整的需求而引起的错误比例；

M_R ——由于曲解的需求而引起的错误比例；

N_1 ——在一个版本或模块中不一致的需求数；

N_2 ——在一个版本或模块中不完整的需求数；

N_3 ——在一个版本或模块中曲解的需求数。

4．需求追踪性

需求追踪性（requirements traceability）可用以标识原始需求中遗漏的或相对原始需求额外增加的需求。遗漏的需求会对软件可靠性产生负面影响，而额外的需求则会增加软件的开发预算。该度量适用于软件生命周期的需求、设计、开发阶段。

需求追踪性计算公式如下：

$$\mathrm{TM} = \frac{R_1}{R_2} \times 100\% \tag{3-40}$$

式中 R_1 ——发布的版本或模块中可实现的需求数；

R_2 ——发布的版本或模块中规定的原始需求数。

$\mathrm{TM} \leqslant 100\%$说明在该发布或模块中没有实现额外的需求；$\mathrm{TM}<100\%$说明原始需求没有全部被实现；$\mathrm{TM}>100\%$说明存在额外的需求，其量为$(\mathrm{TM}-1)\%$。

5．风险因子回归模型

风险因子是可能导致可靠性风险的需求变更的属性，包括内存空间、需求问题数。在软件生命周期早期需求分析期间，可以利用风险因子预计累积失效数，以便软件开发者和管理者更有效地进行软件管理。该度量适用于软件生命周期的需求、设计阶段。

风险因子回归模型（risk factor regression model）如下：

随累积内存空间变化的计算公式为

$$CF = a \cdot CS^2 - b \cdot CS + c \tag{3-41}$$

随累积需求问题数变化的计算公式为

$$CF = d \cdot \exp(e \cdot CI) \tag{3-42}$$

式中 a，b，c，d，e——非线性回归等式的系数；

CF——累积失效数（在一组需求变更后）；

CI——累积需求问题数（在一组需求变更后）；

CS——累积内存空间大小（在一组需求变更后）。

“内存空间”是为了实施一个需求变更而需要的内存空间容量，如一个需求变更后使用了大量的空间，在一定程度上使其他功能没有足够的内存空间来进行有效操作而产生软件失效。

“需求问题”是指有冲突的需求。在软件设计时常常会遇到一个需求的更改与另一个需求的更改相冲突的情况，如增加一个网站的搜索标准会同时降低搜索时间，使得软件的复杂性可能大大增加并导致失效。

6．测试覆盖指数

测试覆盖指数（test coverage index）是指从开发者和用户角度对软件进行测试的过程中软件需求被测试所覆盖的程度。该度量适用于软件生命周期的测试、使用和维护阶段。

测试覆盖指数计算公式如下：

$$TCI = \frac{NR}{TR} \tag{3-43}$$

式中　NR——对于每一个版本或模块，经过测试的需求数；

TR——每一个版本或模块的需求总数。

思　考　题

1．什么是可靠性？

2．解释任务可靠性与基本可靠性的概念。

3．$\lambda(t)$ 与 $f(t)$ 有何异同？

4．从一批产品中取 200 个样品进行试验，第 1 个小时内有 8 个故障，第

2 个小时内有 2 个故障，在第 3 个小时内有 5 个故障，第 4、第 5 个小时内各有 4 个故障。试估计产品在 1h、2h、3h、4h、5h 时的可靠度和累积故障分布函数。

5．对 100 台电子设备进行高温老化试验，每隔 4h 测试一次，直到 36h 后共有 85 台发生了故障，具体数据统计如下：

测试时间 t_i / h	4	8	12	16	20	24	28	32	36
Δt_i 内故障数	39	18	8	9	2	4	2	2	1

试估计 t=0h、4h、8h、12h、16h、20h、24h、28h、32h 时的下列可靠性函数值，并画出对应曲线。

（1）可靠度。

（2）累积故障分布函数。

（3）故障密度。

（4）故障率。

6．试举例说明故障率 $\lambda = 15\text{fit}, 2000\text{fit}$ 的含义。

7．设某产品的故障率函数为

$$\lambda(t) = \frac{1}{\sigma}\mathrm{e}^{\frac{t-\mu}{\sigma}} \qquad (-\infty < t < \infty, \sigma > 0)$$

试求此产品的可靠度 $R(t)$ 和故障分布函数 $F(t)$ 。

8．设某产品的累积故障分布函数为

$$F(t) = 1 - \mathrm{e}^{\left(-\frac{t}{\eta}\right)^m} \qquad (t \geqslant 0, \eta > 0)$$

试求该产品的可靠度函数和故障率函数。

9．设产品的故障率函数为

$$\lambda(t) = ct \qquad (t \geqslant 0)$$

这里 c 为常数，试求其可靠度函数 $R(t)$ 和故障密度函数 $f(t)$ 。

10．观察某设备 7000h（7000h 为总工作时间，不计维修时间），共发生了 10 次故障。设其寿命服从指数分布，求该设备的平均寿命及工作 1000h 的可靠度？

11．一种复杂装备的平均寿命为 3000h，其连续工作 3000h 和 9000h 的可靠度是多少？要达到 r=0.9 的可靠寿命是多少？其中位寿命是多少？

12．某电子设备的平均寿命为 200h，其连续工作 200h、20h、10h 的可靠度各是多少？

13．假设某雷达线路由 10^4 个电子元器件串联组成，且其寿命服从同一指数分布，要求工作 3 年可靠度为 0.75，试求元器件的平均故障率。

14．对于由 1000 个元件构成的串联系统，它们的故障率相同且为常数。为了保持 10h 工作的可靠度为 99.9%以上，各元件的故障率必须控制在多少菲特以下？

15．试按下列情况比较用 2 个故障率为 $10^{-2}h^{-1}$ 的装置所组成的并联系统与单个装置的可靠度。

（1）工作时间为 1h。

（2）工作时间为 10h。

（3）工作时间为 50h。

16．一个电子系统包括一部雷达、一台计算机和一个辅助设备三部分，设其寿命服从指数分布，已知它们的 MTBF 分别为 100h、200h 及 500h。求该系统的 MTBF 及工作 5h 的可靠度。

17．一个运货公司有一个卡车队，其轮胎的故障率为 $4\times10^{-6}km^{-1}$。使用两种卡车：一种有 4 个轮胎，另一种有 6 个轮胎（后轮轴每边各装 2 个）。两种卡车均使用同样的轮胎。在轮胎相同承载情况下，试画出每种卡车轮胎的可靠性框图，并计算在 10000km 的行驶过程中每种卡车由于轮胎失效而不能完成送货任务的概率。

18．试比较下列 6 种由 4 个元件组成的系统的可靠度，设各元件具有相同的故障率 $\lambda = 0.001\,h^{-1}$，$t = 10\,h$。

（1）4 个元件所构成的串联系统。

（2）4 个元件所构成的并联系统。

（3）4 中取 3 的表决系统。

（4）并串联系统。

（5）串并联系统。

（6）冷储备系统。

19．用故障率为 $0.01h^{-1}$ 的 4 个元件构成冷储备系统，试求在 100h 的工作时间内系统的可靠度。

20．飞机有 3 台发动机，至少需 2 台发动机正常才能安全飞行和起落，假定飞机事故仅由发动机引起，并假定发动机故障率为常数（MTBF=200h），求飞机飞行 10h 和 2h 的可靠性。

21．火炮运动系统采用某型号轮胎 4 个，其中一个失效则运动系统失效，已知该轮胎的寿命服从参数为 λ 的指数分布，其 MTBF=10000km。每年筹措备件一次，求保证运动系统在 1 年运行可靠度 $R_s = 0.95$ 时的备件筹措量（系统每年平均运行 1000km，轮胎工作故障率为 4λ）。

22．一个系统由 n 个部件组成，只要有一个部件故障系统就故障，各个部件工作是独立的，假如每个部件的寿命具有累积故障分布函数为

$$F(t) = 1 - \mathrm{e}^{-\lambda t} \qquad (\lambda > 0, t \geqslant 0)$$

试求这个系统的累积故障分布函数、可靠度函数和故障率函数。

23．什么是软件可靠性？什么是软件缺陷？

24．什么是软件失效？试简要说明它与硬件失效的主要区别。

第 4 章　维修性基础

维修性及维修性工程的含义在本书绪论中已有过介绍，本章将对有关概念做进一步的讨论，并对维修性要求和模型做详细介绍。

4.1　维修性的意义

4.1.1　维修性的定义

维修性是装备的一种质量特性，即由设计赋予的使装备维修简便、迅速、经济的固有属性。它同“维修方便”这类传统的要求似乎很接近，但维修性与传统要求有着质的区别，它有其明确的定义。维修性是产品在规定的条件下和规定的时间内，按规定的程序和方法进行维修时，保持或恢复到规定状态的能力。其中“规定的条件”主要是指维修的机构和场所，以及相应的人员与设备、设施、工具、备件、技术资料等资源。“规定的程序和方法”是指按技术文件规定的维修工作类型（工作内容）、步骤、方法。“规定的时间”是指规定维修时间。在这些约束条件下完成维修即保持或恢复产品规定状态的能力（或可能性）就是维修性。

产品在规定约束条件下能否完成维修，取决于产品的设计和制造，如维修部位是否容易达到、零部件能否互换、检测是否容易等。所以，维修性是产品的质量特性。这种质量特性可以用一些定性的特征来表达，也可以用一些定量的参数来表达（详见 4.3 节）。

维修性表现在产品的维修过程中。这里的维修包括预防性维修、修复性维修、战场损伤修复和保养，更全面地说，还包含改进性维修以及软件的维护。因此，各种军用装备、民用设备都需要具有维修性。飞机、舰船、车辆、火炮、雷达等装备，平时、战时都要维修，维修性问题自然很重要。像导弹、弹药这类长期储存、一次性使用的装备，尽管发射、飞行过程不会维修，但在储存乃至发射前都要维修，故同样需要维修性。对这类产品更强调的是不工作状态的维修性。可见，各种装备都需要维修性，但可能有不同的侧重点。

除硬件的维修性外，计算机软件也有维修性问题，习惯称为软件可维护性。

装备的测试是维修过程的重要环节。产品是否能够及时地确定其状态并将其内部故障隔离到需要修理的位置，本来就是维修性的重要内容。随着装备的发展，特别是电子系统和设备的普遍应用，测试问题越来越重要、越来越突出。在某些场合，人们把测试性能作为一种单独的特性进行研究。但一般来说，维修性仍然包含测试性。

要使装备的维修性进入设计领域，在研制过程进行设计、分析、验证，必须有明确、具体的维修性指标、要求；否则，就不会有系统的维修性工作。这些指标、要求有定性的和定量的，它们均是由维修性工程总目标确定的，是由具体装备的作战需求转化来的。4.2 节与 4.3 节分别介绍定性和定量要求。

4.1.2 固有维修性与使用维修性

维修性是一种设计特性，但这种特性在使用阶段又会受多方面的影响。其主要是：

（1）维修组织、制度、工艺、资源（人力、物力）等对装备使用维修性水平的影响。在装备设计确定的情况下，其固有维修性不变，但使用维修性水平却可能因维修的组织、制度和工艺是否合理，资源保证是否充分而发生变化。

（2）使用维修可能影响固有维修性的保持。固有维修性取决于设计的技术状态，但不良的维修措施或工艺可能破坏零部件的互换性、可修复性、识别标志乃至维修的安全性，给以后的维修带来困难。

（3）通过改进性维修可望提高装备的维修性。装备在使用维修中暴露的维修性问题和提供的数据，为维修性的改进提供了依据。结合维修，特别是结合在基地级维修中进行装备改进，可能提高其维修性。

与可靠性相似，维修性也可分为固有维修性和使用维修性。固有维修性也称设计维修性，是在理想的保障条件下表现出来的维修性，它完全取决于设计与制造。然而，使用部门、部队最关心的是使用中的维修性，同时使用阶段也要开展维修性工作。

使用维修性是在实际使用维修中表现出来的维修性。它不但包括产品设计、生产质量的影响，而且包括安装和使用环境、维修策略、保障延误等因素的综合影响。使用维修性不能直接用设计参数表示，而要用使用参数表示，如可用平均停机时间（mean down time，MDT）使用可用度（A_0）等表示。这些参数通常不能作为合同要求，但却更直接地反映了作战使用需求。在使用阶段考核维修性时，最终还要看使用维修性。

使用阶段的活动对装备维修性有相当大的影响，所以，在使用中要通过多方面的活动，采取措施保持甚至提高装备的维修性，并为新装备研制提供信息。使用阶段的维修性工作与可靠性相似，不再赘述。

4.2 维修性定性要求

定性要求是维修简便、迅速、经济的具体化。定性要求有两个方面的作用：一是实现定量指标的具体技术途径或措施，按照这些要求去设计以实现定量指标；二是定量指标的补充，即有些无法用定量指标反映出来的要求，可以定性描述。对不同的装备，维修性定性要求应当有所区别和侧重。以下仅就共性要求做概括性的介绍。

4.2.1 简化装备设计与维修

“简化”本来是产品设计的一般原则。装备构造复杂，带来使用、维修复杂，随之而来的是对人员技能、设备、技术资料、备件器材等要求提高，以致造成人力、时间及其他各种保障资源消耗的增加，维修费用的增长，同时降低了装备的可用性。因此，简化装备设计、简化维修是最重要的维修性要求。为此，可从以下方面着手。

（1）简化功能。简化功能是消除产品不必要乃至次要的功能。通过逐层分析每种产品功能，找出并消除某个或某些不必要或次要的功能，就可能节省某个或某些零部件甚至装置、分系统，使构造简化。如果某项产品价值很低（功能弱、费用高，或能用装备上的其他产品完成该工作），则宜去掉该功能、该产品。简化功能，不仅适用于主装备，也适用于保障资源（尤其是检测设备、操纵台、运输设施等），特别适用于直觉上需要新的保障资源，而实际上现有的资源（或稍加改进）即可适用于新装备的情况。

（2）合并功能。合并功能是把相同或相似的功能结合在一起来执行。显然，这可以简化功能的执行过程，从而简化构造与操作。为了合并功能，需要对各组成单元要执行的各种功能和完成规定任务所需的产品类型进行分析，从简化操作或硬件来达到简化维修、节省资源的目的。合并功能最明显的办法就是把执行相似功能的硬件适当地集中在一起，以便于使用人员操作，“一次办几件事”。

（3）减少元器件、零部件的品种与数量。减少元器件、零部件的品种与数量，不仅有利于减少维修而且可使维修操作简单、方便，降低维修技能的要求，减少备件、工具和设备等保障资源。但是，从增加功能及其他工程学科的要求出发，常常又要增加元器件、零部件的品种与数量。为此，必须综合权衡，分析某种零部件、元器件的增减对维修性及其他质量特性，包括对系统效能与费用的影响，以决定其取舍。

（4）改善产品检测、维修的可达性。可达性取决于产品的设计构型，是影响维修性的主要因素。关于可达性的详细讨论见 4.2.2 节。

（5）装备与其维修工作协调设计。装备的设计应当与维修保障方案相适应。设计时要合理确定现（外）场可更换单元（line replaceable unit，LRU）、车间可更换单元（shop replaceable unit，SRU），以便在规定的维修级别的条件下方便地更换。根据装备的使用与构造特点，将装备或其中的某些单元设计成在使用或储存期间无须进行维修的产品，即按“无维修设计”准则进行设计。采用简单、成熟的设计和惯例。良好的设计，可以简化到由产品的简图就可以想到如何拆装，好像“由用户买回自行装配的成套零件”一样。

4.2.2 具有良好的维修可达性

可达性是指产品维修或使用时，接近各个部位的相对难易程度的度量。可达性好，能够迅速方便地达到维修的部位并能操作自如。通俗地说，也就是维修部位能够“看得见、够得着”，或者很容易“看得见、够得着”，而不需过多拆装、搬动。显然，良好的可达性，能够提高维修的效率，减少差错，降低维修工时和费用。

实现产品的可达性主要措施有两个方面：一是合理地设置各部分的位置，并要有适当的维修操作空间，包括工具的使用空间；二是要提供便于观察、检测、维护和修理的通道。

为实现产品的良好可达性，应满足如下具体要求：

（1）产品各部分的配置应根据其故障率的高低、维修的难易、尺寸和质量大小以及安装特点等统筹安排。凡需要检查、维护、分解或修理的零部件，都应具有良好的可达性；对故障率高而又经常维修的部位，如电器设备中的保险管、电池及应急开关、通道口，应提供最佳的可达性。产品各系统的检查点、测试点、检查窗、润滑点及燃油、液压、气动等系统的维护点、添加点，都应布局在便于接近的位置上。

（2）为避免各部分维修时交叉作业（特别是机械、电气、液气系统维修中的互相交叉）与干扰，可用专舱、专柜或其他类似形式布局。

（3）尽量做到在检查或维修任一部分时，不拆卸、不移动或少拆卸、少移动其他部分。产品各部分（特别是易损件和常拆件）的拆装要简便，拆装时零部件出进的路线最好是直线或平缓的曲线。要求快速拆装的部件，应采用快速解脱紧固件连接。

（4）需要维修和拆装的机件，其周围要有足够的空间，以便使用测试接头或工具。

（5）合理地设置维修通道。例如，我国某新型飞机，检修时可打开的舱盖和窗口、通孔有 300 余处，实现了维修方便、迅速。维修通道口或舱口的设计应使维修操作尽可能简单方便；需要物件出入的通道口应尽量采用拉罩式、卡锁式和铰链式等快速开启的结构。

（6）维修时一般应能看见内部的操作。其通道除了能容纳维修人员的手或臂，还应留有适当的间隙，可供观察。在不降低产品性能的条件下，可采用无遮盖的观察孔；需遮盖的观察孔应用透明窗或快速开启的盖板。

4.2.3　提高标准化程度和互换性

实现标准化有利于产品的设计与制造，有利于零部件的供应、储备和调剂，从而使产品的维修更为简便，特别是便于装备在战场快速抢修中采用换件和拆拼修理。例如，美军坦克由于统一了接头、紧固件的规格等，使维修工具由 M60 坦克的 201 件减为 79 件，这就大大减轻了后勤负担，同时也有利于维修力量的机动。

标准化的主要形式是系列化、通用化、组合化。系列化是对同类的一组产品同时进行标准化的一种形式，即对同类产品通过分析、研究，将主要参数、式样、尺寸、基本结构等做出合理规划与安排，协调同类产品和配套产品之间的关系。通用化是指同类型或不同类型的产品中，部分零部件相同，彼此可以通用。通用化的实质，就是零部件在不同产品上的互换。组合化又称模块化设计，是实现部件互换通用、快速更换修理的有效途径。模块是指能从产品中单独分离出来，具有相对独立功能的结构整体。电子产品更适合采用模块化，如一些新型雷达采用模块化设计，可按功能划分为若干个各自能完成某项功能的模块，出现故障时则能单独显示故障部位，更换有故障的模块后即可开机使用。

互换性是指在功能和物理特性上相同的产品在使用或维修过程中能够彼此互相替换的能力。当两个产品在实体上、功能上相同，能用一个去代替另一个而不需改变产品或母体的性能时，则称该产品具有互换性；如果两个产品仅具有相同的功能，那么就称为具有功能互换性或替换性的产品。互换性使产品中的零部件能够互相替换，便于换件修理，并减少了零部件的品种规格，简化和节约了备品供应及采购费用。

有关标准化、互换性、通用化和模块化设计的要求如下：

（1）优先选用标准件。设计产品时应优先选用标准化的设备、工具、元器件和零部件，并尽量减少其品种、规格。

（2）提高互换性和通用化程度。在不同产品中最大限度地采用通用的零部件，并尽量减少其品种。军用装备的零部件及其附件、工具应尽量选用能满足使用要求的民用产品。设计产品时，必须使故障率高、容易损坏、关键性的零部件具有良好的互换性。能互换安装的项目，必须能功能互换。当需要互换的项目仅能功能互换时，可采用连接装置来实现安装互换。不同工厂生产的相同型号的成品件、附件必须具有互换性。产品需作某些更改或改进时，要尽量做到新老产品之间能够互换使用。

（3）尽量采用模块化设计。产品应按照功能设计成若干个能够进行完全互换的模块，其数量应根据实际需要而定。需要在战地或现场更换的部件更应重视模块化，以提高维修效率。模块从产品上卸下来以后，应便于单独进行测试。模块在更换后一般应不需进行调整；若必须调整，应能单独进行。成本低的器件可制成弃件式的模块，其内部各件的预期寿命应设计得大致相等，并加标志。应明确规定弃件式模块判明报废所用的测试方法、报废标准。

4.2.4 具有完善的防差错措施及识别标记

产品在维修中，常常会发生漏装、错装或其他操作差错，轻则延误时间，影响使用；重则危及安全。因此，应采取措施防止维修差错。著名的墨菲定律（Murphy’s law）指出：“如果某一事件存在着搞错的可能性，就肯定会有人搞错。”实践证明，产品的维修也不例外，由于产品设计原因存在发生维修差错的可能性而造成重大事故者屡见不鲜。例如，某型飞机的燃油箱盖，由于其结构存在着发生油滤未放平、卡圈未装好、口盖未拧紧等维修差错而不易发现的可能性，曾因此而发生过数起机毁人亡的事故。因此，防止维修差错主要是从设计上采取措施，保证关键性的维修作业“错不了”“不会错”“不怕错”。“错不了”就是产品设计使维修作业不可能发生差错，如零件装错了就装不进去，漏装、漏检或漏掉某个关键步骤就不能继续操作，发生差错立即能发现。从而，从根本上消除这些人为差错的可能。“不会错”就是产品设计应保证按照一般习惯操作不会出错，如螺纹或类似连接向右旋为紧，左旋为松。“不怕错”就是设计时采取种种容错技术，使某些安装差错、调整不当等不至造成严重的事故。

除产品设计上采取措施防差错外，设置识别标志，也是防差错的辅助手段。识别标记，就是在维修的零部件、备品、专用工具、测试器材等上面做出识别记号，以便于区别辨认，防止混乱，避免因差错而发生事故，同时也可以提高工效。

4.2.5　保证维修安全

维修安全性是指能避免维修人员伤亡或产品损坏的一种设计特性。其中，安全是指维修活动的安全。它比使用时的安全更复杂，涉及的问题更多。维修安全与一般操作安全既有联系又有区别。因为维修中要启动、操作装备，维修安全必须操作安全。但操作安全并不一定能保证维修安全，这是由于维修时产品往往要处于部分分解状态而又可能带有一定的故障，有时还需要在这种状态下进行部分的运转或通电，以便诊断和排除故障。设计应保证维修人员在这种情况下工作，不会引起电击以及有害气体泄漏、燃烧、爆炸、碰伤或危害环境等事故。因此，维修安全性要求是产品设计中必须考虑的一个重要问题。

为了保证维修安全，有以下一般要求。

（1）设计产品时，不但应确保使用安全，而且应保证储存、运输和维修时的安全。要把维修安全作为系统安全性的内容。要根据类似产品的使用维修经验和产品的结构特点，采用事故树等手段进行分析，并在结构上采取相应措施，从根本上防止储存、运输和维修中的事故和对环境的危害。

（2）设计装备时，应使装备在故障状态或分解状态进行维修是安全的。

（3）在可能发生危险的部位上，应提供醒目的标记、警告灯、声响警告等辅助预防手段。

（4）严重危及安全的部分特别对核、生物、化学以及高辐射、高电压等危害应有自动防护措施。不要将损坏后容易发生严重后果的部分布局在易被损坏的（如外表）位置。

（5）凡与安装、操作、维修安全有关的地方，都应在技术文件资料中提出注意事项。

（6）对于盛装高压气体、弹簧、带有高电压等储有很大能量且维修时需要拆卸的装置，应设有备用释放能量的结构和安全可靠的拆装设备、工具，保证拆装安全。

4.2.6 测试准确、快速、简便

在使用过程中，对装备要定期进行检查和测试，以便确定其状态，判断其是否能够完成规定的功能。如有工作不正常的迹象，就要进一步找出发生故障的部位，以便排除故障恢复装备良好状态。这种确定产品状态（可工作、不可工作或性能下降）并隔离其内部故障的活动就是产品的测试。产品测试是否准确、快速、简便，对维修有重大影响。随着装备的现代化、复杂化，其测试越来越困难，并消耗大量的时间和资源。因此，在产品的研制初期就应考虑测试问题，如测试方式、测试设备、测试点配置等。

4.2.7 要重视贵重件的可修复性

可修复性（repairability）是当产品的零部件磨损、变形、耗损或其他的形式失效后，可以对原件进行修复，使之恢复原有功能的特性。实践证明，贵重件的修复不仅可节省维修资源和费用，而且对提高装备可用性有着重要的作用。因此，装备设计中要重视贵重件的可修复性。

为使贵重件便于修复，应使其可调、可拆、可焊、可矫，满足如下要求。

（1）装备的各部分应尽量设计成能够通过简便、可靠的调整装置，消除因磨损或漂移等原因引起的常见故障。

（2）对容易发生局部耗损的贵重件，应设计成可拆卸的组合件，如将易损部位制成衬套、衬板，以便于局部修复或更换。

（3）需加工修复的零件应设计成能保持其工艺基准不受工作负荷的影响而磨损或损坏。必要时可设计专门的修复基准。

（4）采用热加工修理的零件应有足够的刚度，防止修复时变形。需焊接及堆焊修复的零件，其所用材料应有良好的可焊性。

（5）对需要原件修复的零件尽量选用易于修理并满足供应的材料。若采用新材料或新工艺时，应充分考虑零部件的可修复性。

除一般修复外，零部件还可以通过再制造技术批量处理，恢复甚至提高其

性能。零部件，特别是贵重件设计应当使其具有再制造的特性。

4.2.8　要符合维修中人机环工程的要求

人机环工程又称人的因素工程（human factors engineering），主要研究如何达到人与机器有效结合及对环境的适应和人对机器的有效利用。维修的人机环工程是研究在维修中人的各种因素，包括生理因素、心理因素和人体的几何尺寸与装备和环境的关系，以提高维修工作效率、质量和减轻人员疲劳等方面的问题。其基本要求如下。

（1）设计装备时应按照使用和维修时人员所处的位置、姿势与使用工具的状态，并根据对人体的测量，提供适当的操作空间，使维修人员有比较合理的维修姿态，尽量避免以跪、卧、蹲、趴等容易疲劳或致伤的姿势进行操作。操作空间和通道要有足够尺寸、允许穿着冬装及防护服的人员进行操作或出入。

（2）辐射、噪声不允许超过规定标准，如难以避免，对维修人员应有保护措施。

（3）对维修部位应提供适度的自然或人工的照明条件。

（4）应采取积极措施，减少装备振动，避免维修人员在超过国家规定标准的振动条件下工作。

（5）设计时，应考虑维修操作中举起、推拉、提起及转动物体时人的体力限度；用力超过限度，应增设机械或自动装置。

（6）设计时，应考虑使维修人员的工作负荷和难度适当，以保证维修人员的持续工作能力、维修质量和效率。

国家军用标准 GJB/Z 91—1997《维修性设计技术手册》对这些要求及实现途径、措施有详细的规定。

4.3　维修性定量要求

对于装备的维修性设计来说，仅有定性要求是不够的，还必须将其定量化，以便进行计算、验证和评估，并能与其他质量特性进行权衡。描述维修性的量称为维修性参数，而对维修性参数要求的量值称为维修性指标。为说明维修性参数概念，先介绍有关维修性的概率度量——维修性函数。

4.3.1 维修性函数

维修性主要反映在维修时间上。但由于完成每次维修的时间T是一个随机变量，所以必须用概率论的方法，从维修性函数出发来研究维修时间的各种统计量。下面介绍几种维修性函数及其对时间的分布。

1．维修度 $M(t)$

维修性用概率来表示，就是维修度$M(t)$，即产品在规定的条件下和规定的时间内，按规定的程序和方法进行维修时，保持或恢复到规定状态的概率。其可表示为

$$M(t)=P\{T\leqslant t\} \tag{4-1}$$

式（4-1）表示维修度是在一定条件下，完成维修的时间T小于或等于规定维修时间t的概率。显然$M(t)$是一个概率分布函数。对于不可修复系统$M(t)$等于零。对于可修复系统，$M(t)$是规定维修时间t的递增函数

$$\lim_{t\to 0}M(t)=0$$

$$\lim_{t\to \infty}M(t)=1$$

维修度可以根据理论分析求得，也可按照统计定义通过试验数据求得。根据维修度定义

$$M(t)=\lim_{N\to\infty}\frac{n(t)}{N} \tag{4-2}$$

式中　N——维修的产品总（次）数；

$n(t)$——t时间内完成维修的产品（次）数。

在工程实践中，试验或统计现场数据N为有限值，用估计量$\hat{M}(t)$来近似表示$M(t)$，则

$$\hat{M}(t)=\frac{n(t)}{N} \tag{4-3}$$

2．维修时间密度函数 $m(t)$

既然维修度$M(t)$是时间t内完成维修的概率，那么它有概率密度函数，即维修时间密度函数可表达为

$$m(t)=\frac{\mathrm{d}M(t)}{\mathrm{d}t}=\lim_{\Delta t\to 0}\frac{M(t+\Delta t)-M(t)}{\Delta t} \tag{4-4}$$

维修时间密度函数的估计量$\hat{m}(t)$，可由式（4-2）得

$$\hat{m}(t)=\frac{n(t+\Delta t)-n(t)}{N\Delta t}=\frac{\Delta n(t)}{N\Delta t} \tag{4-5}$$

式中　$\Delta n(t)$——从 t 到 $t+\Delta t$ 时间内完成维修的产品（次）数。

维修时间密度函数表示单位时间内修复数与送修总数之比，即单位时间内产品预期被修复的概率。

3. 修复率 $\mu(t)$

修复率（或称修复速率）$\mu(t)$ 是在 t 时刻未能修复的产品，在 t 时刻后单位时间内被修复的概率。其可表示为

$$\mu(t)=\lim_{\substack{\Delta t\to 0\\ N\to\infty}}\frac{n(t+\Delta t)-n(t)}{[N-n(t)]\Delta t}=\lim_{\substack{\Delta t\to 0\\ N\to\infty}}\frac{\Delta n(t)}{N_{\mathrm{s}}\Delta t} \tag{4-6}$$

其估计量

$$\hat{\mu}(t)=\frac{\Delta n(t)}{N_{\mathrm{s}}\Delta t} \tag{4-7}$$

式中　N_{s}——t 时刻尚未修复数（正在维修数）。

在工程实践中常用平均修复率或取常数修复率 μ，即单位时间内完成维修的次数，可用规定条件下和规定时间内，完成维修的总次数与维修总时间之比表示。

由式（4-7）可知

$$\hat{\mu}(t)=\frac{\Delta n(t)}{N_{\mathrm{s}}\Delta t}=\frac{\Delta n(t)}{N[1-\hat{M}(t)]\Delta t}=\frac{\hat{m}(t)}{1-\hat{M}(t)}$$

取极限得

$$\mu(t)=\frac{m(t)}{1-M(t)} \tag{4-8}$$

修复率 $\mu(t)$ 与维修度 $M(t)$ 的关系，可由式（4-8）导出

$$\mu(t)=\frac{m(t)}{1-M(t)}=\frac{\mathrm{d}M(t)}{\mathrm{d}t}\cdot\frac{1}{1-M(t)}$$

上式整理后两边积分

$$-\int_0^t\frac{\mathrm{d}[1-M(t)]}{1-M(t)}=\int_0^t\mu(t)\mathrm{d}t$$

即

$$\ln[1-M(t)]=-\int_0^t\mu(t)\mathrm{d}t$$

取反对数得

$$M(t)=1-\exp\left[-\int_0^t \mu(t)\mathrm{d}t\right] \tag{4-9}$$

4.3.2 维修时间的统计分布

实践证明，某一或某型装备的维修时间可用某种统计分布来描述。产品不同，其维修时间分布也不同，究竟是何种分布，要取维修试验数据进行分布检验。常用的维修时间分布有指数分布、正态分布和对数正态分布。

1. 指数分布

指数分布的维修性函数为

$$M(t)=1-\mathrm{e}^{-\mu t} \tag{4-10}$$

$$m(t)=\mu\mathrm{e}^{-\mu t} \tag{4-11}$$

$$\mu(t)=\mu \tag{4-12}$$

指数分布显著的特征是，修复速率 $\mu(t)=\mu$ 为常数，表示在相同时间间隔内，产品修复的机会（条件概率）也相同。

维修时间分布的特征量是数学期望 $E(T)$，即 $\bar{M}$ 。由均值定义

$$\bar{M}=E(t)=\int_0^\infty tm(t)\mathrm{d}t=\int_0^\infty t\mu\mathrm{e}^{-\mu t}\mathrm{d}t=\frac{1}{\mu} \tag{4-13}$$

可见指数分布下，修复率的倒数就是平均维修时间 $\bar{M}$ 。对应于维修度 $M(t)$ 的维修时间 t 可由式（4-10）求得。例如，当取 $M(t)=0.95$ 时，对应的维修时间为 $3/\mu=3\bar{M}$ 。

指数分布适用于经短时间调整或迅速换件即可修复的装备，如有的电子产品。同时，它是维修时间分布中最简单的分布，只要一个参数 μ 就可确定。由于它计算简便，易于数学处理，故在很多产品的系统分析中，常把维修时间近似看成指数分布。

2. 正态分布

维修时间用正态分布描述时，即以某个维修时间为中心，大多数维修时间在其左右对称分布，时间特长和特短的较少。正态分布的维修性函数为

$$m(t)=\frac{1}{d\sqrt{2\pi}}\exp\left[-\frac{1}{2}\left(\frac{t-\bar{M}}{d}\right)^2\right] \tag{4-14}$$

$$M(t)=\frac{1}{d\sqrt{2\pi}}\int_0^t \exp\left[-\frac{1}{2}\left(\frac{t-\bar{M}}{d}\right)^2\right]\mathrm{d}t \tag{4-15}$$

式中　$\bar{M}$ ——维修时间的均值，即数学期望 $E(T)$，通常取观测值：

$\bar{M}=\frac{1}{n_{\mathrm{r}}}\sum_{i=1}^{n_{\mathrm{r}}}t_i$，其中，$t_i$ 为第 i 次维修的时间；n_{r} 为维修次数；

d ——维修时间标准差。

方差 $d^2=E[T-E(T)]^2$，其观测值

$$\hat{d}^2=\frac{\sum_{i=1}^{n_{\mathrm{r}}}(t_i-\bar{M})^2}{n_{\mathrm{r}}-1}$$

正态分布可用于描述单项维修活动或简单的维修作业的维修时间分布，但这种分布不适合描述较复杂的整机产品的维修时间分布。

例 4-1　已知某产品的维修时间为正态分布，平均修复时间 $\bar{M}_{\mathrm{ct}}=3\mathrm{min}$，$d^2=0.6$，求维修度为 95%的修复时间 t。

解：由标准正态分布表查得：$\Phi(1.65)=0.95$

即
$$M(t)=M(3+1.65d)=0.95$$

故维修度 95%的修复时间　$t=3+1.65\times\sqrt{0.6}\approx 4.28(\mathrm{min})$

此时间仅为均值的 1.43 倍，而在指数分布条件下却是 3 倍。显然，这是由于正态分布是一种对称的分布所形成的。

3．对数正态分布

若维修时间的对数 $\ln t=Y$，遵从 $N(\theta,\ \sigma^2)$ 的正态分布，则称维修时间 t（随机变量）符合具有对数均值 θ 和对数方差 σ^2 的对数正态分布，其维修性函数为

$$m(t)=\frac{1}{t\sigma\sqrt{2\pi}}\exp\left[-\frac{1}{2}\left(\frac{\ln t-\theta}{\sigma}\right)^2\right] \tag{4-16}$$

$$M(t)=\frac{1}{\sigma\sqrt{2\pi}}\int_0^t \frac{1}{t}\exp\left[-\frac{1}{2}\left(\frac{\ln t-\theta}{\sigma}\right)^2\right]\mathrm{d}t \tag{4-17}$$

式中　θ ——维修时间对数的均值，其统计量用 $\bar{Y}$ 表示，即

$$\bar{Y}=\frac{1}{n_{\mathrm{r}}}\sum_{i=1}^{n_{\mathrm{r}}}\ln t_i$$

σ ——维修时间对数的标准差，其统计量用 S 表示，即

$$S=\sqrt{\frac{1}{n_{\mathrm{r}}-1}\sum_{i-1}^{n_{\mathrm{r}}}\left(\ln t_i-\bar{Y}\right)^2}$$

对数正态分布时维修时间 t 的均值

$$\bar{M}=\mathrm{e}^{\theta+\frac{1}{2}\sigma^2} \tag{4-18}$$

对数正态分布的维修时间中值

$$\tilde{M}=\mathrm{e}^{\theta} \tag{4-19}$$

众数 M_m，即 $m(t)$ 最大时的时间，用求极值的方法可得

$$M_m=\mathrm{e}^{\theta-\sigma^2} \tag{4-20}$$

对数正态分布的对数方差

$$D(T)=E(T^2)-E^2(T)=\mathrm{e}^{2\theta+\sigma^2}(\mathrm{e}^{\sigma^2}-1) \tag{4-21}$$

对数正态分布的维修度函数，可以通过对时间取对数按正态分布计算，再取反对数。

对数正态分布是一种不对称分布，其特点是：修复时间特短的很少，大多数项目都能在平均修复时间内完成，只有少数项目维修时间拖得很长。各种较复杂的装备，修复性维修时间分布遵从对数正态分布。一些国际标准和我国的国家标准、国家军用标准在产品的维修性试验与评定中一般都按对数正态分布处理。

例 4-2 已知某装备的修复时间列于表 4-1，设其服从对数正态分布，试求下列各参数值：

表 4-1 某装备的修复时间

修复时间 t_j / h	0.2	0.3	0.5	0.6	0.7	0..8	1.0	1.1	1.3	1.5	2.0
观察次数 n_j	1	1	4	2	3	2	4	1	1	4	2
修复时间 t_j/h	2.2	2.5	2.7	3.0	3.3	4.0	4.5	4.7	5.0	5.4	5.5
观察次数 n_j	1	1	1	2	2	2	1	1	1	1	1
修复时间 t_j/h	7.0	7.5	8.8	9.0	10.3	22.0	24.5				
观察次数 n_j	1	1	1	1	1	1	1				

（1）概率密度函数 $m(t)$。

（2）装备的平均修复时间 $\bar{M}_{\mathrm{ct}}$。

（3）装备修复时间中值 $\tilde{M}$ 。

（4）维修度函数 $\Phi(Z)$ 。

（5）20h 的维修度 $M(t)$ 。

（6）完成 90%和 95%维修活动的时间。

（7）20h 的修复速率 $\mu(t)$ 。

解：（1）概率密度函数 $m(t)$ 。

首先求出维修时间对数的均值和标准差：

$$\theta = \bar{Y} = \frac{\sum_{j=1}^{29} n_j \ln t_j}{\sum_{j=1}^{29} n_j} = \frac{30.30439}{46} \approx 0.65879$$

$$\sigma = S = \sqrt{\frac{\sum_{j=1}^{29}\left[(n_j \ln t_j)^2 - N\cdot(\ln t_j)^2\right]}{N-1}}$$

$$= \sqrt{\frac{75.84371 - 46\times 0.65879^2}{46-1}} \approx 1.11435$$

所以密度函数

$$m(t) = \frac{1}{t\sigma\sqrt{2\pi}} \mathrm{e}^{-\frac{1}{2}\left(\frac{\ln t-\theta}{\sigma}\right)^2} = \frac{1}{\sqrt{2\pi}\times 1.11435t} \mathrm{e}^{-\frac{1}{2}\left(\frac{\ln t-0.65879}{1.11435}\right)^2}$$

（2）平均修复时间。

$$\bar{M}_{\mathrm{ct}} = \mathrm{e}^{\theta+\frac{1}{2}\sigma^2} = \mathrm{e}^{0.65879+\frac{1}{2}\times 1.11435^2} \approx 3.595(\mathrm{h})$$

（3）修复时间中值。

$$\tilde{M} = \mathrm{e}^{\theta} = \mathrm{e}^{0.65879} \approx 1.932(\mathrm{h})$$

（4）维修度。

$$M(t) = \int_0^t \frac{1}{t\cdot\sigma\sqrt{2\pi}} \mathrm{e}^{-\frac{(\ln t-\theta)^2}{2\sigma^2}} \mathrm{d}t = \int_0^t \frac{1}{\sqrt{2\pi}\sigma} \mathrm{e}^{-\frac{(\ln t-\theta)^2}{2\sigma^2}} \mathrm{d}(\ln t)$$

令

$$Z = \frac{\ln t - \theta}{\sigma}$$

则

$$M(t) = \int_{-\infty}^t \frac{1}{\sqrt{2\pi}} \mathrm{e}^{-\frac{Z^2}{2}} \mathrm{d}Z = \Phi(Z)$$

$\Phi(Z)$ 可以查标准正态分布表

在本例中：$Z=\dfrac{\ln t-0.65879}{1.11435}$。

（5）20h 的维修度

$$M(t)=M(20)=\Phi\left(\frac{\ln 20-0.65879}{1.11435}\right)=\Phi(2.0972)$$

查表得

$$M(20)=\Phi(2.0972)=98.2\%$$

（6）完成 90%和 95%维修活动的时间。

因为

$$M(t)=\Phi\left(\frac{\ln t-\theta}{\sigma}\right)$$

当 $M(t)=90\%$ 时，查表得

$$\frac{\ln t-\theta}{\sigma}=1.282$$

所以

$$t_{0.9}=\mathrm{e}^{[\theta+\sigma\times 1.282]}=\mathrm{e}^{0.65879+1.11435\times 1.282}\approx 8.06(\mathrm{h})$$

当 $M(t)=95\%$ 时，查表得

$$\frac{\ln t-\theta}{\sigma}=1.645$$

所以

$$t_{0.95}\approx 12.08(\mathrm{h})$$

（7）20h 时的修复速率 $\mu(t)$。

$$\mu(20)=\frac{m(20)}{1-M(20)}=\frac{0.00199}{1-0.982}\approx 0.11/\mathrm{h}$$

4.3.3 维修性参数

1. 维修延续时间参数

缩短维修延续时间是装备维修性中最主要的目标，即维修迅速性的表征。它直接影响装备的可用性、战备完好性，又与维修保障费用有关。由于装备的功能、使用条件不同，因此可选用不同的延续时间参数。

1）平均修复时间 $\bar{M}_{\mathrm{ct}}$

平均修复时间（mean-time-to-repair，MTTR）即排除故障所需实际修复时间平均值。其度量方法是：在一给定期间内，修复时间的总和与修复次数 N 之比

$$\bar{M}_{\mathrm{ct}}=\frac{\sum_{i=1}^{N}t_i}{N} \tag{4-22}$$

当装备由n个可修复项目（分系统、组件或元器件等）组成时，平均修复时间为

$$\bar{M}_{\mathrm{ct}}=\frac{\sum_{i=1}^{n}\lambda_i\bar{M}_{\mathrm{ct}i}}{\sum_{i=1}^{n}\lambda_i} \tag{4-23}$$

式中　λ_i——第i个项目的故障率；

$\bar{M}_{\mathrm{ct}i}$——第i个项目故障时的平均修复时间。

应当注意的是：

（1）$\bar{M}_{\mathrm{ct}}$所考虑的只是实际修理时间，包括准备时间、故障检测诊断时间、拆卸时间、修复（更换）失效部分的时间、重装时间、调校时间、检验时间、清理和启动时间等，而不计及供应和行政管理延误时间。

（2）不同的维修级别（或不同的维修条件），同一装备也会有不同的平均修复时间。在使用此参数时，应说明其维修级别（或维修条件）。

（3）平均修复时间是使用最广泛的基本的维修性量度，其中的修复包括对装备寿命剖面各种故障的修复，而不限于某些部分或任务阶段。

2）恢复功能的任务时间

恢复功能的任务时间（mission time to restore function，MTTRF）即排除致命性故障所需实际时间的平均值。其量度方法是：在规定的任务剖面中，产品致命性故障总的修复时间与致命性故障总次数之比。它反映装备对任务成功性的要求，是任务维修性的一种量度。

MTTRF的计算公式与MTTR相似，只是它仅计及任务过程中的致命性故障及其排除时间。

3）最大修复时间M_{maxct}

在许多场合，尤其是使用部门更关心绝大多数装备能在多长时间内完成维修，这时，则可用最大修复时间。最大修复时间是装备达到规定维修度所需的修复时间，也即预期完成全部修复工作的某个规定百分数（通常为95%或90%）所需的时间。亦可记为$M_{\max}(0.95)$，括号中数字即规定的百分数。各种常用分布最大修复时间的计算见4.3.2节。当取规定百分数为50%时，即为修复时间中值。

与MTTR相同，最大修复时间不计及供应和行政管理延误时间。在使用此

参数时，应说明其维修级别。

4）预防性维修时间 M_{pt}

预防性维修同样有均值、中值和最大值，含义及计算方法与修复时间相似，只是用预防性维修频率代替故障率，用预防性维修时间代替修复时间。

平均预防性维修时间是装备每次预防性维修所需时间的平均值。平均预防性维修时间

$$\bar{M}_{pt}=\frac{\sum_{j=1}^{m}f_{pj}\bar{M}_{ptj}}{\sum_{j=1}^{m}f_{pj}} \tag{4-24}$$

式中 f_{pj}——第 j 项预防性维修作业的频率，通常以装备每工作小时分担的 j 项维修作业数计；

$\bar{M}_{ptj}$——第 j 项预防性维修作业所需的平均时间；

m——预防性维修作业的项目数。

预防性维修时间不包括装备在工作的同时进行的维修作业时间，也不包含供应和行政管理延误的时间。

5）平均维修时间 $\bar{M}$

平均维修时间是产品（装备）每次维修所需时间的平均值。此处的维修是把两类维修结合在一起来考虑的，既包含修复性维修，又包含预防性维修。其度量方法是：在规定的条件下和规定的期间内产品修复性维修和预防性维修总时间与该产品维修总次数之比。平均维修时间 $\bar{M}$ 的表达式为

$$\bar{M}=\frac{\lambda\bar{M}_{ct}+f_{p}\bar{M}_{pt}}{\lambda+f_{p}} \tag{4-25}$$

式中 λ——装备的故障率，$\lambda=\sum_{i=1}^{n}\lambda_{i}$；

f_{p}——装备预防性维修的频率（f_{p} 和 λ 应取相同的单位），$f_{p}=\sum_{j=1}^{m}f_{pj}$。

6）维修停机时间率 M_{DT} 和 MTUT

维修停机时间率是产品每工作小时维修停机时间的平均值。此处的维修包括修复性维修和预防性维修。

$$M_{\mathrm{DT}}=\sum_{i=1}^{n}\lambda_i\bar{M}_{\mathrm{ct}i}+\sum_{j=1}^{m}f_{\mathrm{p}j}\bar{M}_{\mathrm{pt}j} \tag{4-26}$$

式中的第一项是修复性维修停机时间率，可作为一个单独的参数，称为“每工作小时平均修理时间”（mean CM time to support a unit hour of operating time，MTUT），是保证装备单位工作时间所需的修复时间平均值。其量度方法是：在规定条件下和规定期间内，装备修复性维修时间之和与总工作时间之比。

MTUT 反映了装备单位工作时间的维修负担，即对维修人力和保障费用的需求。它实质上是可用性参数，不仅与维修性有关，也与可靠性有关。

7）重构时间 M_{rt}

重构时间（reconfiguration time）是系统故障或损伤后，重新构成能完成其功能的系统所需时间。对于有余度的系统，是其发生故障时，使系统转入新的工作结构（用冗余部件替换损坏部件）所需的时间。

2．维修工时参数

维修工时参数反映维修的人力、机时消耗，直接关系到维修力量配置和维修费用，因而也是重要的维修性参数。常用的维修工时参数是维修性指数 M_{I}。维修性指数是每工作小时的平均维修工时，又称维修工时率。

$$M_{\mathrm{I}}=\frac{M_{\mathrm{MH}}}{T_{\mathrm{OH}}} \tag{4-27}$$

式中　M_{MH}——装备在规定的使用期间内的维修工时数；

T_{OH}——装备在规定的使用期间内的工作小时数。

减少维修工时，节省维修人力费用，是维修性要求的目标之一。因此，维修性指数也是衡量维修性的重要指标。对于各种飞机，T_{OH} 用飞行小时数。国外先进歼击机，维修性指数已由 20 世纪 60 年代的每小时 35～50 个维修工时减少到目前的每小时只需 10 个维修工时，这表明维修人力、物力消耗已大为减少。需要注意的是，M_{I} 不仅与维修性有关，而且与可靠性也有关。提高可靠性，减少维修次数与内容也可使 M_{I} 减少。因此，M_{I} 是维修性、可靠性的综合参数。

3．维修费用参数

维修费用参数常用年平均维修费用，即装备在规定使用期间内的平均维修费用与平均工作年数的比值。根据需要也可用每工作小时的平均维修费用。这种参数实际上是维修性、可靠性的综合参数。为单独反映维修性，可用每次维修拆除更换的零部件费用及其他费用，计算每次维修的平均费用作为装备的维修费用参数。

4．测试性参数

测试性参数反映了产品是否便于测试（或自身就能完成某些测试功能）和隔离其内部故障。随着装备的现代化和复杂化，装备的测试时间已成为影响维修时间的重要因素。因此，测试性参数是一类重要的参数，常用故障检测率、故障隔离率、虚警率及测试时间描述。

思 考 题

1．什么是维修性？维修性与可靠性有什么异同？

2．什么是维修度？$M(0.5\text{h})=0.9$ 的含义是什么？

3．修复（速）率与维修度有什么关系？

4．已知：某装备的修复（速）率 $\mu=0.03\text{min}$，求其修复时间 $t=3\text{min}$ 的维修度 $M(t)$。

5．某装备的平均修复时间 $t=30\text{min}$，方差 $\sigma^2=0.6$，维修时间服从正态分布，求维修度为95%的修复时间。

6．已知：某装备平均修复时间为0.5h，维修时间服从对数正态分布，其对数方差 $\sigma^2=0.6$，求修理时间中值 $\tilde{M}$、最频值 M_M 和 $M(t)=0.95$ 的修复时间 t。

7．维修性的常用参数有哪些？

第 5 章　装备保障分析中的系统分析方法

在装备维修保障系统设计、构建和优化过程中，需要不断地运用各种分析方法和模型，进行系统综合、分析和优化，以确定和评价装备维修保障方案。本书将其统称为装备维修工程分析，也可称其为装备保障性分析。维修工程分析包括各种分析技术的集成，综合这些分析技术有助于解决部队装备维修保障的各种问题。本章主要介绍可用于权衡各种方案的典型系统分析方法，包括系统可用度分析、系统效能分析和寿命周期费用分析。

5.1　系统可用度分析

现代战争对装备作战使用要求越来越高，由于装备的复杂性、作战环境的恶劣性，使得装备的保障难度也越来越困难。装备是否能随时可用、部队是否具有持续的战斗力和保障能力不仅是装备保障人员高度关注的问题，更是指挥员高度关注的问题。系统可用度是反映装备保障性的一个重要综合参数，本节主要讨论可用度概念及系统可用度分析的基本问题。

5.1.1　可用度概念及其区分

可用度（availability）是指产品在任一时刻需要和开始执行任务时，处于可工作或可使用状态的概率，它是产品可用性的概率度量。

可用度是装备使用部门最关心的重要参数之一，它是系统效能的重要因素。

由上述定义可知，可用度与时间紧密相关，按时间划分可分为以下三种。

1．瞬时可用度 $A(t)$

对任一随机时刻t，若令

$$X(t)=\begin{cases}0 & (t\text{时刻装备处于可工作状态})\\1 & (t\text{时刻装备处于不可工作状态})\end{cases}$$

则装备在时刻 t 的可用度为

$$A(t)=P\{X(t)=0\} \tag{5-1}$$

此即瞬时可用度 $A(t)$，只涉及时刻 t 装备是否可工作，而与时刻 t 以前装备是否发生故障或是否经过修复无关。装备在时刻 t 的可靠性高，可用度自然也高。但是，即使可靠性不太高，出了故障能很快修复，可用度仍然会比较高。对于长期连续工作的装备，瞬时可用度不便于反映其可使用特性，通常采用平均可用度或稳态可用度来加以衡量。

2．平均可用度 $\bar{A}(t)$

装备在给定确定时间[0,t]内可用度的平均值，即

$$\bar{A}(t)=\frac{1}{t}\int_0^t A(t)\,\mathrm{d}t \tag{5-2}$$

3．稳态可用度 A

若极限

$$\lim_{t\to\infty}A(t)=A \tag{5-3}$$

存在，则称 A 为稳态可用度。$0\leqslant A\leqslant 1$，它表示在长期运行过程中装备处于可工作状态的时间比例。

在实际使用中，稳态可用度可表示为某一给定时间内能工作时间 U 与能工作时间和不能工作时间 D 总和之比，即

$$A=\frac{U}{U+D} \tag{5-4}$$

对于连续工作的可修复系统的平均能工作时间 $\bar{U}$ 和平均不能工作时间 $\bar{D}$，分别是能工作时间和不能工作时间的数学期望。若已知装备能工作时间密度函数 $u(t)$ 和不能工作时间密度函数 $d(t)$，则

$$\bar{U}=\int_0^\infty tu(t)\,\mathrm{d}t$$

$$\bar{D}=\int_0^\infty td(t)\,\mathrm{d}t$$

用平均时间表示的可用度

$$A=\frac{\bar{U}}{\bar{U}+\bar{D}} \tag{5-5}$$

装备系统不能工作涉及多种因素，图 5-1 示出了装备时间划分。

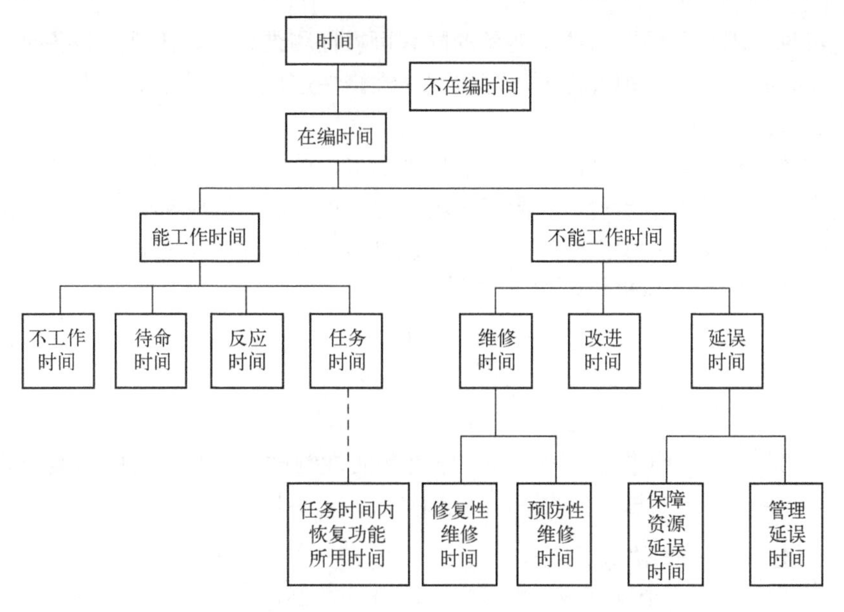

图 5-1　装备时间划分

在工程实践中，根据不能工作时间包含的内容，常常使用如下三种稳态可用度。

1）固有可用度

装备由于故障而不能工作，此时需要进行修理，修复后又转入可用状态。若仅考虑修复性维修因素，那么，不能工作时间只是排除故障时间，此时，能工作时间密度函数即故障密度函数 $f(t)$；不能工作时间密度函数即维修时间密度函数 $m(t)$，则

$$\bar{U}=\int_0^{\infty} tf(t)\,\mathrm{d}t=\bar{T}_{\mathrm{bf}}$$

$$\bar{D}=\int_0^{\infty} tm(t)\,\mathrm{d}t=\bar{M}_{\mathrm{ct}}$$

此时的稳态可用度称为固有可用度（inherent availability），记为 A_{i}。

$$A_{\mathrm{i}}=\frac{\bar{T}_{\mathrm{bf}}}{\bar{T}_{\mathrm{bf}}+\bar{M}_{\mathrm{ct}}} \tag{5-6}$$

式中　$\bar{T}_{\mathrm{bf}}$——平均故障间隔时间（MTBF）；

$\bar{M}_{\mathrm{ct}}$——平均修复时间（MTTR）。

可见，固有可用度取决于装备的固有可靠性和维修性。在评估装备时，尤其是在装备论证、研制过程中对可靠性和维修性进行权衡时经常使用。

2）可达可用度

装备不可用并非都是因为故障后修理而造成的，为了使装备处于完好状态，还需进行预防性维修活动。若同时考虑修复性维修和预防性维修因素，不能工作时间则包括排除故障维修时间和预防性维修时间，此时的稳态可用度称为可达可用度（achieved availability），记为A_a。

$$A_a = \frac{\bar{T}_{bm}}{\bar{T}_{bm} + \bar{M}} \tag{5-7}$$

式中　$\bar{T}_{bm}$——平均维修间隔时间，它是预防性维修与修复性维修两类维修合在一起计算的平均间隔时间，$\bar{T}_{bm} = 1/(\lambda + f_p)$；

$\bar{M}$——平均维修时间。

由此可见，A_a不仅与装备的固有可靠性和维修性有关，还与装备的预防性维修制度（工作类型、范围、频率等）有关。制定出一套合理的装备预防性维修大纲，可以使A_a得到提高。对于复杂装备系统，这并非是件十分容易的事情，不仅需要科学的理论，而且需要在实践中不断地予以检验和完善，从而提高A_a，使其达到规定要求。

3）使用可用度

在装备使用过程中，不仅排除故障和预防性维修会造成装备不能工作，还有很多因素影响装备的能工作时间。若还考虑供应保障及行政管理延误等因素，即装备不能工作时间是除装备改进时间外的一切不能工作时间时，稳态可用度则称为使用（工作）可用度（operational availability），记为A_o。

$$A_o = \frac{\bar{T}_{bm}}{\bar{T}_{bm} + \bar{D}} \tag{5-8}$$

式中　$\bar{D}$——平均不能工作时间。

由A_o的表达式可以看出，使用可用度不仅与设计、维修制度有关，而且与装备的保障系统直接相关，并受体制、管理水平和人员素质等影响。

由上可知，三种稳态可用度，既相互联系又有所区别，它们从不同范围反映了装备的可用水平。由于考虑因素的增加，装备的能工作时间缩短，不能工作时间增长，因此，一般有 $A_i \geqslant A_a \geqslant A_o$。通过提高装备的保障性、制定合理的预防性维修制度以及装备管理、供应体制的不断优化，可以使 A_o 和 A_a 接近于 A_i，但却不可能高于 A_i。要提高 A_i，则应从装备设计入手，提高装备的可靠性和维修性。对用户来说，最关心的是 A_o，它反映了实际使用情况下装备的可用程度。但 A_o 中涉及的管理与供应保障延误是研制、生产中难以控制和验证的因素，故在装备研制合同中，常常使用 A_i 作为指标，而 A_i 是由 A_o 转化而来的。

5.1.2　马尔可夫型可修复系统的可用度分析

实际的装备系统，多数属于可以修复的系统。对于可修复的装备系统，如果系统寿命及维修时间均服从指数分布，常常借助随机过程中的一类特殊过程——马尔可夫过程来描述；否则，应当用更一般的非马尔可夫过程来描述。在此只研究前者。

在利用马尔可夫过程方法建立系统可用度模型之前，做下述假设：

（1）系统和部件只有正常和故障两种状态。

（2）各部件的寿命和维修时间均服从指数分布，即故障率 $\lambda(t)=\lambda$，修复率 $\mu(t)=\mu$。

（3）状态转移可在任一时刻进行，但在相当小的时间区间 Δt 内，发生两次或两次以上故障或修复的概率为零。

（4）部件的故障和修复过程是相互独立的。

（5）部件一经修复，就如同新的一样。

1．单部件可修复系统

为说明马尔可夫型可修复系统可用度计算的一般步骤和原理，本小节从最简单的可修复系统——单部件可修复系统着手研究。

由假设（1），该系统只能在正常工作和故障两种状态之间交替转移。令系统状态变量

$$X(t)=\begin{cases}0 & (\text{若时刻}t\text{系统工作}) \\ 1 & (\text{若时刻}t\text{系统故障})\end{cases}$$

$$p_0(t)=P\{X(t)=0\}$$

$$p_1(t)=P\{X(t)=1\}$$

由于指数分布的无记忆性，可以证明，这种系统的状态转移过程是一个齐次马尔可夫过程，系统从 t 到 $t+\Delta t$ 时刻的转移概率为

$$p_{00}(\Delta t)=P\{X(t+\Delta t)=0|X(t)=0\}=\mathrm{e}^{-\lambda\Delta t}=1-\lambda\Delta t+o(\Delta t)$$

$$p_{01}(\Delta t)=P\{X(t+\Delta t)=1|X(t)=0\}=1-\mathrm{e}^{-\lambda\Delta t}=\lambda\Delta t+o(\Delta t)$$

$$p_{10}(\Delta t)=P\{X(t+\Delta t)=0|X(t)=1\}=1-\mathrm{e}^{-\mu\Delta t}=\mu\Delta t+o(\Delta t)$$

$$p_{11}(\Delta t)=P\{X(t+\Delta t)=1|X(t)=1\}=\mathrm{e}^{-\mu\Delta t}=1-\mu\Delta t+o(\Delta t)$$

式中　$o(\Delta t)$——高阶无穷小量。

在上述各式中，若假定Δt是任意小量，使得所有二次及二次以上的转移概率都可以忽略不计。这样，单部件可修复系统状态转移图如图 5-2 所示。

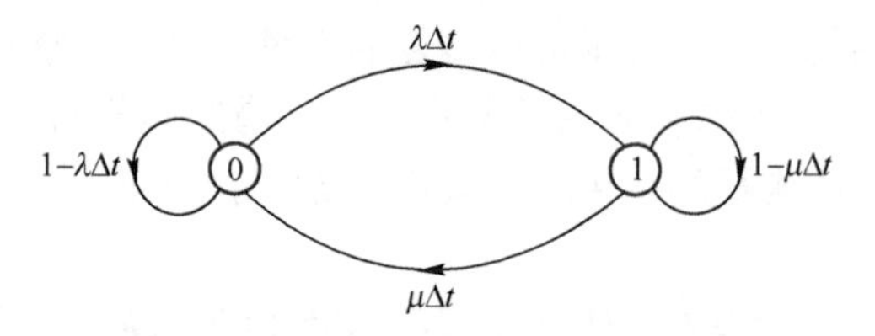

图 5-2　单部件可修复系统状态转移图

由全概率公式可得

$$p_0(t+\Delta t)=p_0(t)p_{00}(\Delta t)+p_1(t)p_{10}(\Delta t)=(1-\lambda\Delta t)p_0(t)+\mu\Delta t p_1(t) \tag{5-9}$$

$$p_1(t+\Delta t)=p_0(t)p_{01}(\Delta t)+p_1(t)p_{11}(\Delta t)=\lambda\Delta t p_0(t)+(1-\mu\Delta t)p_1(t) \tag{5-10}$$

将式（5-9）和式（5-10）合并写成矩阵形式

$$\begin{bmatrix} p_0(t+\Delta t) \\ p_1(t+\Delta t) \end{bmatrix}=\begin{bmatrix} 1-\lambda\Delta t & \mu\Delta t \\ \lambda\Delta t & 1-\mu\Delta t \end{bmatrix}\begin{bmatrix} p_0(t) \\ p_1(t) \end{bmatrix} \tag{5-11}$$

将式（5-9）和式（5-10）移项并将两边都除以Δt，当$\Delta t\to 0$时，可得

$$\dot{p}_0(t)=-\lambda p_0(t)+\mu p_1(t) \tag{5-12}$$

$$\dot{p}_1(t)=\lambda p_0(t)-\mu p_1(t) \tag{5-13}$$

设开始时刻系统处于正常状态，即初始条件为

$$p_0(0)=1，\quad p_1(0)=0$$

对式（5-12）、式（5-13）进行拉氏变换可得

$$sp_0(s)-p_0(0)=-\lambda p_0(s)+\mu p_1(s)$$

$$sp_1(s)-p_1(0)=\lambda p_0(s)-\mu p_1(\mathrm{s})$$

代入初始条件，可得

$$p_0(s)=\frac{s+\mu}{s(s+\lambda+\mu)}=\frac{\mu}{s(\lambda+\mu)}+\frac{\lambda}{(\lambda+\mu)(s+\lambda+\mu)} \tag{5-14}$$

对式（5-14）进行拉氏反变换得

$$A(t)=p_0(t)=\frac{\mu}{\lambda+\mu}+\frac{\lambda}{\lambda+\mu}\mathrm{e}^{-(\lambda+\mu)t} \tag{5-15}$$

系统的稳态可用度

$$A=p_0(\infty)=\frac{\mu}{\lambda+\mu}$$

单部件系统可用度函数 $A(t)$ 变化曲线如图 5-3 所示。

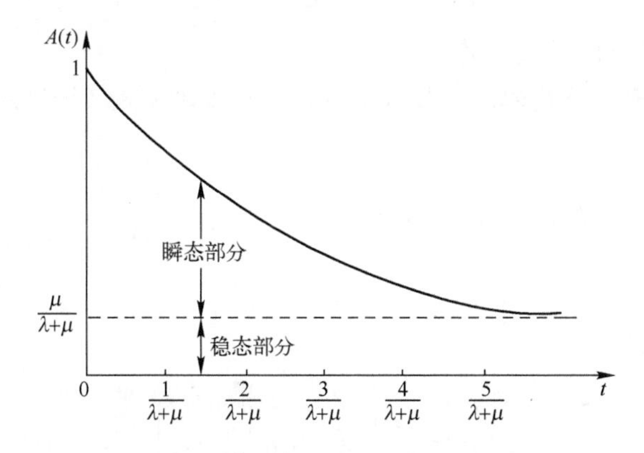

图 5-3　单部件系统可用度函数曲线

通过上述示例，可将建立和求解状态方程的步骤归结为以下 5 步。

1）画出系统状态空间图

单部件可修复系统状态空间图如图 5-4 所示。此图与状态转移图 5-2 不同，省略了 Δt ，因为 Δt 已包含在导数矩阵内。

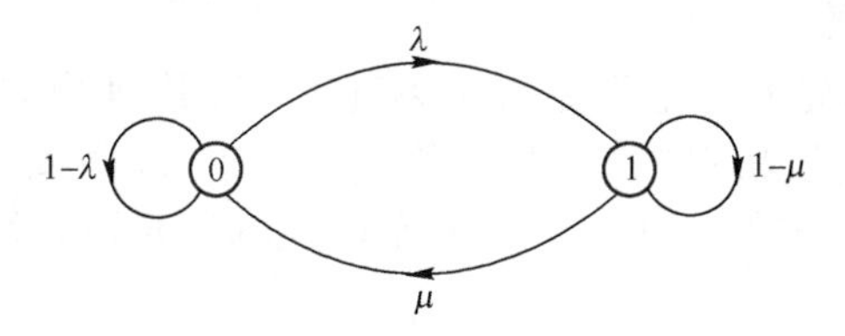

图 5-4　单部件可修复系统状态空间图

2）确定状态转移概率矩阵 T

根据状态空间图，写出状态转移概率矩阵T，即

$$T = \begin{matrix} & \begin{matrix} 0 & \quad 1 \end{matrix} \\ \begin{matrix} 0 \\ 1 \end{matrix} & \begin{bmatrix} 1-\lambda & \mu \\ \lambda & 1-\mu \end{bmatrix} \end{matrix} \tag{5-16}$$

注意构造矩阵T的规则：列对应于系统的初状态，行对应于末状态。

3）确定状态方程系数矩阵（或称转移率矩阵）A

$$A = T - I = \begin{bmatrix} -\lambda & \mu \\ \lambda & -\mu \end{bmatrix} \tag{5-17}$$

其中，I是T的同阶单位矩阵。

矩阵A具有如下规律：列和等于零。这种规律和式（5-11）的写法有关，若式（5-11）写为

$$[p_0(t+\Delta t) \quad p_1(t+\Delta t)] = [p_0(t) \quad p_1(t)] \begin{bmatrix} 1-\lambda\Delta t & \lambda\Delta t \\ \mu\Delta t & 1-\mu\Delta t \end{bmatrix}$$

则A的行和为零。

4）写出状态方程

$$\begin{bmatrix} \dot{p}_0(t) \\ \dot{p}_1(t) \end{bmatrix} = \begin{bmatrix} -\lambda & \mu \\ \lambda & -\mu \end{bmatrix} \begin{bmatrix} p_0(t) \\ p_1(t) \end{bmatrix} \tag{5-18}$$

或

$$\dot{P} = A \cdot P$$

初始条件

$$\begin{bmatrix} p_0(0) \\ p_1(0) \end{bmatrix} = \begin{bmatrix} 0 \\ 1 \end{bmatrix} \tag{5-19}$$

5）解状态方程

若仅求稳态特征量，由于系统达到稳态，而这种稳态是一种平衡稳态，即单位时间内由其他状态转向i状态的概率等于i状态向其他状态转移的概率，即$\dot{p}_i(\infty)=0$，因此，式（5-18）左端变为零矩阵，稳态方程求解更为简单。

2．n个不同部件的串联系统

不少装备是串联若干单元（部件）构成的可修复系统。例如，某防空武器

系统由目标搜索单元、数据计算单元、自动控制单元、发射单元等组成，任一单元故障则系统故障。各单元均可修复。分析这一类系统的稳态可用度是很有实际意义的。

设 n 个部件的故障率和修复率分别为 λ_i 和 $\mu_i(i=1,2,\cdots,n)$，各部件有正常和故障两种状态。根据假设（3），则系统有 $(n+1)$ 种状态。

$$X(t)=\begin{cases}0 & (\text{若在时刻}t\text{，}n\text{个部件都正常}) \\ 1 & (\text{若在时刻}t\text{，部件1故障，其余部件均正常}) \\ & \vdots \\ i & (\text{若在时刻}t\text{，部件}i\text{故障，其余部件均正常}) \\ & \vdots \\ n & (\text{若在时刻}t\text{，部件}n\text{故障，其余部件均正常})\end{cases}$$

（1）画出系统状态空间图，如图 5-5 所示。由于状态 1～n 都是某个部件故障其余部件正常的状态，因此它们不能互相转移。

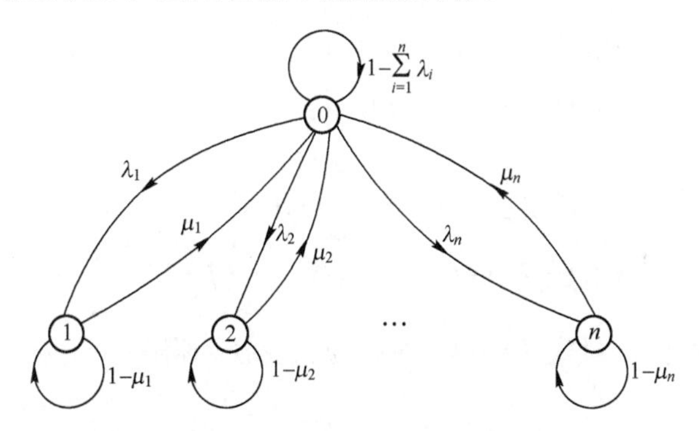

图 5-5　n 个不同部件串联系统的状态空间图

（2）确定状态转移概率矩阵：

$$\boldsymbol{T}=\begin{bmatrix}1-\sum_{i=1}^{n}\lambda_i & \mu_1 & \mu_2 & \cdots & \mu_n \\ \lambda_1 & 1-\mu_1 & 0 & \cdots & 0 \\ \lambda_2 & 0 & 1-\mu_2 & \cdots & 0 \\ \vdots & \vdots & \vdots & & \vdots \\ \lambda_n & 0 & 0 & \cdots & 1-\mu_n\end{bmatrix} \tag{5-20}$$

（3）确定状态方程系数矩阵：

$$\boldsymbol{A}=\boldsymbol{T}-\boldsymbol{I}=\begin{bmatrix} -\sum_{i=1}^{n}\lambda_i & \mu_1 & \mu_2 & \cdots & \mu_n \\ \lambda_1 & -\mu_1 & 0 & \cdots & 0 \\ \lambda_2 & 0 & -\mu_2 & \cdots & 0 \\ \vdots & \vdots & \vdots & & \vdots \\ \lambda_n & 0 & 0 & \cdots & -\mu_n \end{bmatrix} \tag{5-21}$$

（4）写出状态方程：

$$\begin{bmatrix} \dot{p}_0(t) \\ \dot{p}_1(t) \\ \vdots \\ \dot{p}_n(t) \end{bmatrix}=\boldsymbol{A}\begin{bmatrix} p_0(t) \\ p_1(t) \\ \vdots \\ p_n(t) \end{bmatrix} \tag{5-22}$$

初始条件： $$[p_0(0) \quad p_1(0) \quad \cdots \quad p_n(0)]=[1 \quad 0 \quad \cdots \quad 0] \tag{5-23}$$

（5）解状态方程。展开式（5-22），得

$$\begin{cases} \dot{p}_0(t)=-\sum_{i=1}^{n}\lambda_i p_0(t)+\sum_{i=1}^{n}\mu_i p_i(t) \\ \dot{p}_j(t)=\lambda_j p_0(t)-\mu_j p_j(t) \qquad (j=1,2,\cdots,n) \end{cases} \tag{5-24}$$

代入初始条件，对式（5-24）进行拉氏变换，得

$$\begin{cases} sp_0(s)=1-\sum_{i=1}^{n}\lambda_i p_0(s)+\sum_{i=1}^{n}\mu_i p_i(s) \\ sp_j(s)=\lambda_j p_0(s)-\mu_j p_j(s) \qquad (j=1,2,\cdots,n) \end{cases} \tag{5-25}$$

解之，得

$$\begin{cases} p_0(s)=\left[s+s\sum_{i=1}^{n}\frac{\lambda_i}{s+\mu_i}\right]^{-1} \\ p_j(s)=\frac{\lambda_j}{s+\mu_j}p_0(s) \qquad (j=1,2,\cdots,n) \end{cases} \tag{5-26}$$

应用终值定理求得稳态解：

$$\begin{cases} A = \lim\limits_{t \to \infty} p_0(t) = \lim\limits_{s \to 0} sp_0(s) = \left[1 + \sum\limits_{i=1}^{n} \dfrac{\lambda_i}{\mu_i}\right]^{-1} \\ Q = 1 - A = \sum\limits_{i=1}^{n} \dfrac{\lambda_i}{\mu_i}\left[1 + \sum\limits_{i=1}^{n} \dfrac{\lambda_i}{\mu_i}\right]^{-1} \end{cases} \tag{5-27}$$

注意：求串联系统稳态解，用上述方法比较烦琐。因为在稳态 $t \to \infty$，$\dot{p}(\infty) = 0$，所以式（5-22）左端为 0。这样，就可容易地解出稳态结果。此时有

$$\boldsymbol{A}\begin{bmatrix} p_0(\infty) \\ p_1(\infty) \\ \vdots \\ p_n(\infty) \end{bmatrix} = 0 \tag{5-28}$$

$$\sum_{i=1}^{n} p_i(\infty) = 1 \tag{5-29}$$

解之，可得到 A、Q 与前面的方法实际上是相同的结果。

如果把串联系统发生首次故障时刻看作吸收状态，即看作不可修的，那么很容易用类似的分析方法求出不可修系统的可靠度和平均首次故障前工作时间 $\overline{T}_{\text{tf}}$，其结果为

$$R(t) = \exp\left(-\sum_{i=1}^{n} \lambda_i t\right) \tag{5-30}$$

$$\overline{T}_{\text{tf}} = \left(\sum_{i=1}^{n} \lambda_i\right)^{-1} \tag{5-31}$$

系统的平均能工作时间 $\overline{U}$ 和平均不能工作时间 $\overline{D}$ 为

$$\begin{cases} \overline{U} = \overline{T}_{\text{bf}} = \overline{T}_{\text{tf}} = \left(\sum\limits_{i=1}^{n} \lambda_i\right)^{-1} \\ \overline{D} = \sum\limits_{i=1}^{n} \dfrac{\lambda_i}{\mu_i}\left[\sum\limits_{i=1}^{n} \lambda_i\right]^{-1} \end{cases} \tag{5-32}$$

例 5-1　据统计某装备系统工作时间和修复时间如表 5-1 所列，假设它们都服从指数分布，试求：

（1）系统的固有可用度。

（2）系统工作时间为 10h 的可用度 $A(10)$。

表 5-1　工作时间 t_i 和修复时间 t_i'

i / h	1	2	3	4	5	6	7	8	9	10
t_i / h	125	44	27	53	8	46	5	20	15	12
t_i' / h	1	1	9.8	1	1.2	0.2	3	0.3	3	1.5

解：（1）由表 5-1 中数据可得

$$\overline{T}_{\text{bf}}=\frac{1}{n}\sum_{i=1}^{n}t_i=\frac{1}{10}[125+44+27+53+8+46+5+20+15+12]=35.5(\text{h})$$

$$\overline{M}_{\text{ct}}=\frac{1}{n}\sum_{i=1}^{n}t_i'=\frac{1}{10}[1+1+9.8+1+1.2+0.2+3+0.3+3+1.5]=2.2(\text{h})$$

所以

$$A_{\text{i}}=\frac{\overline{T}_{\text{bf}}}{\overline{T}_{\text{bf}}+\overline{M}_{\text{ct}}}\approx 0.941645$$

$$\lambda=\frac{1}{\overline{T}_{\text{bf}}}\approx\frac{1}{35.5}=0.028169(\text{h}^{-1})$$

$$\mu=\frac{1}{\overline{M}_{\text{ct}}}=\frac{1}{2.2}\approx 0.454545(\text{h}^{-1})$$

（2）系统的瞬时可用度

$$A(t)=\frac{\mu}{\mu+\lambda}+\frac{\lambda}{\mu+\lambda}\text{e}^{-(\mu+\lambda)t}$$

所以

$$A(10)=\frac{0.454545}{0.454545+0.028169}+\frac{0.028169}{0.454545+0.028169}\text{e}^{-(0.454545+0.028169)\times 10}=0.941645+0.000467=0.942112$$

例 5-2　设某雷达设备有工作、故障和被干扰三种状态，其寿命分布、维修时间分布、干扰和排除干扰的概率密度分布均为指数分布，求其稳态可用度。

解：由题意定义状态如下：

$$X(t)=\begin{cases}0 & (若时刻t雷达设备正常工作)\\ 1 & (若时刻t雷达设备被干扰)\\ 2 & (若时刻t雷达设备故障)\end{cases}$$

雷达在状态 0、1 都可能出故障，其故障率分别为 λ_0 和 λ_1；雷达在状态 0 的干扰率为 η_0；在状态 1 的干扰恢复率为 η_1；在状态 2 的修复率为 μ 。

（1）画出系统状态空间图，如图 5-6 所示。

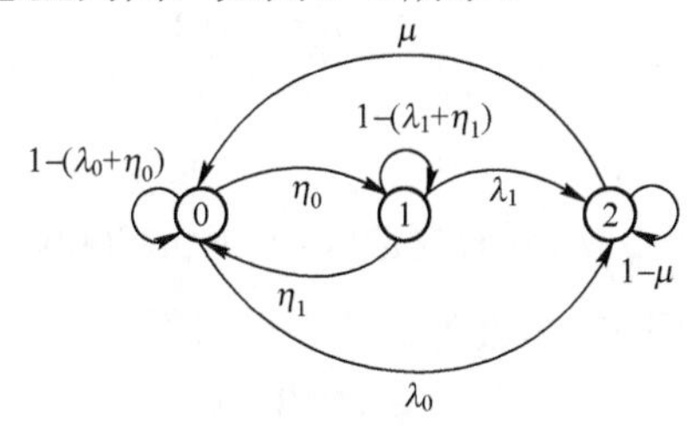

图 5-6　雷达状态空间图

（2）确定状态转移概率矩阵：

$$\boldsymbol{T}=\begin{bmatrix}1-(\lambda_0+\eta_0) & \eta_1 & \mu\\ \eta_0 & 1-(\lambda_1+\eta_1) & 0\\ \lambda_0 & \lambda_1 & 1-\mu\end{bmatrix}$$

（3）确定状态方程系数矩阵：

$$\boldsymbol{A}=\boldsymbol{T}-\boldsymbol{I}=\begin{bmatrix}-(\lambda_0+\eta_0) & \eta_1 & \mu\\ \eta_0 & -(\lambda_1+\eta_1) & 0\\ \lambda_0 & \lambda_1 & -\mu\end{bmatrix}$$

（4）写出状态方程：

$$\begin{bmatrix}\dot{p}_0(t)\\ \dot{p}_1(t)\\ \dot{p}_2(t)\end{bmatrix}=\begin{bmatrix}-(\lambda_0+\eta_0) & \eta_1 & \mu\\ \eta_0 & -(\lambda_1+\eta_1) & 0\\ \lambda_0 & \lambda_1 & -\mu\end{bmatrix}\begin{bmatrix}p_0(t)\\ p_1(t)\\ p_2(t)\end{bmatrix}$$

初始条件

$$\begin{bmatrix}p_0(0)\\ p_1(0)\\ p_2(0)\end{bmatrix}=\begin{bmatrix}1\\ 0\\ 0\end{bmatrix}$$

（5）解状态方程。展开状态方程，并代入 $\dot{p}(\infty)=0$，得

$$-(\lambda_0+\eta_0)p_0+\eta_1 p_1+\mu_1 p_1+\mu p_2=0$$
$$\eta_0 p_0-(\lambda_1+\eta_1)p_1=0$$
$$\lambda_0 p_0+\lambda_1 p_1-\mu p_2=0$$
$$p_0+p_1+p_2=1$$

解之得

$$A=p_0=\frac{\mu(\lambda_1+\eta_1)}{\lambda_0\lambda_1+\lambda_0\eta_1+\eta_0\lambda_1+\lambda_1\mu+\eta_1\mu+\eta_0\mu} \tag{5-33}$$

若已知

$\lambda_0=\lambda_1=0.0125\text{h}^{-1}$，$\mu=0.5556\text{h}^{-1}$，$\eta_0=0.2900\text{h}^{-1}$，$\eta_1=0.7700\text{h}^{-1}$

代入式（5-33），可得雷达设备的稳态可用度

$$A\approx 0.7135$$

5.1.3 固有可用度分析

可靠性和维修性共同决定了装备系统的固有可用度，见式（5-6），即

$$A_\text{i}=\frac{\bar{T}_\text{bf}}{\bar{T}_\text{bf}+\bar{M}_\text{ct}}$$

或

$$A_\text{i}=\frac{K}{1+K}$$

式中 K——维修比，$K=\bar{T}_\text{bf}/\bar{M}_\text{ct}$。

显然，在给定固有可用度条件下也就给定了维修比 K。同时成比例地扩大（缩小）$\bar{T}_\text{bf}$ 和 $\bar{M}_\text{ct}$，保持 K 值不变，则固有可用度 A_i 值不变。

$$K=\frac{A_\text{i}}{1-A_\text{i}} \tag{5-34}$$

1. 固有可用度分析的基本问题

固有可用度分析的基本问题是：在给定装备可用度要求时，综合权衡装备可靠性和维修性指标，以期使系统优化。

例如，有两种设计方案，均可使 A_i 满足同一量值（如 $A_\text{i}=0.952$）。

第Ⅰ种方案　$\bar{T}_\text{bf1}=2\text{h}$，$\bar{M}_\text{ct1}=0.1\text{h}$

第Ⅱ种方案　$\bar{T}_\text{bf2}=200\text{h}$，$\bar{M}_\text{ct2}=10\text{h}$

问题：哪种方案最优？在本例中，究竟哪种方案可行，是难以直接回答的。因为两种方案都能使系统可用度达到0.952，从不同的角度，考虑不同的约束会

得到不同的结论。

（1）从故障后果考虑：如果故障后果具有安全性或任务性影响，则 $\overline{T}_{bf1}=2h$ 和 $\overline{M}_{ct2}=10h$ 可能都是不允许的。因为，$\overline{T}_{bf1}=2h$，故障发生的概率过高，超出了安全性故障后果所允许的范围；而 $\overline{M}_{ct2}=10h$，修复时间太长，影响任务的完成。如果这样，两种方案都不可行，需进一步优化权衡。如果仅考虑安全性影响，不考虑任务性影响，也许第II种方案可行。

（2）从设计实现的可能性方面考虑：现有的设计方法、工艺水平能否使 $\overline{T}_{bf}$ 高到某一量值，或使 $\overline{M}_{ct}$ 降低到某一量值是权衡时需考虑的另一种约束。对本例中的系统，若现有的设计水平只能使系统的 $\overline{M}_{ct}$ 下限达到 0.5h，显然第 I 种方案是不可行的；如果 $\overline{T}_{bf}$ 的上限值不能达到 100h，则第II种方案是不可行的。

（3）从费用方面考虑：考虑某一设计方案所带来的费用是否满足要求，这里的费用是指装备的寿命周期费用。提高系统的可靠性和维修性水平，必然要增加研制费用，但会使保障费用降低。在选取可靠性与维修性参数值时应考虑这些问题，选取寿命周期费用最低的方案。

综上所述，权衡不仅要考虑各系统的参数值，而且还要受战术、技术及经济条件的制约。

2．固有可用度分析的一般步骤

（1）画可用度直线。根据给定的 A_i，在图 5-7 所示的坐标系中画出可用度直线，该直线方程为

$$A_i=\overline{T}_{bf}/(\overline{T}_{bf}+\overline{M}_{ct})$$

斜率为 $1/K=\overline{M}_{ct}/\overline{T}_{bf}$。

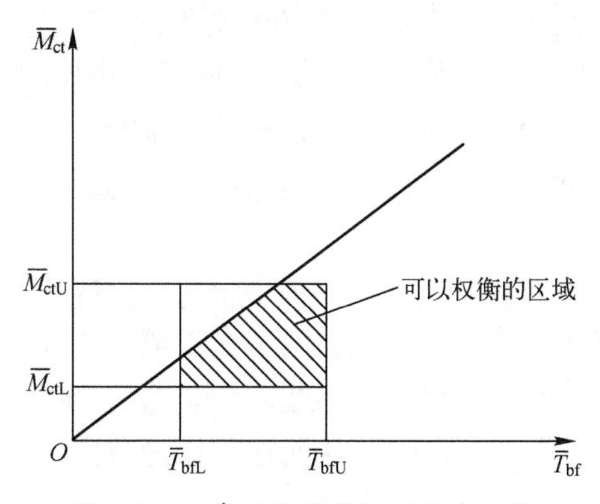

图 5-7　可靠性与维修性的综合权衡

（2）确定可行域。根据实际的技术可能，确定平均故障间隔时间$\bar{T}_{bf}$的上限值$\bar{T}_{bfU}$和平均修复时间$\bar{M}_{ct}$的下限值$\bar{M}_{ctL}$。一般情况下，系统的可靠性不可能太高，因为受现有技术水平的限制，或费用太高以致现有的费用难以支持。同样，$\bar{M}_{ctL}$太小，必定要求极高的维修性设计技术措施。例如，配备完善的机内自检设备，将故障隔离到每个独立的可更换单元，或者可能需要具有从一个有故障的设备自动切换到备用设备上的装置，这样做也可能超出现有技术水平或费用限制。

平均故障间隔时间的下限$\bar{T}_{bfL}$和平均修复时间的上限$\bar{M}_{ctU}$是由战术条件决定的，$\bar{T}_{bfL}$太小，故障率势必过高；$\bar{M}_{ctU}$太大，势必影响任务完成，所以必须将两者限制在一定范围。通常$\bar{T}_{bfL}$和$\bar{M}_{ctU}$是由订购方确定的，这样由$\bar{T}_{bfU}$和$\bar{T}_{bfL}$以及$\bar{M}_{ctU}$和$\bar{M}_{ctL}$所围成的区域即为可行域（可以权衡的区域），如图 5-7 所示。

（3）拟订备选设计方案。从不同的角度提出若干个有代表性的设计方案。例如，对可靠性设计可以采用降额设计、冗余设计方法等提出不同的$\bar{T}_{bf}$值；对维修性可以采用模件化设计、自动检测方案等规定若干个$\bar{M}_{ct}$值。当然这些可靠性与维修性参数，必须落在可行域内。

（4）明确约束条件，进行权衡决策。如果没有任何附加的约束条件，设计师可以在图 5-10 所示的阴影区域中进行无数个组合，都能满足规定的可用度要求。实际工程中，不可能没有约束，在本例中曾涉及三种约束：故障发生的概率；设计手段及工艺水平；费用约束。如果选择故障发生的概率为约束，则在各种方案中以故障发生概率最低为目标来决策；如果以费用为约束，则以寿命周期费用最低为目标来决策，选择相应的参数值。

例 5-3 现要求设计一部雷达接收机，其固有可用度应达到 0.990，最小$\bar{T}_{bfL}$为 200h，而且$\bar{M}_{ctU}$不得超过 4h，试选择最佳方案?

解：（1）按上述步骤（1）、（2），在坐标系中画出可以权衡的区域，如图 5-8 阴影区所示。

图 5-8 还显示了两种权衡方法：一种是将可用度固定在 0.990。这种方法意味着，可以选在 0.990 的等可用度线上两个允许端点之间的$\bar{T}_{bf}$与$\bar{M}_{ct}$的任意组合。这些点位于$\bar{T}_{bf}=200\text{h}$，$\bar{M}_{ct}=2\text{h}$的交点与$\bar{T}_{bf}=400\text{h}$，$\bar{M}_{ct}=4\text{h}$的交点之间。另一种是令可用度大于 0.990，从而在可行的范围之内选择$\bar{T}_{bf}$及$\bar{M}_{ct}$的任何组合。

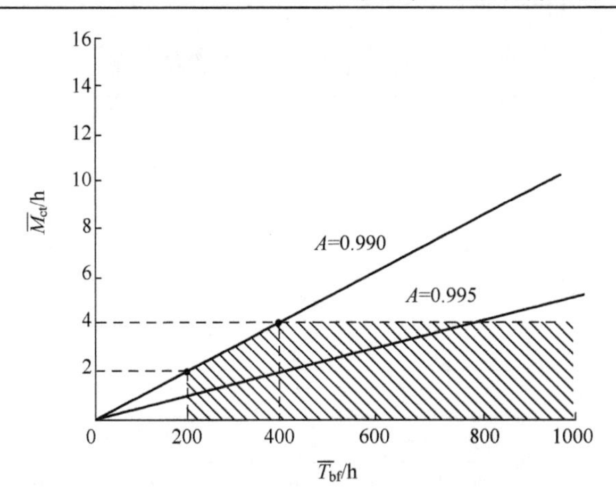

图 5-8　可靠性与维修性的综合权衡示例

显而易见，如果没有任何附加的约束条件，可以在无数个组合中进行选择。

（2）拟订备选设计方案。现提出 4 种备选设计方案（表 5-2）。

表 5-2　备选设计方案权衡

设计方案	A	$\overline{T}_{bf}$/h	$\overline{M}_{ct}$/h
（1）R 采用军用标准件降额 M 采用模件化及自动检测	0.990	200	2.0
（2）R 采用高可靠性的元器件及部件 M 采用局部模件化，半自动检测	0.990	300	3.0
（3）R 采用部分余度 M 采用手动测试及有限模件化	0.991	350	3.0
（4）R 采用高可靠性的元器件及部件 M 采用模件化及自动检测	0.993	300	2.0

注：R 表示可靠性设计；M 表示维修性设计。

设计方案（1）、（2）都达到要求的可用度 0.990，方案（1）强调维修性设计，而方案（2）强调提高可靠性；方案（3）、（4）具有比较高的可用度。

（3）估算各方案的费用。4 种方案的寿命周期费用情况如表 5-3 所列。

表 5-3　备选设计方案的费用比较

项目		1	2	3	4
采购费用/$\times10^3$元	研制	325	319	322	330
	生产	4534	4525	4530	4542
	费用小计	4859	4844	4852	4872
10 年保障费用/$\times10^3$元	备件	151	105	90	105
	修理	346	382	405	346
	培训、手册	14	16	18	14
	补给、维护	525	503	505	503
	费用小计	1036	1006	1018	968
寿命周期费用/元		5895	5850	5870	5840

表 5-3 表明，方案 2 是可用度相同的各种方案中费用最低的一种。该表还表明方案 4 采购费用比较高，但是其 10 年的保障费用显著地降低而且其总的费用最低，同时还具有较高的可用度。可见方案 4 是最优的方案，既提高了可靠性又改善了维修性。

5.1.4　使用可用度分析

固有可用度是对设计时赋予装备的固有可靠性与维修性量度的一个综合指标。使用可用度是考虑了除改进性维修（改装）以外的其他各种维修保障等因素，如排除故障和预防性维修时间、延误时间等。它反映了实际使用条件下装备的可用情况。

在式（5-8）使用可用度公式中，装备的平均不能工作时间 $\bar{D}$ 是平均维修时间 $\bar{M}$ 、平均保障延误时间 $\bar{T}_{\mathrm{ld}}$ 和平均管理延误时间 $\bar{T}_{\mathrm{ad}}$ 之和。平均维修时间是指实施修复性维修和预防性维修工作所用的平均时间，它主要反映了有关 R&M 设计特性（如故障率、平均修复时间）和预防性维修制度对装备保障性的影响。平均保障延误时间和平均管理延误时间主要反映了维修保障系统的组成要素（如保障体制、管理和资源）对装备保障性的影响。造成保障延误的原因有多种，如备件延误时间，是由于等待获取备件或备件不足造成的供应保障延误时间；人员延误时间，是由于缺乏维修人员（或缺乏训练）延误维修的时间；设备延误时间，是由于缺少测试设备、维修设备与工具（或设备不匹配、设备完好率较低）等造成的装备不能工作的时间；技术资料延误时间，是由于缺少技术资料或技术资料不适用（不能满足维修人员训练需要）造成装备不能工作的时间；运输延误时间，是由于送修装备等待运输造成的延误时间；维修设施延误时间，是由于缺少所需的维修设施（或设施不匹配），使得维修能力有限造成等待维修的时间。管理延误时间是指由于行政管理性质方面的原因造成装备维修延误不能工作的时间，其具体原因也是多方面的。例如，由于申报、批准装备维修计划造成的行政管理延误时间；由于计划不周或管理不善造成装备不能工作的时间；由于维修机构、人员配备不合理造成的装备维修延误等。

在上述影响使用可用度的因素中，保障延误时间和管理延误时间常常要比平均维修时间更长，对装备使用可用度的影响更大。因此，减少延误时间对于提高实际环境中装备的使用可用度，做到保障有力，具有十分重要的意义。必须及时建立并不断优化装备的维修保障系统，根据装备作战（使用）任务、有关规定和部队装备保障实际，科学配置维修保障设备与工具、合理确定和筹措维修器材（品种、数量）、正确编写装备使用与维修所需的各种技术资料、及时组织维修保障人员培训、建立完善维修机构及维修制度，特别是加强维修保障的组织指挥（完善指挥、通信手段，搞好预案，加强指挥训练、演练等），使得装备维修保障系统低耗、高效地运行。

使用可用度的分析问题，实质上属于一定的寿命周期费用（LCC）下的 R&M&S 之间的权衡问题，即平均维修间隔时间 $\overline{T}_{\mathrm{bm}}$（主要反映可靠性）、平均维修时间 $\overline{M}$ 与上述保障与管理延误时间（$\overline{T}_{\mathrm{ld}}$ 和 $\overline{T}_{\mathrm{ad}}$）之间的权衡，其思路、方法与固有可用度分析相似。此外，在研制与使用阶段，通过对 A_{o} 进行定量与定性分析，找出装备维修保障与装备设计中的不足，以便优化、完善装备的维修保障系统。

5.2　系统效能分析

系统效能分析是装备系统分析的主要内容之一。它涉及的因素多，整体性、综合性强，在装备系统优化、方案选择分析过程中，经常用到系统效能分析。

5.2.1　系统效能的基本概念和量度

1．系统效能的基本概念

人们从事任何一项活动都会追求效果。以较低的代价（费用）获得期望的效果是人类活动遵循的一项基本准则。对于武器装备而言，无论是装备设计还是装备运用，所追求的效果常称为效能，用效能来体现其最终所具有的价值，来衡量装备或系统完成任务或达到规定任务目标和要求的能力。

效能是指在规定条件下，系统满足一组特定任务要求程度的能力。这里的“规定条件”是指装备或系统的使用条件、环境条件、人员配备条件、使用方式等。“特定任务要求”是指装备或系统在规定的任务剖面内所要达到的目的或目标。

按照目的和度量方式，装备或系统的效能可分为单项效能（individual effectiveness）、系统效能（system effectiveness）和作战效能（operational effectiveness）。

单项效能是指装备或系统在规定条件下，达到单一使用目标的能力。例如，导弹的突防效能、火炮的射击效能、雷达系统的探测效能等。

系统效能是指装备或系统在规定条件下，满足一组特定任务要求程度的能力。它与装备或系统的可用性、任务成功性和固有能力有关。相对于单项效能，系统效能可对装备或系统的效能进行综合评价，有时又称其为综合效能。

作战效能是指装备或系统在规定条件下执行作战任务，达到作战使用目标的能力，如防空系统作战效能等。显然，装备或系统的作战效能受作战条件、作战任务（包括可能的敌方对抗）等因素的影响。

由于在装备维修保障系统的建立和运行过程中装备保障性分析进行的多为系统效能分析，因此，以下仅讨论装备或系统的系统效能。

图 5-9 给出了系统效能的主要影响因素。系统效能主要取决于下述三个方面：

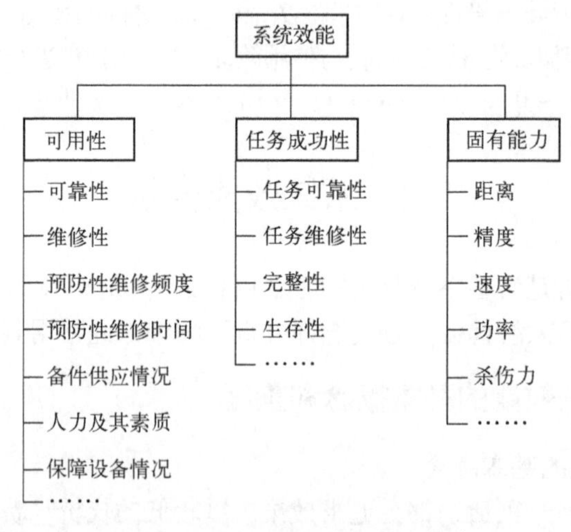

图 5-9 影响系统效能的主要因素

（1）可用性。可用性表示在开始执行任务时装备所处的状态，即装备是否能工作，它受装备的可靠性、维修性、维修制度及保障资源等因素的影响。

（2）任务成功性。任务成功性是指装备在任务开始时可用性给定的情况下，在规定的任务剖面中的任一随机时刻，能够使用且能完成规定功能的能力，有时也称其为可信性。任务成功性描述了装备是否能持续地正常工作，它受装备的任务可靠性、任务维修性、安全性和生存性等因素的影响。

（3）固有能力。固有能力描述在整个任务期间，如果装备正常工作，能否成功地完成规定的任务，它是执行任务结果的量度，通常受装备的作用距离、精度、功率和杀伤力等因素的影响。

由上可知，系统效能的概念，通俗地说，也就是要回答下述三个问题：

（1）装备是否随时可用?

（2）使用（工作）时是否可信（任务成功）?

（3）是否有足够的能力?

通常，系统效能可表示为

$$E = f(A,\ D,\ C) \tag{5-35}$$

式中　A——系统的可用度；

D——系统的任务成功度；

C——固有能力。

由于可用度与任务成功度主要取决于装备的可靠性（R）、维修性（M）和保障性（S），因此，系统效能是包括装备 R&M&S 和固有能力等指标的一个综合参数。显然，它比任何单一指标更能确切地反映装备完成规定任务的程度。例如，反坦克导弹武器系统的最终任务是消灭敌坦克，为完成这一任务：一是系统要随时可用，应尽可能不出故障，如出了故障，也能在射击命令下达前尽快修复，这就是说可用度要高；二是在发射时，导弹动力部分能正常工作，控制部分能正常制导，直到命中目标，也即任务可靠性要高；三是最后命中目标时，导弹战斗部的威力要达到要求。把这三方面综合起来，就是反坦克导弹武器系统的系统效能。其实，飞机、车辆、火炮、舰船等装备也大体可用 A、D、C 的函数表达其效能。

2. 系统效能的量度

由于系统的种类和任务要求不同，效能的分析方法和模型也不同，因此衡量系统效能的量度单位也有所区别，要定量地预测分析系统效能，就要选定恰当的量度方法和单位。

量度方法和单位的选定，通常要在分析装备系统工作任务和工作条件的基础上进行。例如，运输机主要是为了运送物资，运送的物资越多、里程越远，其效能也就越高。因此，在考虑耽搁时间、飞行事故、导航偏差、紧急着陆、周转时间（卸货、加油、检修、装货）等情况下，其系统效能可以用每年预期运送的吨千米数来量度。也可把效能无量纲化，即假设以一架典型的“理想”飞机作为评价基准。“理想”的飞机是指其具有标准的、计划好的周转时间，没有因故障发生耽搁，没有非计划的维修或性能下降的运行。由此把需确定效能的飞机的年预期吨千米数与“理想”飞机的吨千米数之比作为该飞机的效能 E。对运输车、船也类似。

对于军事技术装备，其典型的效能量度如：

（1）每次战斗任务，每一武器系统预期消灭的目标数。

（2）每次战斗任务，每一武器系统预期压制（雷达等也可能是搜索侦察）的区域面积。

（3）每发弹（导弹）毁歼概率或杀伤率。

（4）输送有效负载的速率。

（5）任务成功的概率。

（6）敌方所遭受的损伤的数学期望。

……

效能量度的选择与装备系统的任务要求、装备系统的特点以及装备系统的目的有关。第二次世界大战期间，在英国商船上是否应当安装高炮的争论即是一个典型的例子。为了解决这一问题，英国军事当局研究了大量的有关商船遭受空袭的资料。得到的结果是：按“敌方所遭受的损失的数学期望”这一指标来量度，安装高炮的效能很低，因为在多次空防作战中，击落敌机的架数仅占4%，商船用高炮击落的敌机甚至弥补不了高炮的安装费用。但是，用“我方免遭损伤的期望”来量度，则得到另一种评价结果。不安装高炮时，商船被击沉的百分率占遭空袭船只总数的25%；安装高炮之后下降到10%。这样，在商船上安装高炮可使商船损失数减少60%，所减少的损失相当大，是安装高炮所需费用的数百倍。因此，安装高炮的方案是十分有效的。由于安装高炮的主要目的是保护商船，所以应当采用上述第（2）种量度方法来评价商船安装高炮的效能，才能获得正确的结论。

对系统效能的量度是件复杂的事情。多数系统的功能不是单一的，因此必须使用若干子模型，形成不同种类的效能量度。当然，无论选定哪种量度单位，都必须能使系统效能的数学模型按该量度给出定量的答案。为了综合权衡系统整体效能，有时又希望复杂系统能有单一的效能量度，以便对不同的装备系统进行比较分析，选择效能最佳的系统。这时可以用加权计分、专家评分、层次分析、多目标决策或模糊数学综合评判等方法来实现。这时的效能计分和前面无量纲化的效能计分，都无定义中的概率意义，也无明显的量纲或物理意义，只是便于几个不同系统之间的比较，用以优选出效能高的系统来。

5.2.2　系统效能模型

要进行系统效能分析，必须要研究并建立系统效能模型。

1. 系统效能模型的建立

系统效能模型的建立是在系统寿命周期各阶段中反复进行的。在设计阶段的早期，首先应对各种可能的系统构型作出效能预测；其次通过硬件试验取得关于战斗性能、可靠性与维修性等特征量的最初实测数据；最后将这些数据输入系统效能模型中，修正原先的预测结果，并进一步运用模型改进设计和装备维修保障。

系统效能建模的正确与否，关系到预测是否准确，决策是否正确。不同的系统，不同的建模目的，其建模步骤也不完全相同，但大致有以下步骤（图 5-10）。

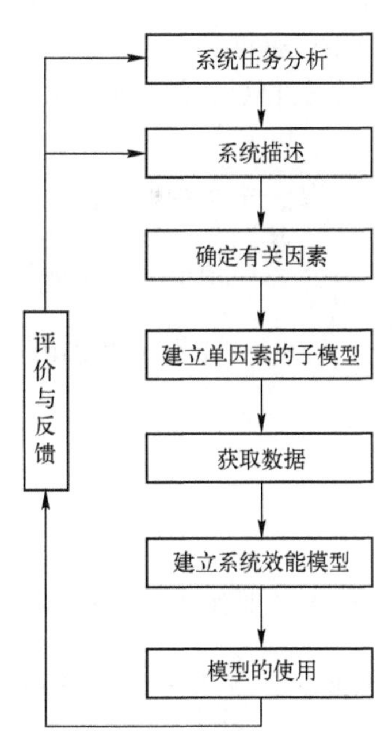

图 5-10　系统效能模型的建立步骤

（1）系统任务分析：要考虑系统的任务要求，进行功能分析和维修保障系统设想分析。

（2）系统描述：可利用功能图、任务剖面图、维修职能框图等对上述分析结果进行描述。

（3）确定有关因素：规定质量因素，确定与系统效能有关的因素，如可靠性、维修性、约束条件等。

（4）建立单因素的子模型：如可靠性模型、维修性模型、可用性模型、费用模型等。

（5）获取数据：含历史的统计数据、相似装备数据、试验数据等，并代入子模型。

（6）建立系统效能模型并分析使用。

（7）评价与反馈：通过系统效能分析，对装备系统效能进行评价并反馈给有关部门。

显然，上述建模过程需要反复迭代，单因素的子模型与系统效能模型之间需要协调。

2．系统效能模型举例

系统效能作为系统完成一组特定任务或服务要求能力的量度，适用于各种不同系统。因此，人们用各种不同的方法描述系统效能。下面介绍三种常见的系统效能模型。

1）WSEIAC 模型

美国工业界武器系统效能委员会（the Weapon System Effectiveness Industry Advisory Committee，WSEIAC）认为："系统效能是预期一个系统满足一组特定任务要求的程度的量度，是系统可用性、任务成功性与固有能力的函数。"

这是一个应用十分广泛的系统效能模型，它将可靠性、维修性和固有能力等指标效能综合为可用性、任务成功性、固有能力三个综合指标效能，并认为系统效能是这三个指标效能的进一步综合。

WSEIAC 系统效能的表达式为

$$E = \boldsymbol{ADC} \tag{5-36}$$

式中 $\boldsymbol{A}$ ——可用度向量，$\boldsymbol{A}=(a_1,a_2,\cdots,a_n)$，$n$ 为系统可能的全部状态数（包括不能开始执行任务的停机状态），故有 $\sum_{i=1}^{n} a_i = 1$；

$\boldsymbol{D}$——任务成功度矩阵

$$\boldsymbol{D}=\begin{bmatrix} d_{11} & d_{12} & \cdots & d_{1n} \\ d_{21} & d_{22} & \cdots & d_{2n} \\ \vdots & \vdots & & \vdots \\ d_{n1} & d_{n2} & \cdots & d_{nn} \end{bmatrix}$$

其中，d_{ij} 为系统在开始执行任务时处于 i 状态，系统在执行任务过程中处于 j 状态的概率；$\sum_{j=1}^{n} d_{ij} = 1$，即矩阵中每行各项之和等于 1；

$\boldsymbol{C}$ ——固有能力向量

$$\boldsymbol{C}=\begin{bmatrix}c_1\\c_2\\\vdots\\c_n\end{bmatrix}$$

其中，c_j 为系统处于状态 j 时完成某项任务的概率。

由上可知，运用 WSEIAC 模型分析装备执行某项任务时的系统效能计算公式，即

$$E=[a_1,a_2,\cdots,a_i,\cdots,a_n]\begin{bmatrix}d_{11}&d_{12}&\cdots&d_{1n}\\d_{21}&d_{22}&\cdots&d_{2n}\\\vdots&\vdots&&\vdots\\d_{n1}&d_{n2}&\cdots&d_{nn}\end{bmatrix}\begin{bmatrix}c_1\\c_2\\\vdots\\c_n\end{bmatrix}=\sum_{i=1}^{n}\sum_{j=1}^{n}a_i d_{ij} c_j \quad (5\text{-}37)$$

对于多项任务的装备系统，系统总体效能 E_{s} 可以是对各项任务效能的加权或乘积，即

$$E_{\mathrm{s}}=\sum_{i=1}^{m}\alpha_i E_i \quad (5\text{-}38)$$

或

$$E_{\mathrm{s}}=\prod_{i=1}^{m}E_i \quad (5\text{-}39)$$

式中　α_i——第 i 项任务的权系数，共 m 项任务；

E_i——装备系统对第 i 项任务的效能。

对于必须完成前一项任务才能进行下一项任务的装备，常用式（5-39）计算其系统效能。

2）ARINC 模型

美国航空无线电公司（Aeronautical Radio Inc.，ARINC）是早期从事系统效能研究的机构之一。ARINC 认为：“系统效能是指系统在规定的条件下和规定的时间内工作时，能够成功地满足使用要求的概率。”它的三个组成部分分别是：

（1）战备完好率——系统正常工作或当需要时可立即投入工作的概率。

（2）任务可靠度——系统在任务要求的期间内连续正常工作的概率。

（3）设计恰当性——系统在给定的设计限度内工作时成功地完成规定任务的概率。

其系统效能的表达式为

$$E = P_{or} R_m P_{oa} \tag{5-40}$$

式中　P_{or}——战备完好率；

R_m——任务可靠度；

P_{oa}——设计恰当性。

3）美国海军系统效能模型

在美国海军提出的系统效能模型中，系统效能由系统的三个主要特性（战斗性能、可用性和适用性）组成，它是“在规定的环境条件下和规定的时间内，系统预期能够完成其规定任务的程度的量度”。其中：战斗性能表示系统能可靠正常地工作且在设计所依据的环境下工作时完成任务目标的能力；可用性是系统准备好并能充分完成其规定任务的程度；适用性是在执行任务中该系统所具有的诸性能的适用程度。其数学上的描述是：“在规定的条件下工作时，系统在给定的一段时间过程中能够成功地满足工作要求的概率。”其系统效能指标表达式为

$$E = PAU \tag{5-41}$$

式中　P——系统性能指标；

A——系统可用性指标；

U——系统适用性指标。

事实上，上述三种模型是很接近的。在我国，目前应用最为普遍的系统效能模型是 WSEIAC 模型。

3．系统效能计算应用示例

例 5-4　某测距雷达由两部发射机、一个天线、一个接收机、一个显示器和操作同步机组成。设每部发射机的 $\bar{T}_{bf1}$=10h，$\bar{M}_{ct1}$=1h，天线、接收机、显示器与同步机组合体的 $\bar{T}_{bf2}$=50h，$\bar{M}_{ct2}$=0.5h。两部发射机同时工作时，雷达在最大距离上发现目标的概率为 0.90，发现目标后，在 15min 内跟踪目标的概率为 0.97；只有一部发射机工作时，在最大距离上发现目标的概率为 0.683；发现目标后在 15min 内跟踪目标的概率为 0.88。假设雷达在 15min 的跟踪过程中是不可修复的，若雷达效能的量度单位是在执行任务期间发现目标并跟踪目标的概率。已知各单元的寿命和修复时间均服从指数分布，试采用 WSEIAC 模型计算雷达的系统效能 E。

解：在此例中，系统的任务、系统的边界和品质因素都已给出，下面按 WSEIAC 模型计算系统效能。根据雷达工作的实际情况，应先发现目标后才能跟踪目标，故分别计算雷达发现目标的效能 E_1 和跟踪目标的效能 E_2，然后计算总的效能 $E_s = E_1 \cdot E_2$。

第 1 步：描述系统的状态并确定可用度向量，见表 5-4。

表 5-4　系统状态划分

系统状态编号	状态的定义
1	所有部件都正常工作
2	一部发射机有故障，另一部发射机及所有其他部件能正常工作
3	系统处于故障状态，即两部发射机同时发生故障或雷达的其他部件之一发生故障

设：A_1 为每部发射机的可用度，A_2 为天线、接收机、显示器和同步机组合体的可用度，则

$$A_1 = \frac{\overline{T}_{bf1}}{\overline{T}_{bf1} + \overline{M}_{ct1}} = \frac{10}{10+1} \approx 0.909$$

$$A_2 = \frac{\overline{T}_{bf2}}{\overline{T}_{bf2} + \overline{M}_{ct2}} = \frac{50}{50+0.5} \approx 0.990$$

系统处于各状态的概率分别为

$$a_1 = A_1^2 \cdot A_2 = 0.909^2 \times 0.990 \approx 0.818$$

$$a_2 = 2A_1(1-A_1) \cdot A_2 = 2 \times 0.909 \times (1-0.909) \times 0.99 \approx 0.164$$

$$a_3 = (1-A_1)^2 + (1-A_2) = (1-0.909)^2 + (1-0.990) \approx 0.018$$

则可用度向量 $\boldsymbol{A} = (a_1, a_2, a_3) = (0.818, 0.164, 0.018)$。

第 2 步：确定任务成功性矩阵。

因为雷达发现目标的时间较短，可以认为发现目标的时间过程系统的状态不发生转移，所以，雷达发现目标的任务成功性矩阵为单位矩阵，即

$$\boldsymbol{D}_1 = \begin{bmatrix} 1 & 0 & 0 \\ 0 & 1 & 0 \\ 0 & 0 & 1 \end{bmatrix}$$

假设雷达在执行任务期间是不允许修理的，则雷达在跟踪目标期间的任务成功性矩阵为三角矩阵，其对角线以下的所有项为零。

每部发射机的故障率 $\lambda_1 = \dfrac{1}{10} = 0.1(\text{h}^{-1})$

组合体的故障率 $\lambda_2 = \dfrac{1}{50} = 0.02(\text{h}^{-1})$

每部发射机在执行任务中（15min）的可靠度为

$$R_1 = \text{e}^{-\lambda_1 t} = \text{e}^{-0.1\times 0.25} \approx 0.975$$

组合体的可靠度为

$$R_2 = \text{e}^{-\lambda_2 t} = \text{e}^{-0.02\times 0.25} \approx 0.995$$

任务成功性矩阵中的 d_{11} 是雷达的所有部件在开始执行任务时能正常工作，在执行任务的整个过程中能保持该状态的概率，因此

$$d_{11} = R_1^2 \cdot R_2 = 0.975^2 \times 0.995 \approx 0.946$$

d_{12} 是雷达所有部件在开始执行任务时能正常工作，但一部发射机在任务期间发生故障的概率，因此

$$d_{12} = [R_1(1-R_1) + (1-R_1)R_1] \cdot R_2 = 2\times 0.975\times 0.025\times 0.995 \approx 0.049$$

d_{13} 是雷达所有部件在开始执行任务时能正常工作，但在执行任务期间发生故障的概率，因此

$$d_{13} = 1 - d_{11} - d_{12} = 0.005$$

d_{22} 是开始时一部发射机正常工作，在执行任务期间保持该状态的概率，所以

$$d_{22} = R_1 \cdot R_2 = 0.975\times 0.995 \approx 0.970$$

由于雷达在执行任务期间不允许修理，所以

$$d_{21} = d_{31} = d_{32} = 0$$
$$d_{23} = 1 - d_{22} = 0.03$$
$$d_{33} = 1$$

整个任务成功性矩阵为

$$\boldsymbol{D}_2 = \begin{bmatrix} 0.946 & 0.048 & 0.005 \\ 0 & 0.970 & 0.030 \\ 0 & 0 & 1 \end{bmatrix}$$

第 3 步：确定能力矩阵。

显然，发现目标的能力矩阵为

$$\boldsymbol{C}_1=\begin{bmatrix}0.900\\0.683\\0.000\end{bmatrix}$$

跟踪目标的能力矩阵为

$$\boldsymbol{C}_2=\begin{bmatrix}0.97\\0.88\\0.00\end{bmatrix}$$

第 4 步：运算。

根据 WSEIAC 模型：$E=\boldsymbol{ADC}$，得雷达发现目标的系统效能为

$$E_1=\boldsymbol{AD}_1\boldsymbol{C}_1=(0.818,0.164,0.018)\begin{bmatrix}1&0&0\\0&1&0\\0&0&1\end{bmatrix}\begin{bmatrix}0.900\\0.683\\0.000\end{bmatrix}=0.848$$

雷达在 15min 期间跟踪目标的系统效能为

$$E_2=\boldsymbol{AD}_2\boldsymbol{C}_2=(0.818,0.164,0.018)\begin{bmatrix}0.946&0.049&0.005\\0&0.970&0.030\\0&0&1\end{bmatrix}\begin{bmatrix}0.97\\0.88\\0.00\end{bmatrix}=0.926$$

雷达能够成功地发现目标并跟踪目标的系统效能为

$$E_S=E_1\cdot E_2=0.848\times 0.926=0.785$$

5.2.3　系统效能分析的作用及应用示例

1．系统效能分析的作用

系统效能分析可为决策者选择方案提供依据，也可为查找问题、提高系统效能服务。这里的系统可以是整个武器系统，也可以是其保障系统或保障设备。在工程实践中的作用表现如下：

（1）预测不同设计方案的系统效能，使决策者能选择更符合规定要求的设计方案。

（2）在系统的战斗性能、可靠性、维修性、保障性和保障系统等要求之间进行协调或权衡，以取得最佳的效能。

（3）进行参量的灵敏度分析，决定各参量对系统效能影响；详细分析对输出影响比较敏感的参量，进而进行决策，提高系统效能。

（4）找出设计中存在的限制系统效能达到预期水平的问题，从而有针对性地加以解决；评估实际条件下的装备效能是否达到预期的设计要求，为改进设计以及装备的使用与管理提供依据。

2．系统效能分析的应用示例

如前所述，影响系统效能的因素很多，影响因素的层次不相同，各种因素的影响程度也不相同。通过建立系统效能模型及计算，并对影响系统效能的因素及计算结果进行分析与评价，以便对其主要影响因素或各种方案进行排序，为进行决策或有针对性地采取一些措施提供依据。由于所分析问题的多样性及目的不同，分析的具体方法和过程也不同。现仅以例 5-4 为例，对其影响系统效能的可靠性及维修性两个方面的影响因素进行分析。

1）可靠性对系统效能的影响

在例 5-4 中，影响系统效能高低的可靠性参数共有两个：一是发射机的 $\overline{T}_{bf1}$，二是组合体的 $\overline{T}_{bf2}$。以下仅分析单个参数发生变化对系统效能的影响。分别改变 $\overline{T}_{bf1}$ 和 $\overline{T}_{bf2}$ 的大小，其结果如表 5-5、表 5-6 和图 5-11 所示。

表 5-5　$\overline{T}_{bf1}$ 变化后的系统效能结果

$\overline{T}_{bf1}$/h	1	2	3	4	5	6	7	8	9	10[①]	20	30
E	0.313	0.523	0.623	0.679	0.714	0.738	0.755	0.767	0.777	0.785	0.819	0.830
$\overline{T}_{bf1}$/h	40	50	60	70	80	90	100	200	300	400	500	
E	0.836	0.839	0.841	0.843	0.844	0.845	0.845	0.848	0.849	0.850	0.850	

① 对应例 5-4 中的 $\overline{T}_{bf1}$ 给定数值。

表 5-6　$\overline{T}_{bf2}$ 变化后的系统效能结果

$\overline{T}_{bf2}$/h	1	5	10	20	30	40	50[①]	60	70	80	90
E	0.279	0.633	0.712	0.757	0.772	0.780	0.785	0.788	0.791	0.792	0.794
$\overline{T}_{bf2}$/h	100	150	200	250	300	400	500				
E	0.795	0.798	0.800	0.801	0.801	0.802	0.803				

① 对应例 5-4 中的 $\overline{T}_{bf2}$ 给定数值。

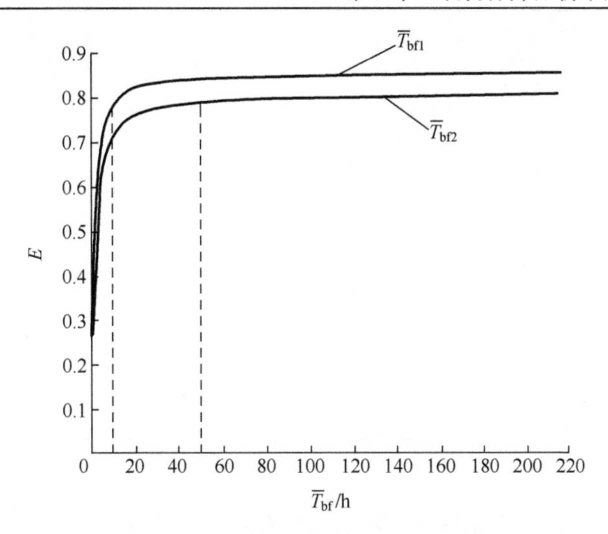

图 5-11　$\overline{T}_{bf1}$ 变化对系统效能的影响

2）维修性对系统效能的影响

分别改变 $\bar{M}_{ct1}$ 和 $\bar{M}_{ct2}$ 的大小，可观察维修性参数对系统效能的影响。其结果如表 5-7、表 5-8 和图 5-12 所示。

表 5-7　$\bar{M}_{ct1}$ 变化后的系统效能结果

$\bar{M}_{ct1}$/h	0.1	0.2	0.3	0.4	0.5	0.6	0.7	0.8	0.9	1.0[①]
E	0.841	0.835	0.829	0.823	0.817	0.810	0.804	0.798	0.791	0.785
$\bar{M}_{ct1}$/h	1.5	2	3	4	5	6	7	8	9	10
E	0.753	0.722	0.662	0.607	0.556	0.511	0.470	0.433	0.400	0.370

① 对应例 5-4 中的 $\bar{M}_{ct1}$ 给定数值。

表 5-8　$\bar{M}_{ct2}$ 变化后的系统效能结果

$\bar{M}_{ct2}$/h	0.1	0.2	0.3	0.4	0.5[①]	0.6	0.7	0.8	0.9	1.0
E	0.798	0.794	0.791	0.788	0.785	0.782	0.779	0.776	0.773	0.770
$\bar{M}_{ct2}$/h	1.5	2	3	4	5	6	7	8	9	10
E	0.755	0.740	0.713	0.687	0.662	0.638	0.616	0.595	0.575	0.556

① 对应例 5-4 中的 $\bar{M}_{ct2}$ 给定数值。

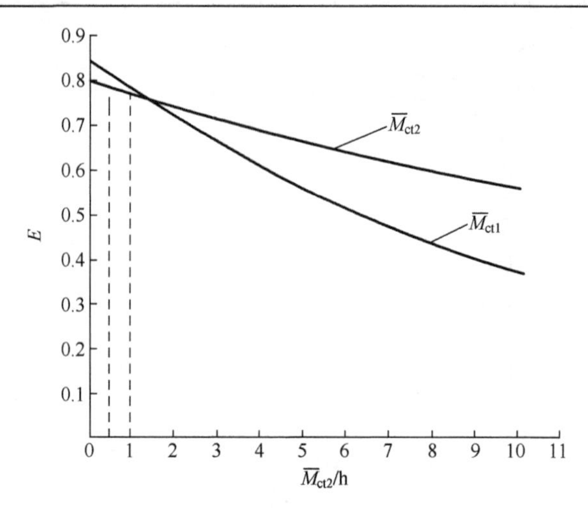

图 5-12 $\overline{M}_{ct}$ 变化对系统效能的影响

由表 5-5～表 5-8 及图 5-11、图 5-12 可看出：

（1）可靠性与维修性对系统效能的影响都比较大，在研制及装备维修保障中应予以高度重视。

（2）系统中各部件的可靠性与维修性对系统效能的影响程度不同，在研制及装备维修保障中应区别对待。

具体分析如下：

（1）该系统中发射机的可靠性最为关键。现有 $\overline{T}_{bf1}$ 指标为 10h，正处于对系统效能影响的最敏感区，$\overline{T}_{bf1}$ 指标的变化对系统效能影响很大，即发射机的可靠性指标稍微增大，系统效能就有较明显的增高；相反，稍微降低，系统效能则会显著降低。若能将其指标提高 2～3 倍则较为理想。在现有指标下，在装备使用与维修中必须高度重视维修质量并进行重点保障。

（2）该系统中组合体的可靠性对系统效能影响相对较小。现有 $\overline{T}_{bf2}$ 指标为 50h，处于较稳定区域，即增大 $\overline{T}_{bf2}$ 指标对系统效能的提高效果不会十分显著，但若降低 $\overline{T}_{bf2}$ 指标则会接近敏感区。这说明现有 $\overline{T}_{bf2}$ 指标比较合理，在使用及维修保障中应注意保持现有水平不降低。

（3）部件的维修性对系统效能有较大的影响。在装备设计及使用中必须重视装备的维修性设计及维修保障系统的建立和完善。现有 $\overline{M}_{ct1}$ 和 $\overline{M}_{ct2}$ 值都处于较敏感区。相比之下，发射机的维修性指标对系统效能的影响更大，应在装备设计和维修保障中给予特别注意。

以上仅对例 5-4 中雷达系统的主要组成部件的可靠性与维修性两种影响因素对系统效能的影响进行了分析，同样，也可分析其性能参数对系统效能的影响。若将例 5-4 问题进一步扩展，也可分析维修保障因素对系统效能的影响，因为维修保障因素的改变，将会影响修复时间和（或）延误时间，所以，只要在系统效能量度中改变修复时间和（或）加上延误时间，就可进行此种分析。

5.3　寿命周期费用分析

费用是装备系统研制和采购决策的一个重要制约条件。全费用观点要求在讨论装备费用时，不仅要考虑主装备的费用，而且还要考虑与主装备配套所必需的各种软硬件费用，即全系统的费用；既要考虑装备的研制和生产费用，还要考虑整个寿命周期的各种费用，即全寿命费用。在装备研制与使用保障的重要决策时，应当采用科学的方法进行系统的费用分析。

5.3.1　寿命周期费用的基本概念

寿命周期费用 C_{LC} 是 20 世纪 60 年代出现的概念，它是装备论证、研制、生产、使用（含维修、储存等）和退役各阶段一系列费用的总和，即

$$C_{LC}=C_1+C_2+C_3+C_4+C_5 \tag{5-42}$$

式中　C_1——论证阶段费用；

C_2——研制阶段费用；

C_3——生产阶段费用；

C_4——使用阶段费用；

C_5——退役阶段费用。

装备寿命周期各阶段和费用划分如图 5-13 所示。由装备研制和生产成本所形成的采购费用也称为获取费用。由于它是一次性投资，所以又称为非再现费用。在使用过程中的使用、维修保障费用也称为使用保障费用。由于它是重复性费用，所以又称为再现费用或继生费用。

各种装备淘汰处理途径不一，费用不同，若花费较少，可不专门列入寿命周期费用估算。寿命周期费用概念无论对研制生产部门还是使用部门都是很有意义的，因为它提供了正确衡量装备费用消耗的评价标准。它使研制生产部门和使用部门认识到只有降低寿命周期费用，才是真正的装备经济性。这就需要

全面考虑设计和使用中的费用分配问题，强调提高装备的可靠性、维修性和保障性，减少能源的消耗，并降低使用保障费用。使用部门一旦决定购买某装备，就意味着要负担该装备的寿命周期费用。由于新装备的研制和生产成本不断提高，维修保障费用开支日趋庞大，迫使使用部门在做出购买装备决策时不仅要考虑武器装备的先进性和当前是否“买得起”，还要考虑整个使用期间是否“用得起”“修得起”。而衡量是否既买得起又用得起、修得起的总尺度就是寿命周期费用。

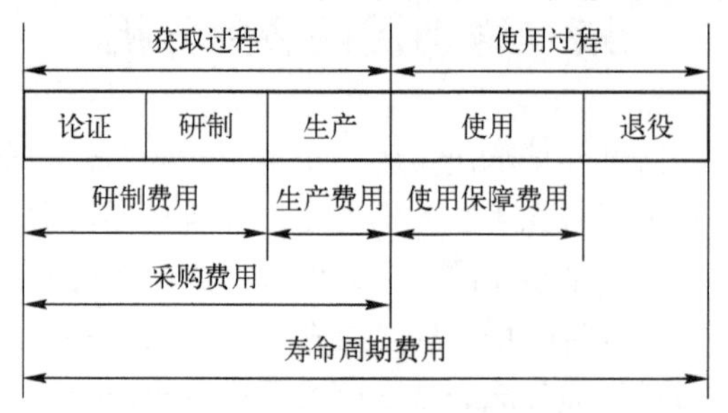

图 5-13 装备寿命周期各阶段和费用划分

长期以来，传统的观点只重视装备的性能和采购费用，轻视使用保障费用，这种观点的产生与以往装备比较简单、保障费用微不足道有关系。现代装备日益复杂，其保障费用明显增加，这些费用虽然是零星支付的（一般以年为单位），但在其寿命周期内费用总额却非常可观。进入 20 世纪 90 年代以来，在研制生产费用和使用保障费用出现全面增长的形势下，人们进一步注意到装备的使用保障费用处于举足轻重的地位。表 5-9 列出了我国军用飞机和国外军用飞机按机群分析的 LCC 各阶段费用所占的比例。由表 5-9 可以看出，使用保障费用在 LCC 中所占比例明显高于采购费用，费用数额十分可观。人们用水中的冰山作为寿命周期费用的一个形象比喻。研制和生产费用只是冰山露出水面的一小部分，而水面下的使用保障费用却要大得多。如果看不到这一点，则很容易会撞到冰山上。

表 5-9 我国军用飞机和国外军用飞机 LCC 各阶段费用比较

机型	采购费/%	使用保障费/%
J-7I	26.3	73.7
H-6	25.2	74.8
Q-5	17.1	82.9
J-8	34.7	65.3
国外先进军用飞机	42.0	58.0

从表 5-9 还可以看出，我军飞机使用保障费用占 LCC 的比例明显高于国外发达国家的同类飞机，其他装备也有类似情况。造成这一现象的原因较多，如装备的可靠性较低、维修性较差、使用和维修管理水平较低等。其根本原因是在装备研制中缺乏全系统、全寿命过程的思想，没有进行系统的 R&M&S 设计，没有用寿命周期费用分析等方法研究装备设计与维修保障等问题。其结果是，不但使研制的装备战备完好性与系统效能较低，而且使用保障费用高昂。

装备寿命周期费用分析是对寿命周期费用及其组成部分进行估算以及对各部分相互关系及相关的费用效能问题进行分析的一种系统分析方法，其目的在于确定寿命周期费用主宰因素、费用风险项目和影响费用效能变化的因素。因此，LCC 分析对于寻找费用效果最佳方案，影响装备的设计、使用与维修活动，具有十分重要的意义。

5.3.2　装备寿命周期各阶段对 LCC 的影响

装备从论证、研制到淘汰处理各阶段的费用，固然是由各阶段的需要而定的。尽管使用保障费用在 LCC 中所占比例最大，但是，装备的寿命周期费用实际上在装备生产之前，已由论证、研制“先天”地基本确定。到了使用阶段，装备的构型和性能都已确定，降低其使用与维修费用的空间很小。据美国 B-52 飞机寿命周期费用估算研究表明（图 5-14），各个阶段对费用的影响程度是不相同的，其中，论证（含初步设计）阶段能影响 85%；工程研制阶段影响 10%；生产阶段仅能影响 4%；使用阶段的影响仅 1%。对于不同装备，各阶段对费用的影响程度是不一样的，但基本规律是一致的，即寿命周期费用主要取决于论证与研制阶段。一般来说，到了生产和使用阶段就难以再进行很大的改变。

上述研究说明，寿命周期费用必须及早考虑，尤其是减少使用维修费用的措施，在研制阶段就应加以研究解决。例如，对装备的保障方式、维修方式、方法、手段等，在研制过程中就应做出决断，以免贻患于使用阶段，造成过高的继生费用。

装备的获取费用和使用保障费用彼此间也是密切相关的，在既定性能要求下，提高 R&M&S，可降低使用保障费用，但也会增加设计研制费用，即增加获取费用。相反，降低 R&M&S 要求，可能降低获取费用，但往往会导致使用与维修费用上升。实践表明，由于获取费用是一次性投资，使用保障费用是若干年内的连续性投资，因此在装备研制过程中增加一些投资改善 R&M&S，可以换来寿命周期费用的较大节约。为此，应在系统效能（包括固有能力、可用性及任务成功性）与寿命周期费用（包括为提高可用度而增加的投资与由此而节约的维修费用）之间综合权衡，从而达到优化。

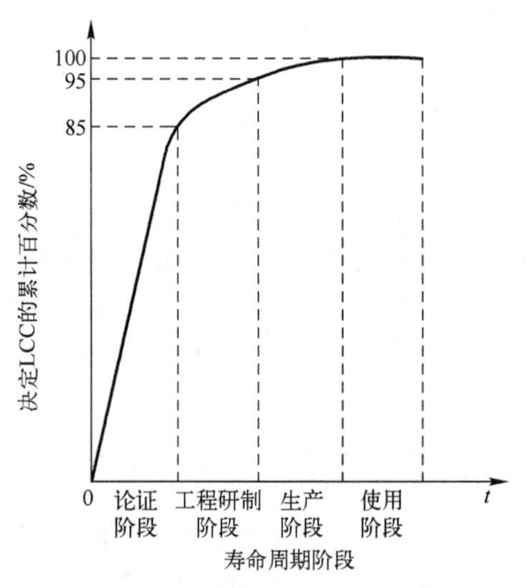

图 5-14 B-52 飞机寿命周期各阶段对费用的影响

需要指出的是，尽管寿命周期费用主要取决于早期的论证与研制阶段，但是，在使用阶段通过某些设计与维修保障的改变，在一定范围内减少维修保障费用也是大有作为的。对于现代复杂装备更是如此，这已为国内外大量实践所证明。

5.3.3 寿命周期费用分析的主要作用

进行寿命周期费用分析具有以下主要作用：

（1）能够明确估算装备在其寿命周期各阶段的费用，从而知道需要多少总费用，这就为进行费用-效能之间的权衡提供了依据。

（2）能够有效地促使承制方改进装备的 R&M&S 特性，因为研制生产部门知道如不改进系统的 R&M&S，使用保障费用将无法降低，最低寿命周期费用的目标将无法实现。

（3）能够为未来装备的成功研制打下基础。例如，找到装备各分系统中影响使用维修费用较大的那些子系统，这就给设计人员在未来装备设计中找到了改进的方向，为有效地提高装备的 R&M&S 作了有益的启示。

（4）能够为保障系统或保障要素的优化以及使用与保障决策提供基础。

LCC 分析在装备寿命周期不同阶段中所起的作用是不相同的。分析目的不同，由此带来的分析活动的内容也有所不同。

在论证阶段，通过进行寿命周期费用分析，可为决策者确定装备战技指标提供决策依据。虽然分析的数据不是很准确，但这种早期分析结果对于指标的权衡和确定具有重要价值。

在方案阶段，若已有了样机，分析模型有了更多的数据。这时寿命周期费用分析能帮助决策者对拟用的诸方案做出评价和论证，对于最佳费用-效果方案最后确定起着关键作用。

在工程研制阶段，这时设计已详细地确定，尽管此时进行权衡的空间已不大，但是，寿命周期费用分析仍是决定详细设计以及维修原则和维修措施的重要因素。因为在寿命周期费用中，使用与维修费用主要取决于系统的 R&M&S 特性和保障要素。军方若提出最低的寿命周期费用要求，将会促使设计生产部门在研制阶段主动考虑系统的 R&M&S 设计和保障要素。

在生产和使用阶段，寿命周期费用分析主要用于论证和评价系统（含保障要素）的改进措施，同时，通过获取过程的有关数据，以提高未来系统的寿命周期费用估算能力。在进行装备部署、使用、储备、维修及报废等决策时，费用也是重要因素，往往需要进行有关费用或 LCC 分析。

当然进行寿命周期费用分析常常也有很多困难，主要包括以下两个方面：

（1）数据分析有时误差较大。因为分析新装备常常是以旧装备的经验为基础进行估算的，难以精确，建立有效的数据收集系统比较困难。

（2）分析项目很多，影响费用的各因素的组合也很复杂，即实际估算是比较复杂的。

5.3.4　LCC 分析的一般程序

LCC 分析的一般程序如下（图 5-15）。

（1）确定费用分析任务。首先明确 LCC 分析的任务、目标、准则和约束条件，明确或确定要分析的系统的各种备选方案，确定 LCC 分析的计划。

（2）费用模型分析。为了进行 LCC 分析，需要明确地描述系统的寿命周期，明确系统的使用要求、维修规划和主要功能组成，确定 LCC 分析的评估准则，建立系统的费用分解结构图（cost breakdown structure，CBS），确定影响费用的主要因素和变量，明确基准比较系统以及数据需求和模型的输入、输出要求。

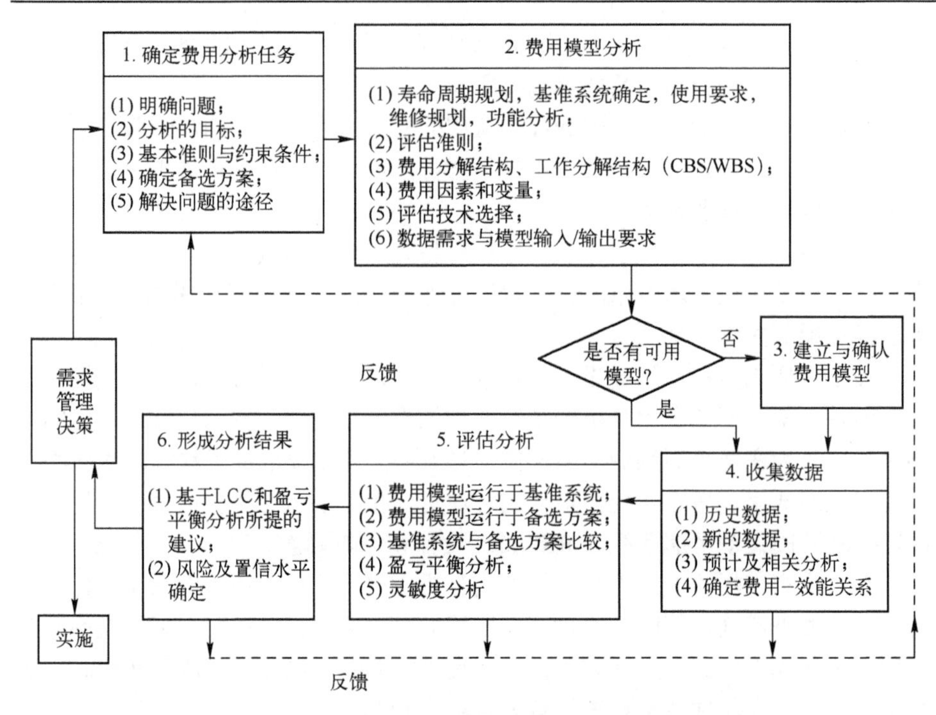

图 5-15 LCC 分析程序

（3）建立与确认费用模型。通过上一步分析，根据模型输入输出要求，选择费用模型。若无适用的费用模型，则应根据费用影响因素、变量和有关数据，建立新的费用模型并进行模型检验和确认。若有适用的费用模型，则使用该模型进行运算和分析。

（4）收集数据。进行 LCC 分析所需数据范围很广，工作量很大，不仅要收集相似装备的 LCC 数据，而且要跟踪、收集新研装备的各种费用数据。通过费用数据分析和预计，确定高费用项目和高费用区域，确定费用-效能关系，为决策分析提供支持。

（5）评估分析。运用费用模型对各种备选方案进行评估分析，并与基准系统相比较，通过进行盈亏平衡分析和灵敏度分析，对各种备选方案进行权衡分析。

（6）形成分析结果。通过分析，提出方案选择或改进等方面的建议，提供费用风险及置信水平，确定高费用项目和高风险区域，为进行管理和决策提供重要依据。

5.3.5 LCC 估算

1. 费用估算的条件

费用估算可在装备寿命周期的各个阶段进行。各阶段的目的是不相同的，采用的方法也不尽相同，但进行费用估算都需要以下一些基本条件。

（1）要有确定的费用结构。确定费用结构一般是按寿命周期各阶段来划分大项，每一大项再按其组成划成若干子项；但不同的分析对象、目的、时机，费用结构要素也可增减，特别是在进行使用、维修决策分析时。

（2）要有统一的计算准则。例如，起止时间、统一的货币时间值、可靠的费用模型和完整的计算程序等。

（3）要有充足的装备费用消耗方面的历史资料或相似装备的资料。

2. 费用估算的基本方法

费用估算的基本方法有工程估算法、参数估算法、类比估算法和专家判断估算法等。

1）工程估算法

工程估算法是一种自下而上累加的方法。它将装备寿命周期各阶段所需的费用项目细分，直到最小的基本费用单元。估算时根据历史数据逐项估准每个基本单元所需的费用，然后累加求得装备寿命周期费用的估算值。

进行工程估算时，分析人员应首先画出费用分解结构图（CBS，即费用树形图）。费用的分解方法和细分程度，应根据费用估算的具体目的和要求而定。若为综合权衡 R&M&S 要求，进行 R&M&S 设计而进行的费用估算，就应将 R&M&S 费用项目单独细分。如果是为了确定维修资源（如备件），则应将与维修资源的订购（研制与生产）、储存、使用、维修等费用列出，以便估算和权衡。不管费用分解结构图如何绘制，应注意做好以下方面：

（1）必须完整地考虑系统的一切费用。

（2）各项费用必须有严格的定义，以防费用的重复计算和漏算。

（3）装备费用结构图应与该装备的结构方案相一致，与会计的账目项目相一致。

（4）应明确哪些费用为非再现费用，哪些费用为再现费用。

图 5-16 是装备费用结构图的一个例子，它将论证和研制阶段的费用合称为研制费用，而将使用和维修费用分开。图 5-16 中的项目根据需要还可再分，如原材料费用，还可细分成原材料采购费、运输费、储存保管费等。

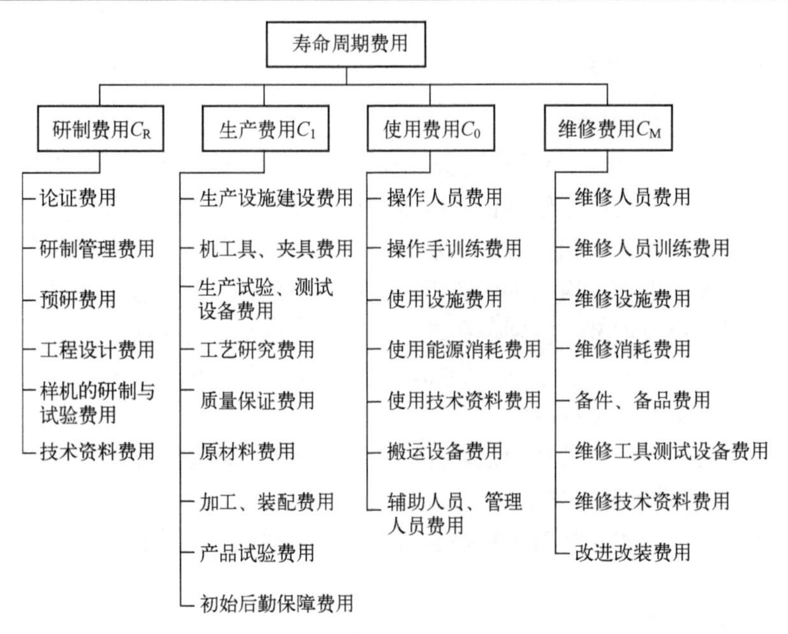

图 5-16　装备费用结构图示例

显然，采用工程估算方法必须对装备全系统要有详尽的了解。费用估算人员不仅要根据装备的略图、工程图对尚未完全设计的装备做出系统的描述，而且还应详尽了解装备的生产过程、使用方法和条件、维修保障方案以及历史资料数据等，才能将基本费用项目分得准，估算得精确。工程估算方法是很麻烦的工作，常常需要进行烦琐的计算。但是，这种方法既能得到较为详细而准确的费用概算，也能指出哪些项目是最费钱的，可为节省费用提供主攻方向，因此，它仍是目前用得较多的方法。如果将各项目适当编码并规范化，通过计算机进行估算，那么将更为方便和理想。

2）参数估算法

参数估算法是把费用和影响费用的因素（一般是性能参数、质量、体积和零部件数量等）之间的关系，看成某种函数关系。为此，首先要确定影响费用的主要因素（参数），然后利用已有的同类装备的统计数据，运用回归分析方法建立费用估算模型，以此预测新研装备的费用。建立费用估算参数模型后，则可通过输入新装备的有关参数，得到新装备费用的预测值。

一般来说，费用（因变量）和参数（自变量）之间的关系，最简单的是线性关系：

$$f(C)=b_0+b_1f_1(x_{11},x_{21},\cdots,x_{r_11})+b_2f_2(x_{12},x_{22},\cdots,x_{r_22})+\cdots+b_nf_n(x_{1n},x_{2n},\cdots,x_{r_nn}) \tag{5-43}$$

式中　x_{ij} ——第 j 个子集中的第 i 个预测参数，共 r_j 个；

$f_1,f_2,\cdots,f_n$ —— x_{ij} 的函数；

$b_0,b_1,\cdots,b_n$ ——回归系数。

对于某些非线性函数，如 $f(C)=ax^{b_1}e^{b_2x_2}$ 可变换成线性函数。为此，对该式取对数可得

$$\ln f(C)=\ln a+b_1\ln x_1+b_2\ln x_2$$

下面以一元线性回归说明装备参数估算的基本方法。

例 5-5　某类保障设备，各种型号的体积与寿命周期费用的关系如表 5-10 所列，求 30m³ 的类似新设备的寿命周期费用。

表 5-10　某类测试设备的体积与寿命周期费用

现有设备	体积/m³	费用/元	现有设备	体积/m³	费用/元
URC-32	20	10392	URC-9	12	3307
WRT-2	34	12278	SRC-21	14	4366
R-390	2	1096	SRC-20	18	7688
URC-35	3	6628	URT-1	36	14580

解：假设体积 x 与费用 y 服从线性关系，用回归方程表示如下：

$$y=a+bx$$

用一元线性回归的方法（即最小二乘法）求待定系数 a、b 估计值($\hat{a}$、$\hat{b}$) 的方法如下：

$$\hat{a}=\hat{y}-\hat{b}\overline{x}$$

$$\hat{b}=\frac{\sum_{i=1}^{n}x_iy_i-n\overline{x}\overline{y}}{\sum_{i=1}^{n}x_i^2-n\overline{x}^2}=\frac{\sum_{i=1}^{n}(x_i-\overline{x})(y_i-\overline{y})}{\sum_{i=1}^{n}(x_i-\overline{x})^2}$$

其中

$$\overline{x}=\frac{1}{n}\sum_{i=1}^{n}x_i$$

$$\overline{y}=\frac{1}{n}\sum_{i=1}^{n}y_i$$

若令
$$S_{xx}=\sum_{i=1}^{n}(x_i-\overline{x})^2 \tag{5-44}$$

$$S_{yy}=\sum_{i=1}^{n}(y_i-\overline{y})^2 \tag{5-45}$$

$$S_{xy}=\sum_{i=1}^{n}(x_i-\overline{x})(y_i-\overline{y}) \tag{5-46}$$

则
$$\hat{b}=\frac{S_{xy}}{S_{xx}} \tag{5-47}$$

代入表 5-10 数据，得

$$\hat{b}=\frac{S_{xy}}{S_{xx}}=\frac{\sum_{i=1}^{n}(x_i-\overline{x})(y_i-\overline{y})}{\sum_{i=1}^{n}(x_i-\overline{x})^2}=326$$

$$\hat{a}=\overline{y}-\hat{b}\overline{x}=1878$$

所以，设备体积与寿命周期费用的关系为

$$\hat{y}=1878-326x$$

用一元线性回归方程进行估算是在假定某自变量 x 与 y 具有线性关系的条件下进行的。事实上，y 与 x 是否为线性关系，应进行假设检验。若假设符合实际，则系数 $b\neq 0$。为此，假设

$$\mathrm{H}_0: b=0$$
$$\mathrm{H}_1: b\neq 0$$

可以证明，H_0 的拒绝域为

$$|\hat{b}|\geqslant\frac{\hat{\sigma}}{\sqrt{S_{xx}}}\cdot t_{1-\alpha/2}(n-2) \tag{5-48}$$

式中　α——显著性水平（如取 $\alpha=0.05$）；

$\hat{\sigma}$——系数 $\hat{b}$ 的方差，$\hat{\sigma}^2=\frac{1}{n-2}\sum(y_i-\hat{y})^2=\frac{1}{n-2}(S_{yy}-\hat{b}S_{xy})$。

当假设 $\mathrm{H}_0: b=0$ 被拒绝时，说明回归效果显著；否则，回归效果不显著，需查找原因给予处理。

当给定置信水平为$1-\alpha$时，还可确定系数 b 的置信区间：

$$\left(\hat{b}-\frac{\hat{\sigma}}{\sqrt{S_{xx}}}\cdot t_{1-\alpha/2}(n-2),\hat{b}+\frac{\hat{\sigma}}{\sqrt{S_{xx}}}\cdot t_{1-\alpha/2}(n-2)\right)$$

从而可进一步确定估算的置信区间。

例 5-5 中，在给定显著性水平$\alpha=0.10$情况下，则

$$\frac{\hat{\sigma}}{\sqrt{S_{xx}}}\cdot t_{1-\alpha/2}(n-2)=\frac{2314.4}{\sqrt{1113.9}}\times 1.9432\approx 134.8<|\hat{b}|=326$$

所以，上述一元线性回归效果显著。当体积为 30m^3 时，类似新设备的费用估计值为

$$\hat{y}=11658\text{ 元}$$

参数估算法最适用于装备研制的初期，如论证时的估算。这种方法要求估算人员对系统的结构特征有深刻的了解，对影响费用的参数找得准，对二者之间的关系模型建立得正确，同时还要有可靠的经验数据，这样才能使费用估算得较为准确。

3）类比估算法

类比估算法即利用相似装备的已知费用数据和其他数据资料，估计新研装备的费用。估计时要考虑彼此之间参数的异同和时间、条件上的差别，还要考虑涨价因素等，以便做出恰当的修正。类比估算法多在装备研制的早期使用，如在刚开始进行粗略的方案论证时，可迅速而经济地做出各方案的费用估算结果。这种方法的缺点是：不适用于全新的装备以及使用条件不同的装备，它对使用保障费用的估算精度不高。

4）专家判断估算法

专家判断估算法由专家根据经验判断估算，或由几个专家分别估算后加以综合确定，它要求估算者拥有关于系统和系统部件的综合知识。一般在数据不足或没有足够的统计样本，以及费用参数与费用关系难以确定的情况下使用这种方法。

上述 4 种方法各有利弊，因此可交叉使用，相互补充，相互核对。

3．费用估算中的时值问题

装备的寿命周期费用各个部分通常是在不同的时刻消耗的，时间不同，相同数目的资金其实际价值也不相同。银行规定的利息就反映了资金随着时间推移而产生利润这一情况。由于装备的寿命周期可达数十年，因此，在计算费用

时，必须考虑费用的时间价值。只有将不同时刻投入的资金折算到同一个基准时刻，不同方案的费用才具有可比性。

设现时值为 P，期利率为 i，考虑每期末的利息也产生利息，则 n 期末的本利和为

$$F = P(1+i)^n \tag{5-49}$$

由未来值求现值，即

$$P = F(1+i)^{-n} \tag{5-50}$$

例 5-6 某装备寿命周期为 n 年，若 t=0 时的初始投资为 P_0，以后每年支付的费用为 $C_j(j=1,2,\cdots,n)$。到 $t=n$ 时加以处理的残值为 S，求该装备的寿命周期费用。

解： 取 $t=0$ 为基准，由式（5-50）可折算到 $t=0$ 时的现值

$$P = P_0 + \sum_{j=1}^{n} C_j(1+i)^{-j} + S(1+i)^{-n}$$

若折算到 $t=n$ 时的未来值，由式（5-49）可得

$$F = P_0(1+i)^n + \sum_{j=1}^{n} C_j(1+i)^{n-j} + S$$

若 $C_j = C(j=1,2,\cdots,n)$，则

$$\begin{aligned} P &= P_0 + C\sum_{j=1}^{n}(1+i)^{-j} + S(1+i)^{-n} \\ &= P_0 + C\frac{(1+i)^n - 1}{i(1+i)^n} + S(1+i)^{-n} \end{aligned}$$

这里的 P_0、C_j、C、S 以支出为正，收入为负计算。

例 5-7 某型号装备，购置费用为 500 万元，使用期间其平均故障间隔时间 $\overline{T}_{\mathrm{bf}}$=120h，寿命为 10 年，10 年后的残值为 50 万元。设每年平均使用 1000h，每修理一次的修理费用平均为 12 万元，每使用 1h 需支付的使用费用为 0.05 万元，银行存款年利率为 5.76%，求该型号装备的寿命周期费用。

解： 由题意知，使用期间该型号装备每年的使用与维修费用为

$$C = 1000 \times 0.05 + \frac{1}{120} \times 1000 \times 12 = 150 \text{（万元）}$$

折算到 $t=0$ 时的寿命周期费用为

$$P=500+150\times\frac{(1+5.76\%)^{10}-1}{5.76\%\times(1+5.76\%)^{10}}-50\times(1+5.76\%)^{-10}$$

$$=500+150\times7.44451-50\times0.57120=1588.1165(\text{万元})$$

思 考 题

1．已知某装备的寿命与修复时间均服从指数分布，其中位寿命为 168h，$M(t)$=0.95 的最大修复时间为 30h，求该装备的固有可用度。

2．某新研装备经初步验证 A_0=0.66，现军方要求最少达到 A_0=0.75。已知计划的平均预防性维修时间为 2h，平均保障资源延误及管理延误时间为 5h，平均预防性维修的频率 $f_{\text{p}}=0.001/\text{h}$，$\bar{M}_{\text{ct}}=0.5\text{h}$，现决定采用提高可靠性方法来提高 A_0。求该装备的平均故障间隔时间（$\bar{T}_{\text{bf}}$）应提高到多少为合适？

3．固有可用度分析的目的是什么？一般包含哪些分析步骤？

4．何谓系统效能？影响系统效能的主要因素有哪些？在维修保障系统建立、运行过程中为何要进行系统效能分析？

5．什么是寿命周期费用？建立寿命周期费用的概念有何意义？

6．早期决策对寿命周期费用有何影响？

第 6 章　故障模式与影响分析

无论是在装备研制阶段，还是在装备使用阶段，都应高度关注并进行故障分析。它不仅是装备可靠性设计的基础，也是装备维修保障分析、决策、实施的重要基石。经过多年的实践应用，故障模式与影响分析（failure mode and effect analysis，FMEA）是目前世界上最流行、最实用的装备故障分析技术之一。

6.1　概　　述

6.1.1　FMEA 概念

在 GJB 451A—2005《可靠性维修性保障性术语》中给出的故障模式与影响分析的定义为：分析产品中每一个可能的故障模式并确定其对该产品及上层产品所产生的影响，以及把每一个故障模式按其影响的严重程度予以分类的一种分析技术。

要点解释：

（1）产品：具体分析的产品，也就是分析的对象。

（2）故障模式：故障的表现形式，如短路、开路、断路、过度耗损等。实际上，就像人生病一样，是指生病后会出现什么症状。所以，故障模式也可以说是故障症状。

定义“分析产品中”的“中”是指分析产品可能出现的每一种故障模式，可以参见美军标准 MIL-STD-1629A(2001)给出的 FMEA 定义。

（3）上层产品：装备或系统中的产品，可以分为多个层次，如系统、分系统、设备、部组件、零件等。这项分析所分析的产品，一般并不是终极产品，所以，该产品故障后可能对其自身的状态造成影响，同时，还可能对它的上层产品（它是上层产品的一个组成部分）造成影响。

（4）影响：可以分为两类“影响”，一是狭义“影响”，指的是产品功能（或任务）方面造成的影响。由定义中“影响”二字前面的定语看，无论是被分析产品，还是上层产品，都是指对产品本身的影响。对产品本身的影响，一般理解就是会不会影响产品发挥自身的功能，能不能正常地工作，是否影响当前的任务执行。二是广义“影响”，除功能方面的影响外，产品故障还可能有其他方面的影响，如对使用装备的人员造成伤害、甚至机毁人亡等，这属于最严重的灾难性事故。此外，还可能是对环境有无影响，对费用有无影响，对社会、对产品品牌声誉是否会造成影响等。

定义中的影响，从字面上虽然仅是对产品本身方面的影响，实际上，它也包含对安全、环境、经济等方面的影响。这可以从定义中后面的严重程度这一词句中得到答案。

（5）严重程度：产品出现这种故障模式（“病症”）后，可能造成的后果有多严重。既然要把它进行分类，就一定要有分类的标准。在具体的分类标准中，主要是依据对人员有无伤亡、对环境有无危害、对任务有无妨碍、对费用有无影响等进行划分的。

由上可见，FMEA 就是指通过分析产品可能出现的每一种故障模式、原因、后果及严重程度，以确定相应防治对策的一种分析技术。

以往，人们主要是依靠个人经验和知识来判断元器件、零部件故障对系统所产生的影响，这种判断依赖于人的知识水平和工作经验，一般只有等到产品使用后，收集到故障信息，才能进行设计改善。显然，这样做不仅反馈周期过长，在经济上也可能造成重大损失，而且还可能造成更为严重的人身伤亡。无论是民用产品还是军用装备，因为产品设计存在重大缺陷到使用阶段造成严重后果和损失的例子举不胜举。因此，人们迫切希望在产品设计阶段就通过一种规范而有效的故障分析技术，以便及早地发现设计缺陷特别是具有严重后果的设计缺陷，从而在产品设计阶段就将其予以消除，以防止可能造成的严重后果和损失。FMEA 技术正是在这种情况下应运而生的。由于 FMEA 主要是一种定性分析方法，不需要高深的数学理论，易于掌握，很有实用价值，一经出现便受到工程部门的普遍重视。目前，FMEA 在许多国家的重要领域，被明确规定为在产品设计阶段必须开展的一项重要分析技术。FMEA 是找出设计潜在缺陷的手段，是设计审查中必须重视的资料之一。

值得说明的是，FMEA 具有广泛的用途，它不仅是产品设计阶段广泛应用、非常实用的一项可靠性分析技术，也是装备维修保障不可或缺的一项重要分析技术。

6.1.2 目的与作用

进行 FMEA 的目的在于查明一切可能出现的故障模式（可能存在的隐患），重点在于查明那些具有严重后果的故障模式，以便通过修改设计或采用其他有效的补救措施予以消除或减轻其后果的危害性。其具体作用包括以下方面：

（1）能帮助设计者和决策者从各种方案中选择满足可靠性及使用要求的最佳方案。

（2）保证所有元器件的各种故障模式和影响都经过周密考虑，找出对系统故障有重大影响的元器件和故障模式，并分析其影响程度。

（3）有助于在设计评审中对有关措施（如冗余措施）、检测设备等做出客观的评价。

（4）能为进一步定量分析提供基础。

（5）能为进一步更改产品设计提供资料。

（6）能为装备修复性维修工作和预防性维修工作分析确定、装备维修保障资源分析确定提供支持。

6.2 FMEA 方法与标准

6.2.1 FMEA 方法

FMEA 有硬件法和功能法两种基本方法。在实际中采用哪种方法进行分析，取决于装备设计的复杂程度和可利用信息的多少。对复杂系统进行分析时，也可以综合采用硬件法和功能法。

1. 硬件法

硬件法是根据产品的功能对每个故障模式进行评价，用表格列出各个产品，对其可能发生的故障模式和影响进行分析。各产品的故障影响与分系统及系统功能有关。当产品可按设计图纸及其他工程设计资料明确确定时，一般采用硬件法。这种分析方法适用于从零件级开始分析再扩展到系统级，即自下而上进行分析。然而也可以从任一层次开始向上或向下进行分析。采用这种方法进行 FMEA 是较为严格的。

2. 功能法

功能法认为每个产品可以完成若干功能，而功能可以按输出分类。使用这种方法时，将输出一一列出，并对它们的故障模式进行分析。当产品构成不能明确确定时（如在产品研制初期，各个部件的设计尚未完成，得不到详细的部件清单、产品原理及产品装配图），或当产品的复杂程度要求从初始约定层次开始向下分析，即自上而下分析时，一般采用功能法。然而也可以在产品的任一层次开始向任一方向进行。这种方法比硬件法简单，但可能忽略某些模式。

值得说明的是，FMEA不仅可用于分析硬件、软件及其相互作用，其原理也可应用于制造业或其他工作过程，如医院、教学系统或其他领域，如工业界熟知的过程 FMEA（PFMEA）。表 6-1 给出的是产品寿命周期各阶段典型 FMEA 方法。

表6-1 产品寿命周期各阶段典型FMEA方法

寿命周期阶段	FMEA方法	分析目的
论证、方案阶段	功能FMEA	分析产品功能设计缺陷与薄弱环节，为产品设计和方案权衡提供依据
工程研制与定型阶段	① 设计FMEA(DFMEA)，包括功能 FMEA、硬件 FMEA、软件FMEA; ② 过程FMEA(PFMEA)	分析产品（包括硬件、软件）、制造过程与工艺等设计缺陷与薄弱环节，为产品或制造过程与工艺设计及改进提供依据
生产阶段	过程FMEA(PFMEA)	分析产品制造过程与工艺等设计缺陷与薄弱环节，为产品制造过程与工艺改进提供依据
使用阶段	① 功能FMEA; ② 硬件FMEA; ③ 软件FMEA	分析产品设计缺陷与薄弱环节，为产品使用与维修决策或产品改进等提供依据

3. 进行FMEA必须掌握的资料

进行FMEA必须熟悉整个要分析系统的情况，包括系统结构方面的、系统使用维护方面的以及系统所处环境等方面的资料。具体来说，应获得并熟悉以下信息：

（1）技术规范与研制方案。

（2）设计图样及有关资料。

（3）可靠性设计分析及试验。

（4）过去的经验、相似产品的信息。

6.2.2 FMEA标准及分析表

进行故障模式与影响分析，应遵循一定的标准、过程和方法。自该分析方法于20世纪50年代在美国出现后，现在许多国家、军队、行业领域，甚至一些国际组织，都制定了自己的标准。表6-2列出了部分典型FMEA有关标准，表6-3所示为GJB/Z 1391—2006《故障模式、影响及危害性分析指南》中的FMEA表。

表6-2 典型FMEA标准

标准编号	标准名称	发布时间	备注
GJB/Z 1391	故障模式、影响及危害性分析指南	2006年	国家军用标准
GB/T 7826	系统可靠性分析技术 失效模式和影响分析（FMEA）程序	2012年	中国国家标准
MIL-STD-1629A	故障模式、影响及危害性分析实施程序	1980年	美国军用标准
IEC 60812	系统可靠性分析技术 故障模式及影响分析程序	2006年	国际电工委员会
SAE J1739	故障模式与影响分析	2021年	美国汽车工程师协会
ECSS-Q-30-02A	故障模式、影响及危害性分析	2001年	欧洲空间标准化合作组织

表6-3 故障模式与影响分析表

初始约定层次　　任　务　　审核　　第　页，共　页

约定层次　　分析人员　　批准　　填表日期

代码	产品或功能标志	功能	故障模式	故障原因	任务阶段与工作方式	故障影响			严酷度类别	故障检测方法	设计改进措施	使用补偿措施	备注
						局部影响	高一层次影响	最终影响					
对每个产品采用一种编码体系进行标识	记录被分析产品或功能的名称与标志	准确描述产品所具有的功能，并用1、2、3等顺序加以排序	对产品的每一个功能分析并填写所有可能的故障模式，并按A、B、C等顺序加以编码	分析并恰当填写每个故障模式可能的故障原因，并用1、2、3等顺序加以排序	根据任务剖面依次填写发生故障时的任务阶段与该阶段内产品的工作方式	分析并填写每一个故障模式的局部、高一层次和最终影响，并分别填入对应栏			分析并确定每个故障模式的严酷度类别	依据故障模式、原因和影响等分析结果，分析并填写故障检测方法	分析并填写可能的设计改进措施及使用补偿措施，并分别填入对应栏		简要记录对其他栏的必要注释和简要说明

为满足不同行业（领域）及其分析目的的需要，可采用不同的 FMEA 标准和分析表。然而，尽管 FMEA 有多种标准和分析表，但其分析的核心内容和实质是一致的。其核心内容包括被分析产品的功能、故障模式、故障原因和故障影响。这几项核心内容中，最为重要的是准确确定故障原因。这就像医生给病人看病一样，首先把病断准是最重要的，这也是名医名家与俗医的重要区别所在。

对于武器装备，军方或研制装备的军工单位，应按照 GJB/Z 1391—2006《故障模式、影响及危害性分析指南》进行分析。

6.3　FMEA 步骤

GJB/Z 1391—2006《故障模式、影响及危害性分析指南》对硬件进行 FMEA 步骤可分为定义系统及分析与填写表格两大步，其具体分析步骤如图 6-1 所示。

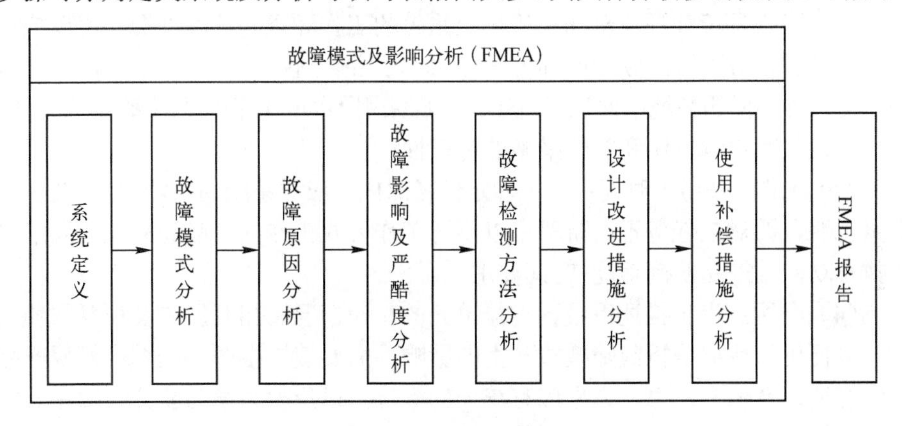

图 6-1　FMEA 步骤

6.3.1　系统定义

系统定义主要包括定义系统、约定层次划分、产品功能分析、绘制产品功能框图、制定编码体系等。

该步骤主要解决两个问题：一是对谁（重要功能产品）进行分析；二是每个重要功能产品都具有什么功能。进行产品功能分析，其目的是要分析这个产品可能会出现哪些故障。

1. 定义系统

定义系统的目的是明确界定系统的工作方式、工作环境、工作时间，以及与其他系统的相互关系等。

定义系统最为主要的目的是对系统及被分析产品在每项任务、每一任务阶段以及各种工作方式下的功能描述。对系统进行功能描述时，应包括对主要和次要任务项的说明，并针对每一任务阶段和工作方式，预期的任务持续时间和产品使用情况，每一产品的功能和输出以及故障判据和环境条件等，对系统和产品加以说明。

（1）任务功能和工作方式：包括按照功能对每项任务的说明，确定应完成的工作及其相应的功能模式；应说明被分析系统各约定层次的任务功能和工作方式；当完成某一特定功能不止一种方式时，应明确替换的工作方式。此外，还应规定需要使用不同设备（或设备组合）的多种功能，并应以功能-输出清单（或说明）的形式列出每一约定层次产品的功能和输出。

（2）工作环境和环境剖面：应规定系统的工作环境和环境剖面，用以描述每一任务和任务阶段所预期的环境条件。如果系统不仅在一种环境条件下工作，还应对每种不同的环境剖面加以规定，则应采用不同的环境阶段来确定应力-时间关系及故障检测方法和补偿措施的可行性。

（3）工作（任务）时间：为了确定任务时间，应对系统的功能-时间要求作定量说明，并对在任务不同阶段中以不同工作方式工作的产品和只有在要求时才执行功能的产品明确功能-时间要求。

（4）框图：为了描述系统各功能单元的工作情况、相互影响及相互依赖关系，以便可以逐层分析故障模式产生的影响，需要建立框图。框图应标明产品的所有输入及输出，每一方框应有统一的标号，以反映系统功能分级顺序。框图包括功能框图和可靠性框图。绘制框图可以与定义系统同时进行，也可以在定义系统完成之后进行。对于替换的工作方式，一般需要一个以上的框图表示。

① 功能框图。功能框图表示系统及系统各功能单元的工作情况、相互关系以及系统和每个约定层次的功能逻辑顺序。

② 可靠性框图。把系统分割成具有独立功能的分系统之后，就可以利用可靠性框图来研究系统可靠性与各分系统可靠性之间的关系。

2. 约定层次划分

现代装备通常由成千上万个部件组成，对装备中哪些产品进行FMEA，这是首先会遇到的问题。为了使分析具有实用性和针对性，做到“够用、管用、好用”，通常要约定所分析的产品所处的层次。

约定层次是根据分析的需要，按产品的相对复杂程度或功能关系划分的产品层次。分析的层次越高，那么分析的项目（产品）数越少，相对越粗，分析的工作量相对越小；分析的层次越低，分析的项目数越多，相对越细，但分析工作量将越大。

为了使分析规范进行，可以首先确定装备的“构造树”，以确定分析的层次和产品（项目），这样做将会有效避免漏掉某些重要功能产品。

在 FMEA 中，主要涉及初始约定、最低约定和其他约定三个约定层次。初始约定层次是指要进行 FMEA 的总的、完整的产品所在的层次。它是约定产品的第一分析层次（最高层次），也是分析中确定故障影响的最终影响。最低约定层次是指约定层次中最底层产品所在的层次，它决定了 FMEA 工作深入、细致的程度，层次越低，所分析的产品就越多，分析的工作量就越大。其他约定层次是指相继的约定层次（第二层、第三层等），这是介于初始约定层次与最低约定层次之间的约定层次。

几点说明：

（1）对系统进行约定层次划分不必追求一致。在约定层次划分上不必完全相同，可根据实际情况来确定。例如，对于设计成熟、具有良好可靠性、维修性、保障性和安全记录的产品，其约定层次划分得少而粗一些是合理的；相反，对于新设计的、可靠性水平未知的产品其约定层次应划分得多而细一些，以便对其进行详细的分析。

（2）对系统进行约定层次划分不必追求一致。在约定层次划分上不必完全相同，可根据实际情况来确定。

（3）确定最低约定层次时，可参照约定的或预定的维修级别任务、产品层次及最低可更换单元进行确定。从部队装备使用和维修保障角度来看，最低分析层次确定在“可更换单元”的上一层是比较合理的。这是因为如果分析的层次再低，由于进行故障原因分析及采取的对策在“可更换单元”这一层次，更深入地分析不仅没有必要，还可能会花费大量的时间和精力等。

3．产品功能分析

1）功能定义及分类

功能是指人或物所必须完成的事项。凡是回答“这是干什么用的？”（如发动机用于提供所需的动力），或者说“这是干什么所必需的？”（如提供所需的动力需要的是发动机），答案就是产品的“功能”。

一种产品可能具有多种功能，但这些功能的重要程度和性质并不相同。在进行功能分析时，可对功能进行分类。通过 FMEA 和实际中装备维修保障工作的实施，以确保该产品能保持规定的基本功能。表 6-4 给出了产品功能分类。

表 6-4　产品功能分类

功能分类		定义及其特征
按重要程度分类	基本功能	满足下列三个条件： ① 起主要的必不可少的作用。 ② 完成产品的主要任务，实现产品的工作目的。 ③ 如果其作用改变，就会引起产品任务整体的变化
	辅助功能	相对于基本功能来说它是次要的。在不影响基本功能的前提下，它是可以改变的
按性质分类	使用功能	产品的实际用途，或特定用途，或使用价值
	外观功能（美学功能或表面功能）	通过图案、色彩、装饰等对使用者产生魅力的功能
按用户要求分类	主要功能（必要功能）	对用户需求而言，该功能是必不可少的
	次要功能	对用户需求而言，该功能有的是属于必要的，有的并不是属于必不可少的。次要功能是指产品在完成其主要功能以外的其他功能。诸如用户期望的安全、控制、包装、舒适，结构完整性、经济性、防护、效率、外观、环境污染等

2）分析和描述产品功能

正确分析并准确地描述产品的功能，对于 FMEA 的质量有着至关重要的影响。分析和描述产品功能时应注意以下几点：

（1）要尽可能全面地分析产品的全部功能，特别是不要遗漏产品的主要功能和用户期望的必要的次要功能。如果被分析的产品比较复杂或者不同系统之间的界面比较模糊，那么，应弄清并定义好系统的边界，并借助绘制产品功能框图、功能表或功能树的方法，以理清产品各组成部分任务或功能之间的相互关系。

（2）产品功能与期望的性能标准有着密切的关系，应尽可能定量地描述产品功能及其相关的性能标准。例如，某型车辆的前轮刹车片：提供刹车所需要的阻力，刹车片厚度应不小于 7mm。

（3）描述产品功能，至少要用一个动词加一个名词来描述，即谓语加宾语，应尽可能采用“动词+名词+规定的性能标准”模式进行描述。例如，某供油装置：从 X 加油车辆向 Y 受油车辆以不低于 200L/min 的速度注油。某供弹装置：

从某型弹药支援车 X 向某型自行火炮 Y 以不低于 8 发/min 的速度补充弹药。

（4）应将产品的全部功能，按照一定的顺序（如先主要功能、后次要功能）一一列出，并用阿拉伯数字加以编号。

对产品进行 FMEA，必须要弄清该产品所具有的全部功能。只有清楚其全部功能，才能知道产品是否完成了规定的功能，即是否发生故障。所以说，从一定程度上讲，产品功能分析的质量水平直接决定着 FMEA 的质量与水平，进而会影响产品的设计、使用和部队装备维修保障的水平。

6.3.2　故障模式分析

故障模式即故障的表现形式，如短路、开路、断裂等。故障模式分析就是要回答：产品的功能丧失具体有哪些表现形式，或者说对于产品的某一个功能，其故障时有哪些具体的表现样式（症状）。就好比人会生病一样，对于一些大病、疑难杂症，无论是医生还是患者，如果能够清楚其具体表现形式，那么对于病情的正确诊断和对症治疗都至关重要。产品故障也是如此，如果对于手中装备故障后的表现形式很清楚，那么对于正确使用和维修将是很有帮助的。

1．功能和故障

产品功能与产品故障两者是紧密相关的。故障是指产品不能执行规定功能的状态。通常是指功能故障。因预防性维修或其他计划性活动或缺乏外部资源造成不能执行规定功能的情况除外。可见，进行故障模式分析前应弄清楚被分析产品什么情况属于能执行规定功能，什么情况属于不能执行规定功能，也即应有明确的故障判据。

1）定义故障判据的依据

（1）产品在规定条件下和规定时间内，不能完成规定的功能。

（2）产品在规定条件下和规定时间内，某些性能指标不能保持在规定的范围内。

（3）产品在规定条件下和规定时间内，引起对人员、环境、能源和物质等方面的影响超出了允许范围。

（4）技术协议或其他文件规定的故障判据。

2）应由谁建立故障判据

故障判据是判别故障的界限和标准。在装备研制时，它一般是由承制方和订购方共同根据产品的功能、性能指标、使用环境对允许极限进行确定的。从国内外 FMEA 实践来看，不同方面的人员对故障的认识理解常常有着明显的不同，对于部队装备维修保障而言，可能对装备预防性维修大纲的有效性产生严重的影响。例如，装备中某液压系统，其功能之一是盛装油液，产品研制人员可能会认为只有当液压系统无法工作时，才是功能故障；维修人员可能会认为只有在一段时间内泄漏引起过量的油料消耗时，才是功能故障；安全人员可能会认为当泄漏在周围空间油料过多，有可能引起其他部件不能工作或引起火灾时，才是功能故障。对完成规定功能或故障的不同理解，其后续的防治工作也可能会有明显的不同和后果。之所以出现多种认识，真正的问题在于没有达成一个共同认可的“什么是故障”这样的协议。从装备维修保障角度来看，这个例子说明了三个重要问题：

（1）应定义故障判据来确定需避免故障的具体水平（或者说产品完成规定功能的期望性能水平）。

（2）如果在故障发生之前能清楚地建立故障判据标准，那么在进行分析时就可以节省大量的时间、精力和资源。

（3）无论是在哪个寿命阶段开展 FMEA，都应该由包括使用人员和维修人员等在内的一切熟悉装备的人员一起共同建立故障判据。

2．故障模式确定方法

分析人员应确定并说明各产品约定层次中所有可能的故障模式，并通过分析相应框图中给定的功能输出来确定可能的故障模式。不能完成规定功能就是故障，所以应根据系统定义中的功能描述及故障判据，给出各产品功能的故障模式并进行全面的分析。

可以通过统计、试验、分析、预测等方法获取产品的故障模式。对于现有（成）的产品，可以该产品在使用中所发生的故障模式为基础，根据该产品使用环境条件的异同进行分析修正，进而得到该产品的故障模式；对于新的产品，可根据该产品的功能原理和结构特点进行分析、预测，进而得到该产品的故障模式，或以与该产品具有相似功能和相似结构的产品所发生的故障模式作为基础，分析判断该产品的故障模式；对于引进国外的产品，应向外商索取其故障模式，或以相似功能和相似结构产品中发生的故障模式为基础，分析其故障模式。对于常用的元器件、零部件，还可以从国内外某些标准、手册中分析确定其故障模式。

当上述两种方法仍不能确定故障模式时，可参照表 6-5、表 6-6 所列典型故障模式确定被分析产品的故障模式。

表 6-5　产品典型故障模式（较简略）

序号	故障模式
1	提前工作
2	在规定的工作时间内不工作
3	在规定的非工作时间内工作
4	间歇工作或工作不稳定
5	工作中输出消失或故障（如性能下降等）

表 6-6　产品典型故障模式（较详细）

序号	故障模式	序号	故障模式	序号	故障模式	序号	故障模式
1	结构故障（破损）	12	超出允许误差下限	23	滞后运行	34	折断
2	捆结或卡死	13	意外运行	24	输入过大	35	动作不到位
3	振动	14	间歇性工作	25	输入过小	36	动作过位
4	不能保持正常位置	15	漂移性工作	26	输出过大	37	不匹配
5	打不开	16	错误指示	27	输出过小	38	晃动
6	关不上	17	流动不畅	28	无输入	39	松动
7	误开	18	错误动作	29	无输出	40	脱落
8	误关	19	不能开机	30	短路	41	弯曲变形
9	内部泄漏	20	不能关机	31	开路	42	扭转变形
10	外部泄漏	21	不能切换	32	参数漂移	43	拉伸变形
11	超出允许误差上限	22	提前运行	33	裂纹	44	压缩变形

几点说明：

（1）产品的一个功能可能对应多个故障模式，因此，在填写 FMEA 表时应按照字母顺序在故障模式一栏依次进行描述。

（2）产品功能分析及正确描述是故障模式分析的重要前提，对故障模式分析结果有着重要影响。

（3）装备列装部队后，应尽可能统计汇总产品可能出现的故障模式。

6.3.3　故障原因分析

1. 故障原因的定义

广义来讲，产品故障原因是导致其功能故障的任何事件。按照 GJB 451A—

2005《可靠性维修性保障性术语》，故障原因是指引起故障的设计、制造、使用和维修等有关因素。在FMEA中，故障原因分析是确定后续防治策略的重要依据。这就好像是医生给病人看病，弄清病因对于后续治疗的药方确定是极为重要的。

故障原因分析的目的是找出每个引起故障的设计、制造、使用和维修等有关因素，进而采取有效的改进和补偿措施，以防止或减少故障发生的可能性。

2. 分析故障原因的意义

单个设备或部组件会由于多种原因而发生故障。对于复杂装备或武器系统，发生故障的原因可达数百种。对于部队中的各种装备来说，导致其故障的原因可能成千上万。无论是对于承研承制方还是部队装备保障或管理人员，一想到FMEA所需的时间和精力等，一些人都可能会望而却步。许多人断定这种分析的工作量过大以至完全放弃分析计划或敷衍了事。这样做是其没有看到：经过系统而恰当的故障原因分析，的确可以有效地解决装备使用中发生的故障和维修问题，特别是可以在事前有效地消除或减少可能导致严重故障及后果的那些故障原因。在装备研制阶段主动控制严重或致命性故障意味着在产品发生故障之前就消除导致这些功能故障的事件，至少是确定如果产品发生这种故障应当如何处理。要做到这一点，就需要事先弄清楚导致故障的原因。在装备使用过程中，若想对装备真正地实施预防性维修并高效地进行装备维修保障，也必须设法弄清楚可能影响装备使用的故障原因都有哪些。在发生故障之前就能确定故障原因是最为理想的，如果不能做到这一点，那么也应当在其再次发生之前予以确定并进行有效的防治。一旦确定了故障原因，就可以进一步分析其故障影响和后果，确定在设计和使用方面预先防止、检测或排除故障可采取的有效对策。

3. 故障原因分析方法和要点

尽管产品的故障原因可能有多种，就像人生病一样，无外乎是由于自身原因或外部原因所导致。所以故障原因分析方法主要有两种：一是从导致产品故障的物理的、化学的、生物的或其他变化过程等查找故障发生的直接原因；二是从外部因素（如其他产品故障、使用、环境、人为因素等）方面查找故障发生的间接原因。

故障原因分析的要点是：

（1）从产品或相似产品的功能及组成等自身因素和外部因素综合分析故障原因。

（2）正确区分故障模式与故障原因。故障模式即故障的表现形式，犹如人看病要给医生恰当说明自己的“症状”一样，而故障原因则是导致故障（生病）的直接或间接原因（病因）。

（3）应注意产品相邻约定层次的关系。由于较低约定层次的故障模式往往是相邻较高约定层次的故障原因，因此，在进行故障原因分析时，通常可从下一层次的故障模式去查找。

（4）当一个故障模式存在多个故障原因时，应在FMEA表格的故障原因一栏逐条列出。

（5）对于冗余部件或备份系统，应特别注意不同产品由共同的原因引起的共因故障（即不同产品由共同的原因引起的故障），或者由共同模式所引起的共模故障（即故障有共同的表现形式，它是共因故障的一部分情形）。

4．描述故障原因

分析故障原因重在确定防治对策。为了在后续分析中能够方便地选择针对性防治对策，应恰当而准确地描述故障原因。故障原因描述的语言至少应由一个名词和一个动词组成，如“轴承卡死”。在选择动词时应当用词准确，不要模棱两可，因为它直接影响着后续的故障控制策略选择。例如，像“发生故障”“工作不正常”等这样的故障原因描述要尽可能地避免，因为它对于后续故障控制策略选择几乎没有给出任何有价值的信息。而“轴承卡死”比“轴承工作不正常”就要明确得多。像“联轴器发生故障”这样的描述，就应该做什么工作来预防故障而言，也没有提供任何线索。如果说“联轴器插销松动”或“联轴器轮毂由于疲劳发生故障”，那么，就很容易确定后续需要采取的预防性工作。

为了确切地说明故障原因，有时还有必要对故障原因进行更详细的描述。例如，“因螺杆锈蚀使阀门完全堵塞”要比“阀门完全堵塞”更清楚。类似地，如果把“由于正常磨损导致轴承卡死”和“由于缺乏润滑导致轴承卡死”能进一步区分开，将更有利于后续防治对策的确定。

总之，应将故障原因描述到足以能够选择适用的故障控制策略为佳。

5．填写故障原因表格时需注意的问题

（1）关于人为差错。在分析、填写属于人为差错这类故障原因时，要注意记录导致故障发生的事件是什么，而不是由谁造成了故障。这是因为如果填写不当，可能会涉及追究个人责任的问题。显然，追责问题并不属于本分析方法的范畴，而且，如果这样做，无论对于分析人员还是装备使用人员或维修人员，都可能会引起一些不快或工作实施方面的阻力。例如，说“控制阀设置太高”即可，而不要说“某方面技师设置的控制阀不正确”。

（2）关于故障原因可能性大小的考虑。不同的故障原因导致故障发生的频率也是不同的。有些功能故障可能周期性地出现，其平均故障间隔时间可用月、周或天来量度。另一些功能故障可能极不可能发生，其发生的平均故障间隔时间甚至可用几十、几百甚至百万年量度。在进行 FMEA 时，应当考虑哪些故障原因很少可能导致故障发生以至可放心地忽略。这就是说，在列举每一种故障原因时，应合理地考虑导致故障发生的可能性大小。应重点分析的是那些相当有可能导致故障发生的故障原因。“相当有可能”的故障原因包括以下几个：

① 以前在相同或相似装备或设备上曾经出现的故障。在 FMEA 中，这些故障是最明显的候选者，除非该装备已被改进以至不再可能发生。这些故障的信息来源包括十分熟悉该装备的人员、历史记录和数据库。

② 已经是日常预防性维修的主要内容，且如果不进行这些预防性维修工作就很可能出现的功能故障。确保不遗漏一个这样的故障原因的方法之一就是研究现有的维修计划，并提出“如果不做这种工作可能会出现什么样的功能故障”。

③ 尚未发生过但认为确有可能发生的其他故障原因。分析并确定如何处理尚未发生过的故障，通常是预防性维修特别是风险控制的本质特征。由于其需要高度的判断，所以这也是预防性维修最具挑战的方面之一。一方面，有必要列出全部的相当可能的故障原因；另一方面，也不要把时间浪费在极不可能发生的故障上。

（3）关于故障后果。如果故障后果的确可能非常严重，那么，即使故障概率很小，也应当列出其故障模式，并进一步对其可能的故障原因进行分析。

6.3.4 故障影响及严酷度分析

1．故障影响及严酷度分析的目的

故障影响是故障模式对产品的使用、功能或状态所导致的结果。

严酷度是故障模式所产生后果的严重程度。

故障影响及严酷度分析的目的是找出产品的每个可能故障模式所产生的影响，并对其严重程度进行分析。

2．故障影响分析

在 FMEA 定义中曾提到要分析故障对产品自身、对该产品的上层产品有什么影响。由于上层产品可能有多个层次，是否要对所有的上层产品都进行影响分析？在 GJB/Z 1391A—2006《故障模式、影响及危害性分析指南》和美国军用标准 MIL-STD-1629A—2000《故障模式、影响及危害性分析实施程序》中推荐的故障影响分为局部影响、高一层次影响和最终影响三级。

局部影响是指被分析产品的故障模式对该产品自身或所在约定层次产品的使用、功能或状态的影响，简单地说，即对被分析产品本身的影响。显然，分析局部影响是对该产品故障后果最基本的判断。

高一层次影响是指被分析产品的故障模式对该产品所在约定层次的紧邻上一层次产品的使用、功能或状态的影响，简单地说，即对被分析产品的上一层约定层次的影响。显然，分析高一层次影响，对于弄清该产品故障如何传导或影响上一约定层次具有重要价值。

最终影响是指被分析产品的故障模式对初始约定层次产品的使用、功能或状态的影响，简单地说，即对初始约定层次（如装备或系统）的影响。显然，这不仅是故障影响分析的终点，也是设计、使用和维修人员最为关注的方面，还是确定故障防治对策的重要依据。

3．严酷度分析

为明确产品故障模式所产生后果的严重程度，通常要根据产品故障模式最终可能造成的人员伤亡、任务失败、经济损失和环境危害等方面影响的程度对严酷度进行分类。武器装备常用的严酷度类别及定义如表 6-7 所列。

表 6-7　武器装备常用的严酷度类别及定义

严酷度类别	严重程度定义
Ⅰ类（灾难的）	引起人员死亡或产品（如飞机、坦克、导弹及船舶等）毁坏、重大环境损害
Ⅱ类（致命的）	引起人员的严重伤害或重大经济损失或导致任务失败、产品严重损坏及严重环境损害
Ⅲ类（中等的）	引起人员的中等程度伤害或中等程度的经济损失或导致任务延误或降级、产品中等程度的损坏及中等程度的环境损害
Ⅳ类（轻度的）	不足以导致人员伤害或轻度的经济损失或产品轻度的损坏及环境损害，但它会导致非计划性维护或修理

6.3.5　故障检测方法分析

1．故障检测方法分析的目的

故障检测方法分析的目的是为产品设计与改进、保障性分析以及维修工作实施等提供方法或依据。

故障检测方法一般包括目视检查、原位检测和离位检测等。

故障检测具体手段形式是多种多样的，如机内测试（built-in test，BIT）、自动传感装置检测、传感仪器检测、声光报警装置检测、显示报警装置检测、遥测等。

按故障检测的时机，可将故障检测分为事前检测和事后检测。随着计算机技术、传感器技术、测试技术以及故障预测与健康管理（prognostics and health management，PHM）等技术的发展，故障检测技术与方法在装备使用与维修领域的应用方兴未艾。

2．故障检测方法分析的要点

（1）针对被分析产品的每个故障模式、原因、影响及其严重程度等因素，综合分析检测该故障模式的可检测性，以及检测的方法、手段或工具。

（2）根据检测需要，可增加必要的检测点，以区分是哪一个故障模式引起产品发生故障。

（3）当通过分析认为确无故障检测手段时，在 FMEA 表中相应栏内填写“无”，并在设计或维修工作中予以关注。若 FMEA 结果表明该故障模式会造成严重故障后果，应将这些不可检测的故障模式列出清单，以进一步开展设计改进或使用维修补偿等措施方面的分析。

6.3.6 设计改进与使用补偿措施分析

设计改进与使用补偿措施分析的目的是：针对每个故障模式的影响，确定在设计与使用方面可以消除或减轻故障影响的措施，以提高产品的可靠性和可用性。

在进行 FMEA 时，分析人员应高度关注那些具有严重故障影响和后果的故障模式，指出并评价那些能够用来消除或减轻该故障影响的补偿措施，这既可以是设计上的改进措施，也可以是使用人员的使用补偿措施，包括使用中一旦出现该故障模式就可采取的应急补救措施。

设计改进与使用补偿措施包括：

（1）在发生故障的情况下，能继续安全工作的冗余设备。

（2）安全或保险装置，如能有效工作或控制系统不致发生损坏的监控及报警装置。

（3）可替换的工作方式，如备用或辅助设备。

在说明为消除或减轻某故障影响而需使用人员采取的补救措施时，有必要对接口设备进行分析，以确定应采取的最恰当的补救措施。此外，还要考虑使用人员按照异常指示采取的不正确动作而可能造成的后果，并记录其影响。

6.3.7 FMEA 报告

进行 FMEA 后应形成 FMEA 报告。FMEA 报告一般包括概述、产品的功能原理、系统定义、FMEA 表汇总及说明、结论与建议等。

1．概述

概述包括：

（1）实施 FMEA 的目的、产品所处的寿命周期阶段和分析任务的来源等基本情况。

（2）实施 FMEA 的前提条件和基本假设的有关说明。

（3）FMEA 方法的选用说明。

（4）初始及最低约定层次的选取原则、编码体系、故障判据。

（5）分析中使用的数据来源说明。

（6）其他有关解释和说明等。

2．产品的功能原理

产品的功能原理包括本分析产品的功能原理和工作说明，本次分析所涉及的系统、分系统及其相应的功能，划分出的 FMEA 约定层次。

3．系统定义

系统定义包括本分析产品的功能分析、功能框图和任务可靠性框图。

4．FMEA 表汇总及说明

FMEA 表汇总及说明包括分析并填写 FMEA 表的汇总以及必要的说明。

5．结论与建议

除阐述分析后的结论外，还应对在设计和使用方面可能的补偿措施及预计效果等进行必要的说明。

6.4 FMEA 的改进

FMEA 分析技术并不是很复杂，在实际中完全可以针对分析的目的或所要解决的问题进行剪裁和改进。尽管 FMEA 有多种标准和分析表格，但其分析的核心内容和实质是一致的。其分析的核心内容包括被分析产品的功能、故障模式、故障原因和故障影响 4 项。在此基础上，完全可以根据具体分析目的进行适当改进，这方面的案例在相关文献资料中已介绍很多。在此，仅针对部队装备维修保障问题，在GJB/Z 1391—2006《故障模式、影响及危害性分析指南》基础上对FMEA的改进问题进行一些探讨，以供部队装备维修保障人员或装备设计人员等使用和参考借鉴。

6.4.1 传统FMEA在解决装备维修保障问题时的不足

目前，GJB/Z 1391—2006《故障模式、影响及危害性分析指南》给出的FMEA方法实施步骤如图6-1所示，其给出的FMEA表格共14栏（表6-3）。将其各栏简单汇总列出，如表6-8所列。

表6-8 GJB/Z 1391—2006 FMEA主要内容

序号	分析栏目	简要说明
1	产品代码	被分析产品的代码
2	产品名称	被分析产品的名称
3	功能	被分析产品所需完成的各种功能
4	故障模式	每一功能丧失（故障）可能的故障表现模式
5	故障原因	每一故障模式可能发生的故障原因
6	任务阶段与工作方法	发生故障的任务阶段和产品工作方式
7	局部影响	该故障模式对当前被分析产品使用、功能或状态的影响
8	高一层次影响	对被分析产品的上一层次产品使用、功能或状态的影响
9	最终影响	该故障模式对最终产品（系统）的使用、功能或状态的影响
10	严酷度类别	该故障模式所产生后果的严重程度
11	故障检测方法	操作人员或维修人员用以检测故障模式发生的方法
12	设计改进措施	设计方面应采取的改进措施
13	使用补偿措施	使用人员的补偿措施或应急补救措施
14	备注	必要的注释和说明

GJB/Z 1391—2006《故障模式、影响及危害性分析指南》给出的FMEA方法步骤和分析表格是一个通用的分析方法，在装备设计阶段寻找可靠性设计的薄弱环节更为适用，相对而言，对于装备使用维修人员，由于对故障后的主要分析要素仅有第11栏和第13栏，即关于故障检测方法和使用人员的补偿措施或应急补救措施的描述，所以装备维修保障人员在具体装备上实际应用时还显得有些不足。

因此，针对部队装备维修保障所关心的一些重要维修问题，可以在GJB/Z 1391—2006《故障模式、影响及危害性分析指南》基础上对装备维修保障关系不紧密的分析栏进行裁剪，对装备维修保障关系密切而重要的内容进行添加，并对其进行具体分析。

6.4.2　面向装备维修保障的 FMEA 改进

为了更适用于解决部队装备维修保障人员关心的维修问题，对 GJB/Z 1391—2006《故障模式、影响及危害性分析指南》提供的 FMEA 分析步骤和表格进行改进。

例如，图 6-2 给出了一种改进的 FMEA 方法实施步骤，表 6-9 给出了一种改进的面向装备维修保障的 FMEA 表格。

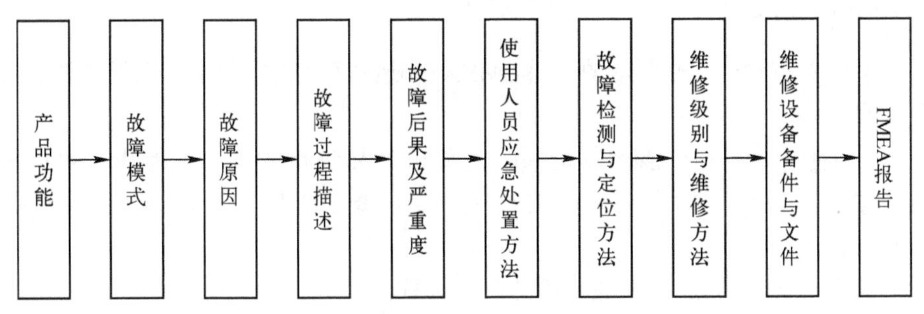

图 6-2　改进的 FMEA 方法实施步骤

表 6-9　面向装备维修保障的故障模式及影响分析

初始约定层次　　任　务　　审核　　第　页，共　页

约定层次　　分析人员　　批准　　填表日期

代码	产品名称	产品功能	故障模式	故障原因	故障过程描述	故障后果及严重度	使用人员应急处置方法	故障检测与定位方法	维修级别与措施	维修人员与设备等资源	备注
被分析产品代码	被分析产品名称	准确描述产品所具有的全部功能，并用 1、2、3 数字加以排序	每一个功能不能完成时可能的各种故障模式，并用 A、B、C 字母加以排序	每个故障模式发生时可能的各种故障原因，并用 1、2、3 数字加以排序	对故障发生时出现的情况进行简要描述	对可能导致的故障后果进行说明，并按严重程度进行分类	装备使用人员在操作装备时遇到该故障时，建议采用的应急措施或方法	该故障发生后可用的故障检测手段及故障定位方法	该产品故障后的维修级别、维修类型和方法	维修人员工种与技术等级、所需的维修设备、工具、备件和消耗品、维修手册等资源	① 对其他栏的必要注释说明；② 也可对装备改进提出建议

改进后的FMEA表共12栏。其中，保留原FMEA的栏目6个，针对装备维修保障增加或改进的栏目6个。具体如下：

保留的6个栏目为第1栏（代码）、第2栏（产品名称）、第3栏（产品功能）、第4栏（故障模式）、第5栏（故障原因）、第12栏（备注）。

增加的6个栏目为第6栏（故障过程描述）、第7栏（故障后果及严重度）、第8栏（使用人员应急处置方法）、第9栏（故障检测与定位方法）、第10栏（维修级别与维修方法）、第11栏（维修人员与设备等资源）。

6.4.3 进行分析时的要求及说明

下面着重对表6-9所示的改进FMEA分析时各栏内容的填写及要求进行必要说明。

第1栏（代码）：该代码是关于被分析产品进行的唯一性标志。可以按装备中各产品代码标志，也可按照有关规定要求采用某一种编码体系进行的标志。

第2栏（产品名称）：被分析的产品名称。

第3栏（产品功能）：对产品进行FMEA，必须要弄清该产品所具有的功能。产品的功能分析是FMEA分析的核心之一。只有清楚其全部功能，才能知道产品是否完成了规定的功能，即是否发生故障，这是FMEA的起始点和基准点。能否正确地分析描述产品的每一个功能，对于FMEA后面的有关保障性分析影响十分重大，必须予以高度重视。

第4栏（故障模式）：针对产品的每一个功能，具体分析每一个功能故障会发生哪些故障模式，并一一描述。故障模式即故障的表现形式，如短路、开路、断裂等。故障模式分析要回答的是产品的功能丧失具体有哪些表现形式。或者说对于产品的某一个功能，其故障时有哪些具体的表现形式（现象）。产品的一个功能可能对应多个故障模式。对于部队装备，从列装之日起就应尽可能统计、汇总其可能出现的故障模式。

第5栏（故障原因）：针对产品的每一种故障模式，具体分析每一种故障模式可能是由哪些原因导致的，并一一描述。

故障原因是指引起故障的设计、制造、使用和维修等有关因素。它是导致产品功能故障的任何事件——“病因”。分析描述故障原因时，要力求做到全面、正确、准确。全面即不漏掉任何可能的故障原因；正确即对导致产品发生功能故障的原因分析正确；准确即对进行的故障原因描述，足以能够选择适用的故障控制策略。

以上 5 栏，基本与 GJB/Z 1391—2006《故障模式、影响及危害性分析指南》的 FMEA 栏目是一致的，个别栏目只是改变了部分具体名称。

第 6～11 栏，是改进 FMEA 新增加的栏目。

第 6 栏(故障过程描述)：对每一种故障模式发生时的过程进行必要的描述。在进行 FMEA 时，分析了产品的功能、故障模式、故障原因后，通过分析故障发生的过程是怎样的、会有什么样的影响等，以便能够正确地判断故障的后果和选择恰当的维修工作。

对故障过程及影响进行分析的目的是：通过描述故障后有没有迹象、会出现什么结果和影响、排除故障应做些什么工作，以便为装备故障后修理以及预防性维修分析提供重要的信息和依据。

对故障过程及影响的描述应包括保证故障后果评估所需的全部信息。

第 7 栏（故障后果及严重度）：对每一种故障模式发生后可能的故障后果及严重程度进行分析确定。故障后果及其严重的程度是装备使用与维修保障必须要重点关注的，在装备使用与维修中，重要的是研究避免或减轻故障的后果。特别是对于预防性维修，如果某项或某些工作能够有效地消除或减轻所要预防的故障后果，那么这项或这些工作就非常值得做。关于故障后果的严重度，可以采用 GJB/Z 1391—2006《故障模式、影响及危害性分析指南》中的严酷度，也可以为简化问题，进行简化合并，如设定三类：严重（红色）、一般（黄色）、轻微（绿色）。

第 8 栏（使用人员应急处置方法）：分析并给出在使用装备时发生该故障，装备使用人员可采取的应急处置方法，以减轻装备的任务性（或使用性）后果。

第 9 栏（故障检测与定位方法）：分析并给出该故障发生后，可以采用的故障检测与定位方法，以帮助使用和维修人员快速准确地进行故障定位。

第 10 栏（维修级别与措施）：分析并给出发生该故障后，维修该故障部件所属的维修级别、维修措施（包括修理中、修理后的调整和校准等）及要求。

第 11 栏（维修人员与设备等资源）：分析并给出维修该部件所需的维修人

员专业、数量，以及所需的设备、工具、备件与消耗品、可查阅的各种技术手册等。

第12栏（备注）：对FMEA表前述各栏分析描述的必要说明，或给出改进设计方面的意见建议等。

思　考　题

1. 试解释故障模式、故障原因和故障后果及其区别与联系，并举例说明。
2. 试述FMEA的中文含义及定义，并说明其目的。
3. 试对一种所熟悉的装备或产品进行FMEA。

第 7 章　以可靠性为中心的维修分析

装备（产品）故障后维修及后果其代价往往要高出预防性维修几倍甚至几十倍。有无将“事后”变“事前”以有效地解决装备故障的办法呢？以可靠性为中心的维修（reliability centered maintenance，RCM）分析技术正是解决这一问题的实用技术，目前该分析技术也是国际上通用的用以确定装备（设备或资产）预防性维修需求的一种分析技术或方法。

7.1　概　　述

7.1.1　RCM 基本概念

以可靠性为中心的维修，是指按照以最少的维修资源消耗保持装备固有可靠性和安全性的原则，应用逻辑决断的方法确定装备预防性维修要求的过程。其分析的最终结果是确定装备的预防性维修大纲。

装备的预防性维修大纲是装备预防性维修要求的总体设计方案，其内容包括：需进行预防性维修的产品和项目，需维修产品（项目）要实施的预防性维修工作，各项预防性维修工作的间隔期，实施每项预防性维修工作的维修级别等。

由上可见，RCM 并不是一种具体的维修方式，而是一种系统地确定装备预防性维修需求的分析技术或方法。为区别于修复性维修等这些具体的维修方式，也常称其为以可靠性为中心的维修分析。

7.1.2　RCM 分析目的

RCM 分析的根本目的是：

（1）通过确定适用而有效的预防性维修工作，以较少的资源消耗保持和恢复装备可靠性及安全性的固有水平。

（2）针对无法预防且具有严重故障后果的故障，提出装备设计改进的重要信息。

7.1.3 故障分类

RCM 分析立足于装备故障模式与影响分析。为深入理解 RCM 分析基本原理及其所采取的维修对策，需对装备故障进一步予以分类。

故障是指产品不能执行规定功能的状态。故障的分类方法很多，这里仅从 RCM 分析需要进行区分。

1. 按故障的发展过程区分

一般来说，装备的故障总有一个产生、发展的过程，尤其是磨损、腐蚀、老化、断裂、失调、漂移等因素引起的故障更为明显。因此，按照故障的发展过程，可将故障区分为功能故障与潜在故障。

（1）功能故障。功能故障是指产品不能执行规定功能的状态。

（2）潜在故障。潜在故障是指产品或其组成部分即将不能完成规定功能的可鉴别的状态。

“潜在”有两层含义：一是这类故障是指功能故障临近前的产品状态；二是产品的这种状态是经观察或检测可以鉴别的。零部件或元器件的磨损、疲劳、烧蚀、腐蚀、老化、失调等故障模式，大都存在由潜在故障发展到功能故障的过程。图 7-1 给出了潜在故障发展的一般过程，称为 *P-F* 曲线，它反映了产品从开始劣化到故障可被探测到的点（潜在故障点 *P*），如果未探测和予以纠正，则产品继续劣化直至到达功能故障点 *F*。

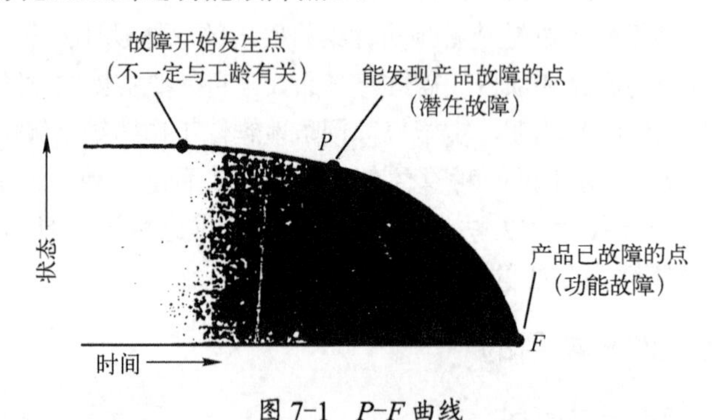

图 7-1 *P-F* 曲线

2. 按故障的可见性区分

（1）明显功能故障。明显功能故障是指其发生后正在履行正常职责的装备操作（使用）人员能够发现的功能故障。需要说明的是，“操作人员能够发现”

是指操作人员在正常操作过程中（正常职责范围内）通过机内仪表和监控设备的显示，或通过自己的感觉能够觉察出来的故障。

（2）隐蔽功能故障。隐蔽功能故障是指正常使用装备的人员不能发现的功能故障。也就是说，必须在装备停机后进行检查或测试时才能发现。可见，这里所谓的隐蔽是指“操作人员发现不了”的意思。

3．按故障的相互关系区分

（1）单个故障。单个故障有两种情况：一是独立故障，是指不是由另一产品故障引起的故障，也称原发故障；二是从属故障，是指由另一产品故障引起的故障，也称诱发故障。

（2）多重故障。多重故障是指由两个或两个以上的独立故障所组成的故障组合。它可能造成其中任一个独立故障不能单独引起的后果。也就是说，多重故障的后果相比单个故障可能要严重得多，必须对其加以预防。

7.2　RCM 分析基本原理与维修对策

7.2.1　RCM 分析基本原理

传统的确定装备维修需求的方法主要是基于相似装备的经验和现场数据统计，并没有从产品功能出发对可能发生的故障做出分析和预计。显然，这与现代装备维修发展的理念是不相符合的。因此，现代装备的维修需求必须要从装备的功能需求出发，以装备故障规律为依据系统确定其维修需求。采用 RCM 技术方法可以系统地分析产品的故障模式、原因与影响，然后有针对性地确定预防性维修工作的类型，这样把所有的预防性维修工作组合在一起形成装备的预防性维修大纲，执行这样的 RCM 大纲能够有效地避免严重故障后果的发生，从而保证装备的可靠性。

RCM 分析过程和方法是建立在如下基本原理（或观点）之上。

（1）装备的固有可靠性与安全性是由设计制造赋予的特性，有效的维修只能保持而不能提高它们。也就是说，按照 RCM 理论，如果装备的固有可靠性与安全性水平不能满足使用要求（“先天”有严重缺陷），那么只有修改设计或提高制造水平。想通过使用阶段增加维修的次数、范围和深度是不可取的。

（2）产品故障有不同的影响或后果，应采取不同的维修对策。故障后果的严重性是确定是否做预防性维修工作的重要依据。在装备使用中故障是不可避免的，但后果不尽相同，重要的是预防有严重后果的故障。故障后果是由产品的设计特性所决定的，是由设计制造而赋予的固有特性。对于复杂装备，应对可能造成安全性（包含对环境危害）、任务性和严重经济性后果的重要产品，实施预防性维修。对于非重要产品应从经济性方面加以权衡，以确定是否实施预防性维修。

（3）产品故障有不同的规律，应采取不同的维修方式和时机。具有耗损性故障规律的产品适用于进行定时拆修或更换，以预防功能故障或引起多重故障；对于无耗损性故障规律的产品，定时拆修或更换常常有害无益，更适宜于通过检查、监控，进行视情维修。

（4）预防性维修工作类型不同，实施维修时的难度与深度、消耗的资源与费用也不相同，应合理进行选择。对不同产品，应根据需要选择适用而有效的工作类型，避免“过维修”或“欠维修”，以保证在可靠性与安全性的前提下，节省维修资源与费用。

7.2.2 维修对策

按照上述 RCM 分析基本原理（或观点），对于装备故障及其影响，总的维修对策如下：

（1）根据故障后果，划分重要和非重要功能产品，以区别对待。重要产品是指其故障会有安全性、任务性或重大经济性后果的产品。对于重要产品，进行详细的维修分析，以确定预防性维修工作要求。对于非重要产品，有些可能需要一些简单的预防性维修工作，如一般目视检查等，但应将该类预防性维修工作控制在最小范围内，以使其不显著地增加总的维修费用。

（2）根据产品故障后果和原因，确定有无有效的预防性维修工作或提出更改设计的要求。对于重要产品，首先进行 FMEA，进而确定是否需做预防性维修工作。确定的准则如下：

① 若其故障有安全性或任务性后果，则必须确定有效的预防性维修工作。

② 若其故障仅有经济性后果，经济合算则做预防性维修工作。

③ 按照适用性与有效性准则，确定有无适用而有效的预防性维修工作可做。若无，则对有安全性后果的产品必须要更改设计（非主动维修对策）；对有任务性后果的产品也应更改设计。

（3）根据故障规律，确定适用的预防性维修工作类型（主动维修对策）。

1. 主动维修对策

在 RCM 分析中，主动维修对策包括 7 种预防性维修工作类型，具体如下：

（1）保养（servicing）。保养包括为保持产品的固有设计性能而进行的表面清洗、擦拭、通风、添加油液和润滑剂、充气等作业，但不包括定期检查、拆修工作。可见，这里 RCM 中的保养比我国陆军装备的保养面要窄。

（2）操作人员监控（operator monitoring）。操作人员在正常使用装备时，对装备所含产品的技术状况进行监控，其目的是发现产品的潜在故障。

（3）使用检查（operational check）。对操作人员不能发现的隐蔽功能产品，应进行专门的使用检查。使用检查是指通过按计划进行定性检查（如采用观察、演示、操作手感等方法），以确定产品能否完成其规定的功能。其目的是及时发现隐蔽功能故障。

（4）功能检测（functional check）。功能检测是指通过按计划进行定量检查，以确定产品的功能参数或状态参数指标是否在规定的限度内。其目的是及时发现潜在故障，预防功能故障发生。

（5）定时（期）拆修（restoration）。定时（期）拆修也称定期恢复，是指产品使用到规定的时间予以拆修，使其恢复到规定的状态。拆修的工作范围可以从分解后清洗直到翻修。这类工作，对不同产品的工作量及技术难度可能会有很大差别，其技术、资源要求比前述工作明显增大。通过该类工作，可有效预防具有明显耗损期的产品故障发生和后果。

（6）定时（期）报废（discard）。定时（期）报废也称定期更换，是指产品使用到规定的时间予以报废。

（7）综合工作（combination task）。综合工作是指实施上述两种或多种类型的维修工作。

采用上述方法，若没能找到一种合适的主动预防性维修工作，则应根据产品故障后果决定采取哪一种非主动维修对策。

2．非主动维修对策

非主动维修对策有两种：一是无预定维修（故障后修理），二是重新设计。

（1）无预定维修。若该故障没有安全性（和环境性）影响，并且其多重故障不影响安全和环境，这种情况下，对产品不做预防性维修，实行故障后修理。应当注意的是，此时只是表示对现有产品不实施预定维修，并不是说完全不用采取其他措施，在某些情况下，为了降低总费用，可能值得对该产品进行重新设计。

（2）重新设计。这里，重新设计是一个广义的术语。其不仅是指对产品的设计、工艺或规程进行更改，也包括对具体故障模式处理方法的训练（重新设计使用和维修人员的能力）等。对于具有安全性（或环境性）和任务性后果的产品，若没有将故障风险降到可接受水平的预防性维修工作，则必须对其进行改进。对于具有经济性后果的故障，如果没有一种技术上可行且值得做的预防性维修工作，则采用无预定维修。为降低总费用，对产品进行改进也许是需要的，这时可对其费用效果进行权衡。

7.3 RCM 分析步骤与方法

RCM 分析一般分为三部分：

（1）系统和设备的 RCM 分析。

（2）结构项目的 RCM 分析。

（3）区域检查分析。

系统和设备的 RCM 分析适用于各类装备预防性维修大纲制定，具有通用性。结构项目的 RCM 分析适用于大型复杂装备的结构部分，如陆军直升机的结构等。由于结构件一般是按损伤容限与耐久性设计而成的，对其进行专门的检查是非常重要的。区域检查分析适用于需要划区进行检查的飞机、舰船等装备。对于地面常规装备，其结构件大都是按照静强度理论设计而成的，有足够的安全系数，一般不需要进行结构项目和区域检查分析。在此仅讨论第一部分系统和设备的 RCM 分析。

7.3.1 RCM 分析所需信息

进行 RCM 分析，根据分析进程要求，应尽可能收集下述有关信息，以确保分析工作能顺利进行。

（1）产品概况，如产品的构成、功能（包含隐蔽功能）和余度等。

（2）产品的故障信息，如产品的故障模式、故障原因和影响、故障率、故障判据、潜在故障发展到功能故障的时间、功能故障和潜在故障的检测方法等。

（3）产品的维修保障信息，如维修设备、工具、备件、人力等。

（4）费用信息，如预计的研制费用、维修费用等。

（5）相似产品的上述信息。

7.3.2 RCM 分析基本步骤

RCM 的具体分析步骤如下：

（1）确定重要功能产品（项目）（funitionally significant item，FSI）。

（2）进行故障模式与影响分析（FMEA）。

（3）采用逻辑决断图确定预防性维修工作类型。

（4）确定预防性维修工作的间隔期。

（5）提出维修级别的建议。

（6）进行维修间隔期探索。

7.3.3 重要功能产品的确定

现代复杂装备是由大量的零部件组成的。若对其进行全面的 RCM 分析，工作量很大，而且也无必要。事实上，许多产品的故障对装备整体并不会产生严重的影响，这些故障发生后能够及时地加以排除即可，其故障后果往往只影响事后修理的费用，且该费用往往并不比预防性维修的费用高。因此，进行 RCM 分析时没有必要对所有的产品逐一进行分析，只有会产生严重故障后果的重要功能产品（项目）才需做详细的 RCM 分析。

重要功能产品是指其故障会有下列后果之一的产品：

（1）可能影响装备的使用安全或对环境造成重大危害。

（2）可能影响任务的完成。

（3）可能导致重大的经济损失。

（4）隐蔽功能故障与其他故障的综合可能导致上述一项或多项后果。

（5）可能有二次性后果导致上述一项或多项后果。

确定 FSI 的过程是一个比较粗略、快速且偏于保守的分析过程，不需要进行非常深入的分析。其具体方法如下：

（1）将功能系统分解为分系统、组件、部件，且直至零件，如图 7-2 所示。

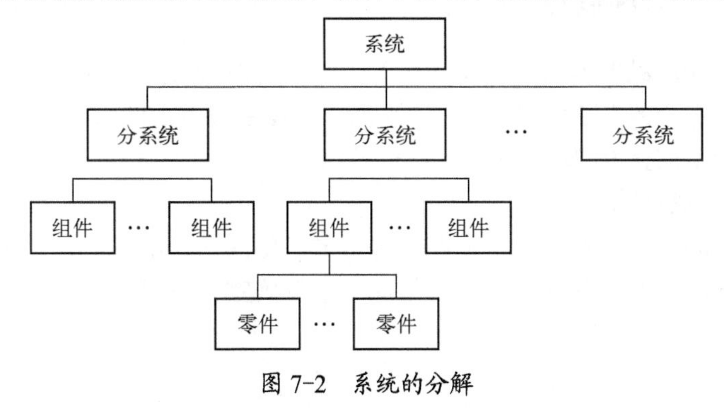

图 7-2　系统的分解

（2）沿着系统、分系统、组件和零件的次序，自上而下按产品的故障对装备使用的后果进行分析确定 FSI，直至产品的故障后果不再是严重时为止，低于该产品层次的都是非重要功能产品（non-functionally significant item，NFSI）。

FSI 的确定主要是靠工程技术人员的经验和判断力，不需进行 FMEA。当然，如果在此之前已进行了 FMEA（或 FMECA），则可直接引用其分析结果来确定 FSI。对于某些产品，如果其故障后果不能肯定，则应保守地划为 FSI。对于隐蔽功能产品，由于其故障对操作人员不明显，可能产生严重后果，因此，通常将其都作为 FSI。可参考表 7-1 确定 FSI。

表 7-1　确定重要功能产品的提问表

问题	回答	重要	不重要
该故障是否影响安全？	是	√	
	否		?
装备在功能上有余度吗？	是		?
	否	?	
该故障是否影响任务？	是	√	
	否		?
该故障是否会造成高昂的修理费用？	是	√	
	否		?

注：“√”表示可以确定，“？”表示可以考虑。在表中任一问题，如能将产品确定为 FSI，则不必再问其他问题。

7.3.4　RCM 逻辑决断图

重要功能产品的 RCM 逻辑决断分析是系统 RCM 分析的核心。通过对重要功能产品的每个故障原因进行 RCM 决断，以便寻找有效的预防措施。RCM 逻辑决断分析是依据 RCM 逻辑决断图进行的。

1. 逻辑决断图

逻辑决断图由一系列的方框和矢线组成，如图 7-3 所示。分析流程始于决断图的顶部，通过对问题回答“是”或“否”确定分析流程的方向。逻辑决断图分为两层。

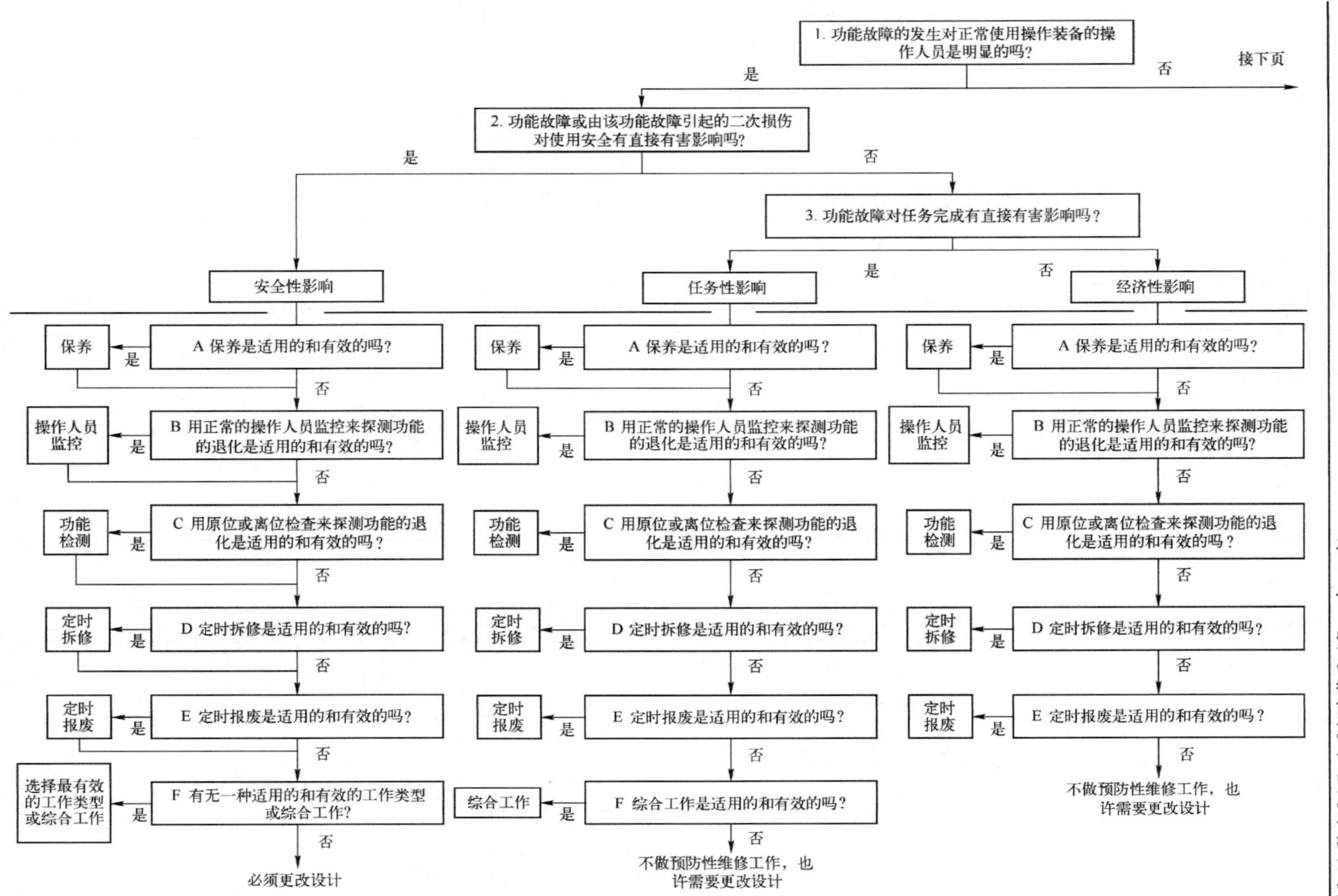

1. 功能故障的发生对正常使用操作装备的操作人员是明显的吗?
是
否
接下页
2. 功能故障或由该功能故障引起的二次损伤对使用安全有直接有害影响吗?
3. 功能故障对任务完成有直接有害影响吗?
安全性影响
任务性影响
经济性影响
A 保养是适用的和有效的吗?
B 用正常的操作人员监控来探测功能的退化是适用的和有效的吗?
C 用原位或离位检查来探测功能的退化是适用的和有效的吗?
D 定时拆修是适用的和有效的吗?
E 定时报废是适用的和有效的吗?
F 有无一种适用的和有效的工作类型或综合工作?
F 综合工作是适用的和有效的吗?
保养
操作人员监控
功能检测
定时拆修
定时报废
选择最有效的工作类型或综合工作
综合工作
必须更改设计
不做预防性维修工作，也许需要更改设计

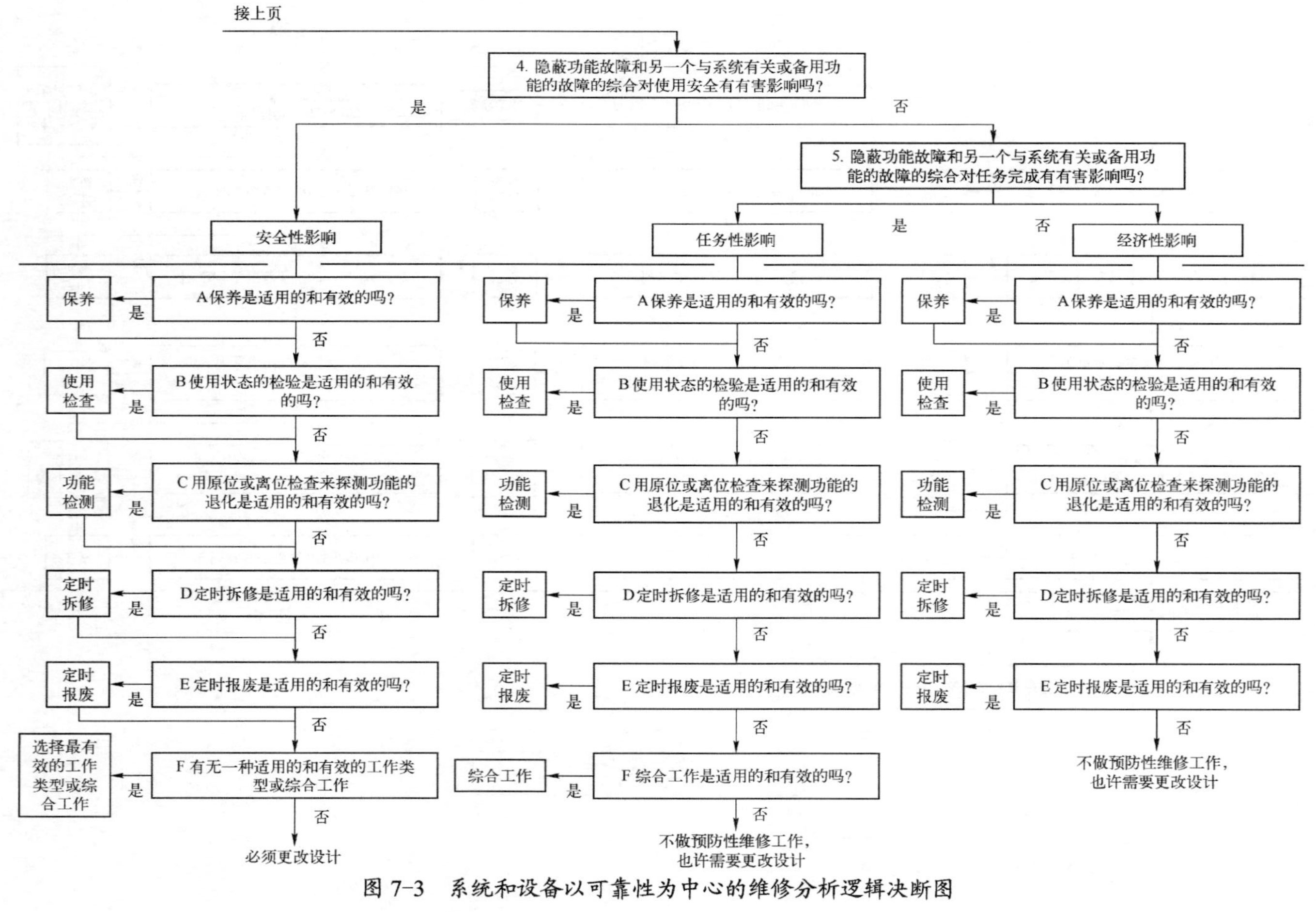

图 7-3　系统和设备以可靠性为中心的维修分析逻辑决断图

（1）第一层（问题 1～5）：确定各功能故障的影响类型。根据 FMEA 结果，对每个重要功能产品的每一个故障原因进行逻辑决断，确定其故障影响类型。功能故障的影响分为两类共 6 种，即明显的安全性、任务性、经济性影响和隐蔽的安全性、任务性和经济性影响。通过回答问题 1～5 划分故障影响类型，然后按不同的影响分支作进一步分析。

（2）第二层（问题 A～F 或 A～E）：选择维修工作类型。根据 FMEA 中各功能故障的原因，对明显和隐蔽的两类故障影响，按所需资源和技术要求由低到高选择适用而有效的维修工作类型。对于明显（或隐蔽）功能故障产品，可供选择的维修工作类型分别为保养、操作人员监控（或使用检查）、功能检测、定时拆修、定时报废和综合工作。“操作人员监控”仅适用于明显功能故障产品，“使用检查”仅适用于隐蔽功能故障产品。

对于安全性影响（含对环境的危害，尤其平时）分支，由于产品故障对使用安全有直接影响，后果较为严重，必须加以预防。因此，只要所做的预防性维修工作是有效的，就应予以选择，即必须回答全部问题，选择其中最有效的维修工作。

对于任务性影响和经济性影响分支，如果在某一个问题中所问的工作类型对预防该功能故障是适用又有效的，则不必再问以下的问题。不过该原则不用于保养工作，因为即使在理想的情况下，保养也只能延缓而不能防止故障的发生，即无论保养工作是否适用和有效均进入下一个问题。

2. RCM 决断准则

某类预防性维修工作是否可用于预防所分析的功能故障，这不仅取决于工作的适用性，而且取决于其有效性。RCM 逻辑决断是按照适用性和有效性为决断准则的。

适用性是指该类工作与产品的固有可靠性特征相适应，能够预防其功能故障。例如，对于故障率随工作时间增加而上升的产品，定时拆修、定时报废工作才是适用的。

有效性是对维修工作效果的衡量。对于有安全性和任务性影响的故障来说，是指该类工作能把故障的发生概率降低到可接受的水平；对于有经济性影响的故障来说，是指该类工作的费用少于故障的损失。

在进行 RCM 逻辑决断分析时，当信息不足难以确定工作类型时，应持保守态度进行问题回答，之后应随数据的积累将其不断加以完善。

采用暂定答案一般能保证装备的使用安全和任务能力，但有可能是选择了较保守的耗资较大的预防性维修工作，因而影响维修经济性或提出不必要的更改设计要求。所以，一旦在使用中获得必要的信息后就应及时重审暂定答案，看定得是否合适。如不合适，则重新选择适用而有效的预防性维修工作，以降低维修工作费用。

7.3.5 确定预防性维修工作的间隔期

预防性维修工作的间隔期确定比较复杂，涉及各个方面的工作。一般可以根据类似产品以往的经验和承制方对新产品维修间隔的建议，结合有经验的工程人员的判断、分析确定。

7.3.6 提出维修级别的建议

经 RCM 分析确定各重要功能产品预防性维修工作类型及其间隔期后，还应提出各项维修工作在哪级进行的建议。除特殊需要外，一般还应将维修工作确定在耗费最低的维修级别上。

7.3.7 维修间隔期探索

新装备投入使用后，应进行维修间隔期探索（或称工龄探索），即通过分析使用与维修数据、研制试验与技术手册提供的信息，确定产品的可靠性与使用时间的关系，必要时应调整产品的预防性维修工作类型及其间隔期，使得装备的预防性维修大纲不断完善、合理。

可以通过抽样对一定数量的产品进行维修间隔期探索。在进行该项工作时，应注重综合考虑以下信息：

（1）所分析产品的设计、研制与使用经验。

（2）类似产品的维修间隔期。

（3）所分析产品的抽样分析结果。

7.3.8 两点说明

1. 非重要功能产品的预防性维修工作

上述 RCM 分析工作是针对各重要的功能产品进行的，对于某些非重要功能产品也可能需要做某些简单的预防性维修工作。对于这些产品一般不需进行深入的分析，通常是根据以往类似项目的经验，确定适宜的预防性维修工作要求。但应注意进行这些工作不应显著地增加总的维修费用。工作的形式通常为机会维修和一般目视检查。机会维修是指在邻近产品或所在区域进行计划和非计划维修时趁机所做的间隔期相近的预防性维修工作。

2．预防性维修工作的组合

通过 RCM 决断确定产品的单项维修工作及其间隔期。但是，单项工作间隔期最优，并不能保证总体的工作效果最优。为了提高维修工作的效率或适应现行维修制度，可能需要把间隔期相近的一些维修工作组合在一起。组合维修工作可采用下述基本步骤：

（1）考虑现行的维修制度和费用较高的预防性维修工作，确定预定的维修工作间隔期。

（2）将分析确定的各项预防性维修工作，按间隔时间并入相邻的预定间隔期。但应注意，对于有安全性影响和任务性影响故障的预防性维修工作，所并入的预定间隔期不应长于分析得到的间隔期。组合工作及其间隔期应填入相应的维修大纲汇总表中。

（3）列出每个间隔期上的各项预防性维修工作，以落实各种维修文件。

7.4　RCM 分析示例

下面以地面火炮反后坐装置中的复进机为分析对象，给出其 RCM 分析示例。

（1）重要功能产品的确定。复进机的主要功能是在炮身后坐时消耗部分后坐能量，后坐到位后将炮身推送到原位，以及保持炮身在任何仰角都不会滑下。显然，复进机是火炮上一个重要的功能部分。从功能上分析，将复进机分成图 7-4 所示的层次。由于构造上的特点，从功能上考虑图中最底层所有产品都是重要功能产品，但多年的使用实践表明，复进机外筒和中筒一般不会出现故障，故不对其做 RCM 分析，只对其他的部件进行分析。

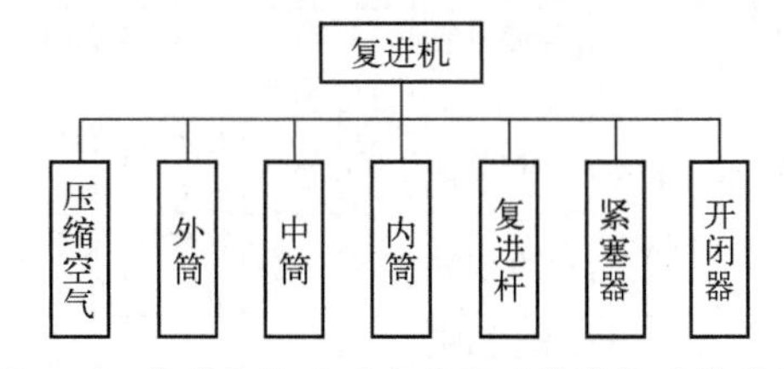

图 7-4　某型火炮反后坐装置的复进机功能层次

（2）故障模式影响分析。对划分为重要功能产品的部件进行 FMEA，其结果如表 7-2 所列。

表 7-2　故障模式和影响分析记录表

故障模式和影响分析记录表											第1页共1页	
修订号	装备型号 66-152	系统或分系统名称：复进机				制定单位、人员签名					日期	
工作单元编码		参考图号　07.08				审查单位、人员签名					日期	
产品（项目）层次		系统或分系统件号				批准单位、人员签名					日期	
产品（项目）编码	产品（项目）名称	功能及编码	故障模式及编码	故障原因及编码	任务阶段	故障影响			故障检测方法	严酷度分类	是否在最少设备清单上	备注
						局部影响	对上一层的影响	最终影响				
0321	复进机紧塞器	1 与复进杆配合密闭驻退液	A 不能密闭驻退液	1 螺帽松动	射击	漏液	后坐过长	影响射击				
				2 皮碗老化	射击	漏液	后坐过长	影响射击				
		2 使驻退液流过活瓣上的流液孔提供阻力或节制速度	A 不能提供适当阻力	1 活瓣与复进杆磨损	射击	阻力失常	后坐过长	影响射击				
		3 控制复进时流液孔的大小以保证射击稳定	A 不能保证射击稳定性	1 人为差错造成转换位置不对	射击	转换位置不对	射击不稳定	影响射击				
0322	开闭器	1 作为复进机内液体与气体的开关	A 开闭杆不能旋松	1 开闭杆与紧固螺帽锈蚀	所有阶段	不能打开开闭杆	不能进行检查	无				
			B 不能密闭液体	1 开闭杆锥部与开闭杆室贴合不良	所有阶段	漏气漏液	液气不足	影响射击				
				2 紧塞绳老化	所有阶段	漏气漏液	液气不足	影响射击				
0323	复进机内筒	1 与复进杆活塞配合密闭液体	A 不能密闭液体	1 内筒锈蚀	所有阶段	锈蚀	影响复进动作	影响射击				
				2 内筒划伤	射击	划伤	影响复进动作	影响射击				
0324	复进杆	1 与紧塞器配合密闭液体	A 不能密闭液体	1 接触部发生电化学腐蚀	所有阶段	腐蚀	漏液	影响射击				
0325	压缩空气	1 后坐时储存能量使后坐部分平稳复进	A 气压失常	1 温度变化或自然泄漏	所有阶段	气压失常	复进能量不足或过大	复进不足或过猛				

（3）逻辑决断分析。采用图 7-3 所示的 RCM 分析逻辑决断图，对每种重要功能产品的每个故障原因进行分析决断，确定相应的预防性维修工作类型及其间隔期，提出维修级别的建议，其分析结果如表 7-3 所列。

表 7-3　装备及其设备 RCM 分析记录表

系统和设备分析																									第 1 页　共 1 页			
修订号			装备型号 66-152								系统或分系统名称：复进机														制定单位、人员签号		日期	
工作单元编码			参考图号 07/08																						审查单位、人员签名		日期	
产品层次			系统或分系统件号																						批准单位、人员签名		日期	
产品编码	产品名称	故障原因编码	逻辑决断回答（Y/N）																						维修工作			
			故障影响					安全性影响						任务性影响						经济性影响								
			1	2	3	4	5	A	B	C	D	E	F	A	B	C	D	E	F	A	B	C	D	E	编号	说明	维修间隔期	维修级别
0321	复进机紧塞器	1A1	Y	N	N															N	Y	N	N	N	1	使用人员监控	射击时	
		1A2	Y	N	Y									N	N	N	N	Y	N						1	定期换紧塞绳	T=8 年或 T=400 发	基地级
		2A1	Y	N	Y									N	N	Y	N	N	N						1	检查复进杆的磨损	T=8 年	基地级
		3A1																								人为差错无法预防		
0322	开闭器	1A1	Y	N	N															N	N	N	N	N	1	不做预防性工作		
		1B1	Y	N	N															N	N	N	N	N	1	不做预防性工作		
		1B2	Y	N	N															N	N	N	N	N	1	不做预防性工作		
0323	复进机内筒	1A1	Y	N	Y									N	N	Y	N	N	N						1	检查内筒锈蚀	T=13 年	基地级
		1A2	Y	N	Y									N	N	Y	N	N	N						1	检查内筒划伤	T=8 年	基地级
0324	复进杆	1A1	Y	Y				Y	N	N	N	N	N												1	保养接触部	T=1 个月	基层级
0325	压缩空气	1A1	Y	Y				N	N	Y	N	N	N												1	检查气压	射击前	基层级

（4）维修工作的组合。从分析记录表 7-3 中可以看出，预防反后坐装置各种故障原因的工作周期，其中最短的为每月一次的“保养接触部”，最长的是使用时间达 13 年的“对复进机内筒锈蚀的检查与恢复”（功能检测），再考虑现有维修制度，制定预防性维修大纲，如表 7-4 所列。在此基础上，稍做调整和分析，形成该火炮反后坐装置中复进机的预防性维修计划，如表 7-5 所列。

表 7-4　火炮反后坐装置中的复进机预防性维修大纲汇总表

产品编码	产品名称	工作区域	工作通道	维修工作说明	间隔期	维修级别	维修工时
0321	复进机紧塞器			监控紧塞器的漏液	射击时	操作人员	
				更换紧塞绳	8 年或累计射弹 400 发	基地级	
				检测活塞复进杆磨损	8 年或累计射弹 400 发	基地级	
0323	复进机内筒			检测内筒的锈蚀	8 年	基地级	
				检测内筒的划伤	8 年	基地级	
0324	复进杆			擦拭复进杆与紧塞器的接触部	1 个月	基层级	
0325	压缩空气			检测气压	射击前	基层级	

表 7-5　火炮反后坐装置中的复进机预防性维修计划

周期	维修工作	工作说明	维修级别
每月	对复进杆与其紧塞器接触部的检查保养	人工后坐 20cm 左右，检查接触部的锈蚀情况，并用干布擦掉杆上的锈斑和脏物，然后使后坐部分恢复原位	基层级
8 年或累计射弹 400 发	对复进机进行拆修	在基地级对复进机进行分解，检查和恢复下列部位：①复进机内筒的划伤锈蚀；②活瓣与复进杆的磨损。 报废下列部位：①复进机紧塞器皮碗；②复进机开闭器内的紧塞绳	基地级
射击前	对易松动部位实施监控	射击时，操作人员应随时注意复进机紧塞器的漏液情况，一旦发现上述部位漏液超过 5 滴/min，应及时排除	使用人员

7.5　RCM 分析改进与 RCM 分析过程标准

7.5.1　RCM 分析的剪裁与改进

在实际 RCM 分析中，结合部队装备维修有关规定和现行维修作业体系，可以对 RCM 有关标准或分析方法进行有针对性的剪裁或改进。早在 20 世纪 90 年代，英国 Aladon 维修咨询公司的创始人约翰·莫布雷（John Moubray）在多年实践 RCM 的基础上出版了一部系统阐述 RCM 的专著《以可靠性为中心的维修（第 2 版）》（*Reliability-centred Maintenance，second edition*），其分析步骤和内容较美军 RCM 标准有明显区别。在“十一五”期间，笔者也曾根据约翰·莫布雷著的《以可靠性为中心的维修（第 2 版）》一书的 RCM 分析方法以及部队装备维修保障体制等，采用改进的 RCM 逻辑决断图对 70 多种军械装备进行了 RCM 分析，如图 7-5 所示。该分析流程通过对问题回答“是”或“否”以确定分析流程的方向。决断过程可分为两个层次进行：

（1）第一层（问题 H、S、O）：确定各功能故障的影响类型。故障影响分为隐蔽性、安全性、任务性和经济性 4 类。通过回答问题 H、S、O 划分故障影响类型，然后按不同的影响分支作进一步分析。

（2）第二层（问题 H0～H5、S0～S5、O0～O4、N0～N4）：选择维修工作类型。根据 FMEA 中各功能故障原因的特征、规律和后果，按所需资源和技术要求由低到高选择适用而有效的维修工作类型。对于明显功能产品，维修工作类型分为保养、使用人员监控、状态检测、定期恢复、定期更换和综合工作 6 种。对于隐蔽功能产品，维修工作类型分为保养、状态检测、定期恢复、定期更换和故障检查 5 种。

由图 7-5 可见，其所给出的预防性维修工作类型与我国陆军现行的部队装备维修工作体系不相一致。我军装备维修工作从历史来看，主要沿用苏联的装备维修作业体系，多年来主要是采用保养（分多级保养）、小修、中修、大修等，并不像美军那样维修工作类型分得那么具体。其缺点：一是保养、小修、中修的具体产品不够具体；二是修理工作的具体类型不够明确。鉴于此，笔者认为，在实际中，可以采用 RCM 决断图思路给出与现行维修作业体系相一致的工作类型，在此基础上，进一步指明具体的维修工作类型。

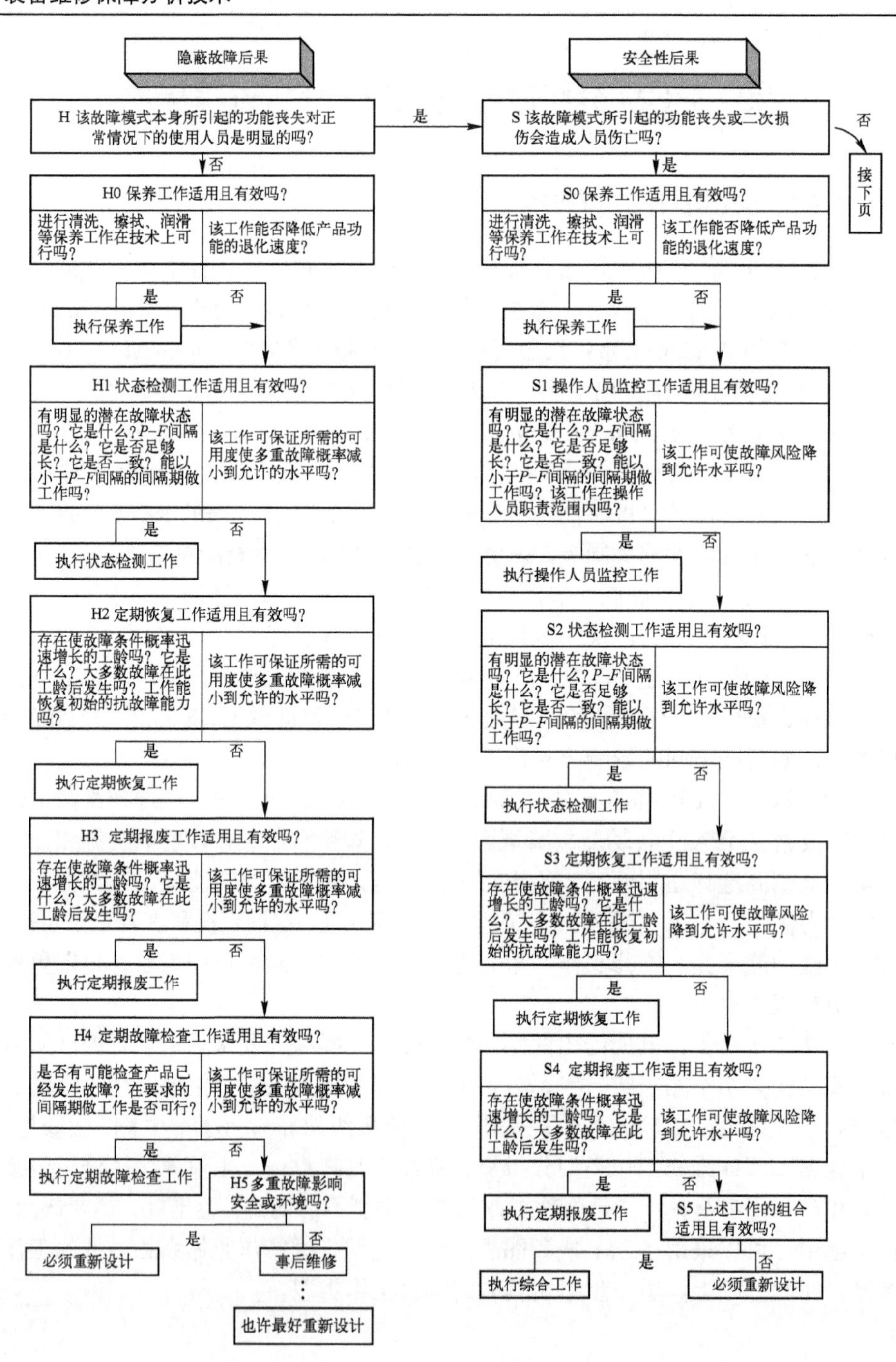

隐蔽故障后果
安全性后果
H 该故障模式本身所引起的功能丧失对正常情况下的使用人员是明显的吗？
是
否
S 该故障模式所引起的功能丧失或二次损伤会造成人员伤亡吗？
否
接下页
是
H0 保养工作适用且有效吗？
进行清洗、擦拭、润滑等保养工作在技术上可行吗？
该工作能否降低产品功能的退化速度？
是
否
执行保养工作
S0 保养工作适用且有效吗？
进行清洗、擦拭、润滑等保养工作在技术上可行吗？
该工作能否降低产品功能的退化速度？
是
否
执行保养工作
H1 状态检测工作适用且有效吗？
有明显的潜在故障状态吗？它是什么？P–F间隔是什么？它是否足够长？它是否一致？能以小于P–F间隔的间隔期做工作吗？
该工作可保证所需的可用度使多重故障概率减小到允许的水平吗？
是
否
执行状态检测工作
S1 操作人员监控工作适用且有效吗？
有明显的潜在故障状态吗？它是什么？P–F间隔是什么？它是否足够长？它是否一致？能以小于P–F间隔的间隔期做工作吗？该工作在操作人员职责范围内吗？
该工作可使故障风险降到允许水平吗？
是
否
执行操作人员监控工作
H2 定期恢复工作适用且有效吗？
存在使故障条件概率迅速增长的工龄吗？它是什么？大多数故障在此工龄后发生吗？工作能恢复初始的抗故障能力吗？
该工作可保证所需的可用度使多重故障概率减小到允许的水平吗？
是
否
执行定期恢复工作
S2 状态检测工作适用且有效吗？
有明显的潜在故障状态吗？它是什么？P–F间隔是什么？它是否足够长？它是否一致？能以小于P–F间隔的间隔期做工作吗？
该工作可使故障风险降到允许水平吗？
是
否
执行状态检测工作
H3 定期报废工作适用且有效吗？
存在使故障条件概率迅速增长的工龄吗？它是什么？大多数故障在此工龄后发生吗？
该工作可保证所需的可用度使多重故障概率减小到允许的水平吗？
是
否
执行定期报废工作
S3 定期恢复工作适用且有效吗？
存在使故障条件概率迅速增长的工龄吗？它是什么？大多数故障在此工龄后发生吗？工作能恢复初始的抗故障能力吗？
该工作可使故障风险降到允许水平吗？
是
否
执行定期恢复工作
H4 定期故障检查工作适用且有效吗？
是否有可能检查产品已经发生故障？在要求的间隔期做工作是否可行？
该工作可保证所需的可用度使多重故障概率减小到允许的水平吗？
是
否
执行定期故障检查工作
H5 多重故障影响安全或环境吗？
是
否
必须重新设计
事后维修
也许最好重新设计
S4 定期报废工作适用且有效吗？
存在使故障条件概率迅速增长的工龄吗？它是什么？大多数故障在此工龄后发生吗？
该工作可使故障风险降到允许水平吗？
是
否
执行定期报废工作
S5 上述工作的组合适用且有效吗？
是
否
执行综合工作
必须重新设计

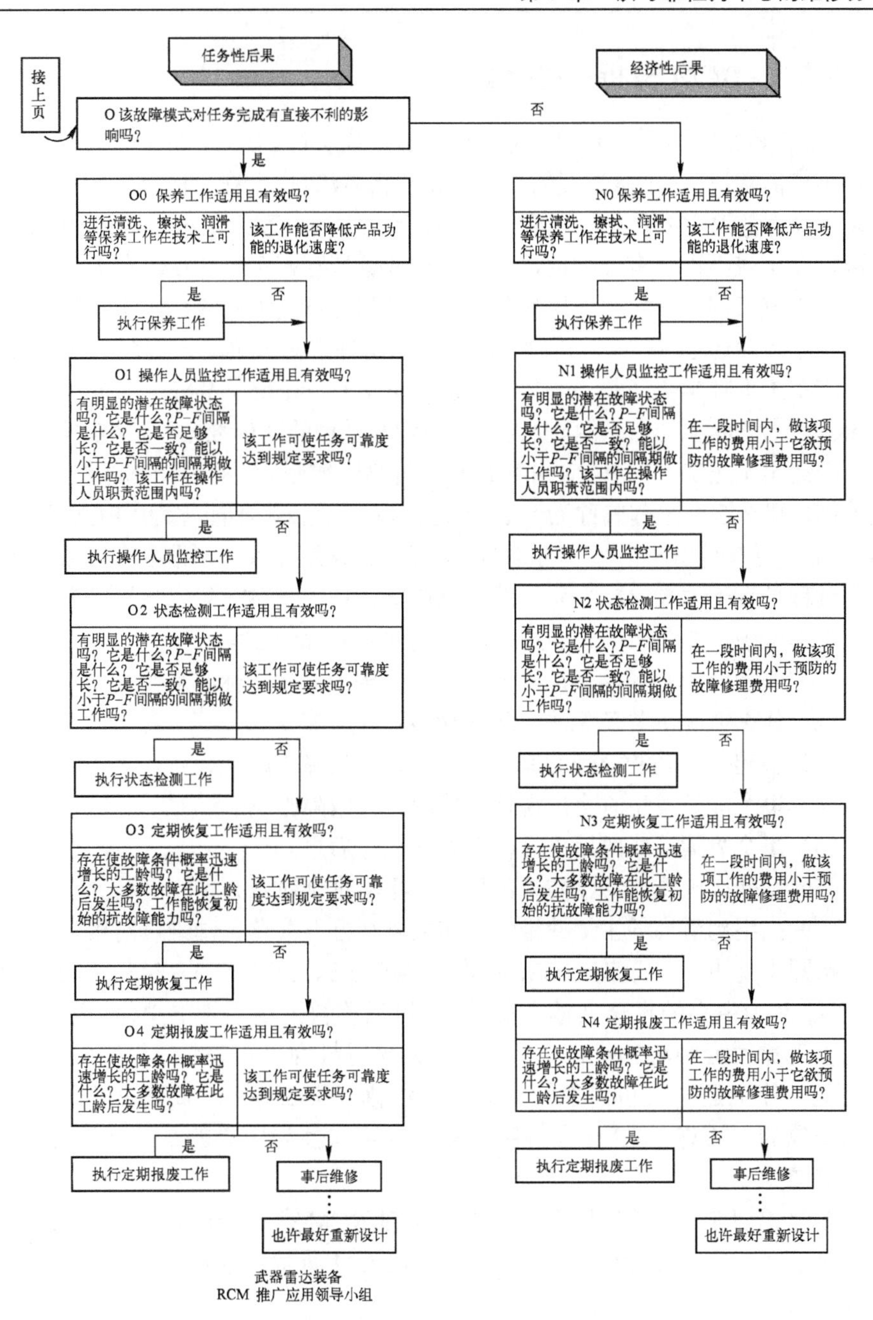

图 7–5　改进的 RCM 逻辑决断图

7.5.2 RCM 分析过程标准

RCM 是目前国际上流行的用以确定装备或设备、建筑、桥梁等有形资产预防性维修需求，优化维修制度的一种系统分析方法。由于在不同领域应用 RCM，出现了众多的 RCM 版本。在国外，1994 年美军采办政策改革后，美国的 RCM 标准被废止或不再具有强制性，而民用企业领域存在多种 RCM 版本，其分析流程也千差万别，承包商使用哪些标准才是真正意义上的 RCM 分析过程？为了确保承包商通过 RCM 分析制定的装备预防性维修大纲科学规范，1999 年，国际汽车工程师学会（Society of Auto-motive Engineers，SAE）颁布了是否属于 RCM 过程的标准《以可靠性为中心的维修过程的评审准则》（SAE JA1011），该标准给出了正确开展 RCM 分析过程应遵循的准则。如果其 RCM 过程满足这些准则，那么这个过程就称为“RCM 过程”。反之，则不能称为“RCM 过程”。JA1011 并没有给出一个标准的 RCM 过程，它只是提供了判据准则以用于判断哪些过程是真正的 RCM 过程。按照 SAE JA1011 的规定，只有保证按顺序回答了标准中所规定的 7 个问题的过程，才能称为 RCM 过程。

（1）在当前使用环境下，装备的功能及相应的性能标准是什么？（功能）

（2）什么情况下装备无法实现其功能？（故障模式）

（3）引起每个功能故障的原因是什么？（故障原因）

（4）每个故障发生时会出现什么情况？（故障影响）

（5）每个故障造成的后果是什么？（故障后果）

（6）做什么工作能够预防该故障？（主动维修对策）

（7）找不到适当的主动性维修工作应怎么办？（非主动维修对策）

按照上述准则，现有 RCM 版本中 MSG-3、MIL-STD1843、GJB1378、《以可靠性为中心的维修（第 2 版）》都可以称得上是真正的 RCM 过程，其中《以可靠性为中心的维修（第 2 版）》显得最为“正宗”，因为 SAE 标准的上述 7 个问题与《以可靠性为中心的维修（第 2 版）》书中的很多内容都是相一致的。或许 SAE 标准的制定受《以可靠性为中心的维修（第 2 版）》的影响较大。

在此说明 RCM 过程标准：一是希望对 RCM 有一个清楚的认识和判断；二是希望在实际开展 RCM 分析时有关的 RCM 剪裁或改进应确保属于 RCM 过程。

思　考　题

1．什么是 RCM 分析？什么是预防性维修大纲（preventive maintenance program，PMP）？PMP 有何用途？

2．何谓潜在故障？是不是所有产品都有潜在故障？

3．RCM 分析的一般步骤是什么？

4．RCM 逻辑决断图有什么特点？

5．什么是预防性维修工作类型的适用性准则和有效性准则？试举例说明。

第 8 章　修理级别分析

对于装备中可能故障的产品特别是重要功能产品，无论是进行修复性维修还是预防性维修，都需要确定其是否修、如何修、在哪修等一系列具体问题。修理级别分析（level of repair analysis，LORA），国外现也称为修理分析（repair analysis，RA），其正是用于分析确定这些问题的分析技术或方法。

8.1　维修级别与修理策略

8.1.1　维修级别

1．维修级别的基本概念

维修级别是指按装备维修时所处场所而划分的等级，通常是指进行维修工作的各级组织机构。各军兵种按其部署装备的数量和特性要求，在不同的维修机构配置不同的人力、物力，从而形成装备维修能力的梯次结构。

维修级别的划分是装备维修方案必须明确的首要问题。划分维修级别的主要目的和作用：一是合理区分维修任务，科学组织维修；二是合理配置维修资源，提高其使用效益；三是合理设置维修机构，提高保障效益。

2．维修级别的划分

对不同国家、不同军兵种来说，装备的维修级别是有所不同的，而且也会随着部队编制体制等变化而发生变化。一般其基本的组织结构是划分为 2 级、3 级或 4 级。例如，我国陆军目前采用的是 2 级维修（部队级和基地级），美国陆军目前采用的也是 2 级维修（野战级和支援级）。我国陆军改革前长期采用的是 3 级维修（基层级、中继级和基地级），美国陆军改革前长期采用的是 4 级维修（基层级、直接支援级、全般支援级和基地级）。

不同的维修组织设计和类型对于维修职责、维修任务、维修资源配置、维修费用、维修能力以及列装部队前的装备设计、装备保障系统规划与构建等均有重要影响。维修组织设计深受部队编制体制和装备维修保障理念的影响。例如，美国陆军自 20 世纪 40 年代以来，逐步形成并实施 4 级维修体系，其特点是，由级别较低的维修机构完成较简单的装备维修任务，当所需维修资源超出某一级别维修机构的能力时，就要进入高一级的维修机构进行修理。各维修级别成梯次配置、相互支持，形成一个闭合的装备维修保障系统。其 4 级维修体系是基于维修任务与维修能力进行的维修级别划分，其装备维修保障的理念或指导思想是"靠前维修"。进入 21 世纪，随着战争形态变化、任务需求变化、装备复杂程度显著增加、军事技术日新月异等因素的影响，美国陆军进行了一系列的改革和转型，装备维修由 4 级维修体系开始向 2 级维修体系转变，旅及以下实施的是野战级维修，维修基地、军和战区维修单位、特殊修理机构、合同商实施支援级维修。其野战级维修主要是通过更换故障部件、组件或模块使武器系统以迅速恢复到可使用状态，并交付给使用部队；支援级维修主要是负责对野战级更换下来的部组件或整装进行修理、重置和大修，然后将其返还到供应系统。其 2 级维修体系是基于部队装备的战备完好性而划分的，装备维修保障的理念或指导思想是"前方替换，后方修理"，以确保部队装备战备完好性和战时利用率达到（或满足）规定任务要求。

3．维修级别划分的原则

维修级别的划分及设置因军队编制体制及军兵种的不同可以有所不同，但划分原则是类似的。划分维修级别应以装备维修保障的高效、经济为主要目标，遵循下述原则。

（1）维修级别的划分应与装备任务及其复杂程度相适应。维修级别是实施装备维修工作的组织机构，在维修保障系统运行过程中，装备任务及其复杂程度直接制约着维修级别的划分，维修级别划分的合理与否又直接影响着装备执行任务的效果。通过分析装备作战使用需求、任务复杂程度以及所需实施的装备维修工作，合理地确定与装备任务及其复杂程度相适应的维修级别，并明确各维修级别的维修工作职责和范围，规划装备维修工作所需的各维修级别上的保障资源。

（2）维修级别的划分应与部队编成相协调。维修机构是整个部队组织机构中的重要组成部分，它受部队编成以及组织指挥体制、后勤保障体制与方式的直接制约。因此，维修级别的划分必须与部队的编成相协调，但并非层层设置维修机构。维修机构的人员、设备、设施等的规模要服从部队编成要求，要适于所编部队实施指挥与管理，要利于组织实施各项装备维修工作。

（3）维修级别的划分应与部队维修保障系统相协调。部队的维修保障系统直接制约着装备维修级别的划分。部队维修保障系统中各种资源的数量、规模和配置对装备的维修级别有着直接影响。在确定一种装备的维修级别划分时，首先应考虑与现有部队的维修保障系统相协调，与现有级别划分相一致或从中进行取舍，除非装备特性和使用要求有重大改变，否则，在一个时期内，部队维修保障系统运行中的维修级别划分将不会进行变化，保持相对稳定。

（4）在划分维修级别时应对各种影响因素进行综合权衡。影响维修级别的要素有多种，除上述三种基本要素外，装备的修理策略、装备的各种特性与要求等也对维修级别的划分有影响。各种影响要素对维修级别划分的要求一般不会完全相同，可能会产生多种划分方案，应对各种影响要素进行综合权衡，选择最为合理的方案，以确保装备维修保障系统能够良好地运行。

8.1.2 修理策略

1. 修理策略的基本概念

修理策略是指装备（产品）故障或损坏后如何修理，它规定了某种装备预定完成修理的深度和方法，不仅影响装备的设计，而且也影响装备维修保障系统的规划、建立和优化。装备或武器系统可采用的修理策略一般可分为不修复（损伤后即更换）、局部可修复和全部可修复。对于一个具体产品的修理策略则只是不修复（整体更换）和修复（原件修复包括更换其中的部分）。

（1）不修复的产品。不修复的产品是指不能通过维修恢复其规定功能或不值得修复的产品，即故障后予以报废的产品，其结构一般是模块化的，且更换费用较低。显然，对于这类产品，故障后为了便于更换，在设计中应将单元设计得容易装拆（如插入式或采用快速紧固件等）。由于单元故障后即予以废弃，因此，不需要内部的可达性、测试点、插入式组件、模块化等，这样可以使得单元的重量较轻，费用较低。由于维修只限于拆卸和更换，所以不需要维修用的检测设备，人员技能水平要求也较低，维修方法也较简单，但是应将备件储备在规定的维修级别，而备件费用和储备费用可能较高。

（2）局部可修复的产品。产品发生故障后，其中某些单元的故障可在某维修级别予以修复，而另外一些单元故障后则不修复需予以更换。局部可修复的产品有多种形式。如图 8-1 所示，单元中的混频器、驱动器部件在中继级是可修的，而电路板则在故障后是不修复的。

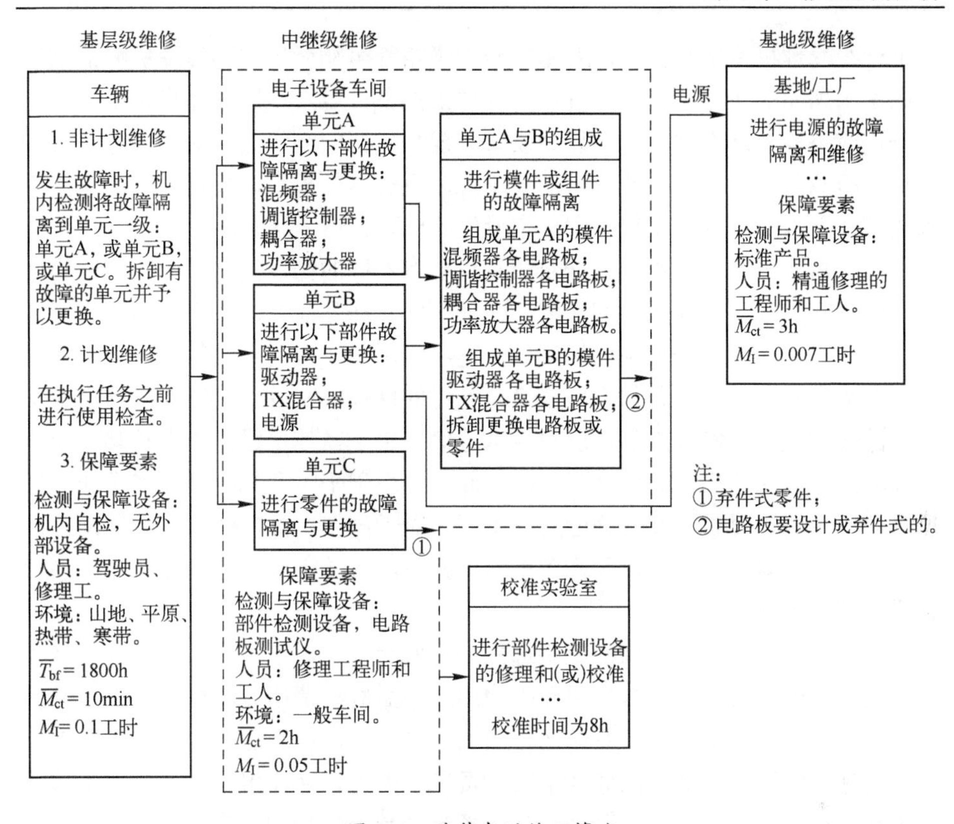

图 8-1　某装备的修理策略

（3）全部可修复的产品。如图 8-1 所示，对于基地级而言，单元 A、B 内的各个电路板都是可修复的。就检测与保障设备、备件、人员与训练、技术资料以及各种设施来说，这种策略需要大量的装备维修保障资源。

2．修理策略的选择

在选择修理策略时应注意以下几点：

（1）作战使用需求是修理策略选择的首要因素。修理策略的选择，在很大程度上取决于装备的使用（作战）要求。例如，系统的使用要求如果规定了一个非常短的平均停机时间，那么在基层级只有提供快速修复的能力才能满足该要求。由于基层级的人员技术和拥有设备的限制，因此要求装备设计能够使故障的判定既方便又正确，且判定故障后能够迅速拆卸和更换故障件。换下的故障件，若是不修复产品则予以废弃；若是可修复产品则根据修理能力由本级或送上一级修理机构进行修复。对每种修理策略都可初步确定其保障资源需求。以图 8-1 所示的策略为例，组件、部件层次的备件以及电路板储存在中继级。在基层级不需要外部的检测与保障设备。但是，在中继级应配备组件测试台和电路板检测仪。对人员技能水平的要求应联系维修效果加以规定。对于这些要求的评定，以能否为该系统确定一个最优的修理策略为准则。

（2）对同一产品，不同的维修级别可能有不同的修理策略。不同的维修级别具有不同的维修工作职责和范围，即使对同一产品而言，在不同的维修级别上也可能选择不同的修理策略。例如，基层级由于作战需求及约束，如所拥有的人员数量与水平、设备与设施规模、允许的修理时间等，可能要求修理策略将产品设计成为不修复产品；但对于基地级，由于其使用维修需求及其修理能力和特点，可能选择其为可修复产品。此外，由于平时和战时维修需求（如修理时间及经费等要求）及修理能力的不同，对于同一产品，同一维修级别也可能有不同的修理策略。在进行修理策略选择时，应从不同方面按照优先顺序对其进行综合权衡。

（3）减少资源消耗是修理策略选择的重要因素。对于现代复杂装备，修理策略选择得恰当与否对于其使用保障费用或寿命周期费用有着直接的根本性影响，这不仅会影响维修保障系统运行中人力的消耗，而且还直接影响着保障设备、设施的配置以及器材的储存策略与费用。因此，除非根据作战使用需求能明确地辨识选择何种策略，否则，从节省资源减少消耗的经济性和减少环境污染的角度选择修理策略应是主要的决策因素。

（4）“修理浮动”（repair float）是一种有效的修理策略。修理浮动拥有可修复产品和不修复产品的特长，它以保证装备战备完好性为目标，通过在各维修级别储存一定的故障产品的修理浮动量，以确保在现场能尽快使装备得以修复。当故障产品不能马上修复时，可从修理浮动中取出代替，待故障产品修复后，将其又放入修理浮动中。根据作战使用需求，可将装备的任一层次作为浮动，以保证规定要求的装备战备完好性。采用该修理策略，可以有效地吸取多个方面（如各维修级别的资源与能力、费用因素、战备完好性等）的特长，但在装备保障系统运行时，必须预先制订周密的计划。若考虑经济性因素时，则需采用优化技术和方法进行优化分析和决策。

由上可见，装备的修理策略与装备设计和维修保障资源要求有着直接的关系。在装备研制过程中，有可能对原定的修理策略进行局部调整，但是，当装备设计及其保障资源完全确定后，具体产品的修理策略，如是修复还是弃件，一般来说也就难以改变了。因此，在确立装备的维修方案时，必须首先分析装备的使用（作战）要求，并根据这些要求确定将能够保证这些要求实现的修理策略。

8.2　LORA 的目的、作用及准则

修理级别分析是针对故障的项目，按照一定的准则为其确定经济、合理的维修级别以及在该级别修理方法的过程。

8.2.1　LORA 的时机、目的和作用

在装备寿命周期中，首先是在研制过程中进行 LORA，即当装备的初始设计一经确定就要提出新装备的修理级别（LOR）建议，在装备的整个寿命周期中应根据需要对 LOR 建议进行合理的调整。因此，LORA 是一个反复进行的过程。

LORA 的目的是确定产品是否修理，以及在哪一级维修机构执行最适宜或最经济，并影响装备设计和装备维修保障系统。因此，在装备设计时就应明确如下两个基本问题：

（1）应将组成装备的设备、组件、部件设计成可修理的还是不修理的（故障后报废）？

（2）如将其设计成可修理的，应在哪一个级别上进行修理？

在这里，“修理”相对于故障后报废（不修理），并同确定的维修级别相联系。例如，经分析确定装备的某个组件在某个级别进行修理，就是说该组件在此级别上采取分解更换其中的部件或原件修复方法进行修理，而不是将组件整体更换。LORA 不仅直接确定了装备各组成部分的修理或报废的维修级别，而且还为确认装备维修所需要的保障设备、备件储存和各维修级别的人员与技术水平、训练要求等提供信息。LORA 是所建立的维修方案的细化。在装备研制的早期阶段，主要用于制订各种有效的、经济的备选维修方案。在使用阶段，则主要用于完善和修正现有的维修保障制度，提出改进建议，以降低装备的使用保障费用。因此，LORA 决策直接影响装备的寿命周期费用和硬件系统的战备完好性。

8.2.2 LORA 的准则

LORA 的准则可分为非经济性分析和经济性分析两类。

非经济性分析是在限定的约束条件下，对影响修理决策主要的非经济性因素优先进行评估的方法。非经济性因素是指那些无法用经济指标定量化或超出经济性因素的约束因素，主要考虑安全性、可行性、任务成功性、保密要求及其他战术因素等。例如，以修复时间为约束进行 LORA 就是一种非经济性修理级别分析。

经济性分析是一种收集、计算、选择与维修有关的费用，对不同修理决策的费用进行比较，以总费用最低作为决策依据的方法。进行经济性分析时需广泛收集数据，根据需要选择或建立合适的 LORA 费用模型，对所有可行的修理决策进行费用估算，通过比较，选择总费用最低的决策作为 LORA 决策。

进行 LORA 时，经济性因素和非经济性因素一般都要考虑，无论是否进行非经济性分析，都应进行以总费用最低为目标的经济性分析。

8.3 LORA 的一般步骤与方法

8.3.1 LORA 的一般步骤

实施 LORA 的流程如图 8-2 所示。

（1）划分产品层次并确定待分析产品。为了便于分析和计算，需要根据装备的结构及复杂程度对所分析的装备划分产品层次，进而确定待分析项目。较复杂的装备层次可多些，简单的装备层次可少些。例如，可将装备（坦克、火炮）划分为装备、设备或装置、零部件或元器件三个约定层次。

（2）收集资料，确定有关参数。进行 LORA 通常需要大量的输入数据，按照所选分析模型所需的数据元清单收集数据，并确定有关参数。进

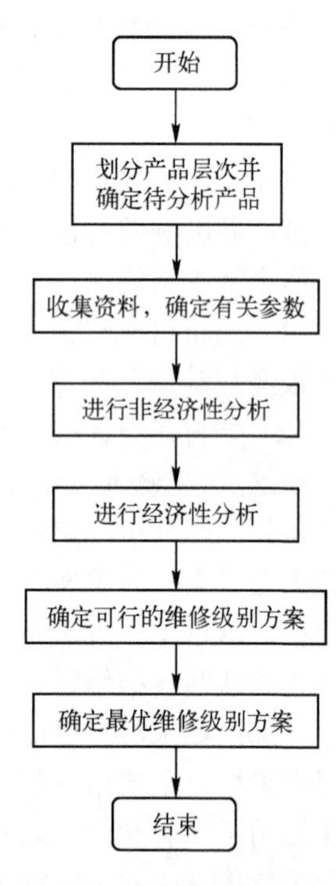

图 8-2 LORA 流程

行经济性分析常用的参数如费用现值系数、年故障产品数、修复率等。

（3）进行非经济性分析。对每一待分析产品首先应进行非经济性分析，确定合理的维修级别（基层级、中继级、基地级分别以 O、I、D 表示）；如不能确定，则需进行经济性分析，选择合理可行的维修级别或报废（以 X 表示）。在实际分析中，为了减少分析工作量，可以采用 LORA 决策树对明显可确定维修级别的产品进行筛选。

（4）进行经济性分析。利用经济性分析模型和收集的资料，定量计算产品在所有可行的维修级别上修理的有关费用，以便选择确定最佳的维修级别。

（5）确定可行的维修级别方案。根据分析结果，对所分析产品确定可行的维修级别方案编码。例如，某装备上三个修理产品可行的维修级别方案如下。

产品 1：（I，D，D_X）

产品 2：（D，D_X）

产品 3：（O，I，I_X）

这里，在不同级别报废分别用 O_X，I_X 和 D_X 表示。应当注意，在确定可行的维修级别方案时，不能把子部件分配到比它所在部件的维修级别还低的维修机构去维修；一个项目弃件（报废），其子项目也必须随之弃件（报废）。

（6）确定最优维修级别方案。根据上述确定的各可行方案，通过权衡比较，选择满足要求的最佳方案。

8.3.2　LORA 的常用方法

1. 非经济性分析方法

进行 LORA 首先应进行非经济性分析，以确定合理的维修级别。通过对影响或限制装备修理的非经济性因素进行分析，可直接确定待分析产品在哪级维修或报废。

非经济性分析常采用表 8-1 所列方式对每一待分析的产品提出问题。当回答完所有问题后，分析人员将“是”的回答及原因组合起来，然后根据“是”的回答确定初步的分配方案。不是所有问题都完全适用于被分析的产品，可通过剪裁来满足被分析产品的需要。必须指出的是，故障件或同一件上某些故障部件做出修理或报废决策时，不能仅凭非经济性分析为依据，还需分析评价其报废或修理的费用，以便使决策更为合理。

表 8-1 非经济性分析

非经济性因素	是	否	影响或限制的维修级别				限制维修级别的原因
			O	I	D	X	
安全性： 产品在特定的维修级别上修理存在危险因素（如高电压、辐射、温度、化学或有毒气体、爆炸等）吗？							
保密： 产品在特定的级别修理存在保密问题吗？							
现行的维修方案： 存在影响产品在该级别修理的规范或规定吗？							
任务成功性： 如果产品在特定的维修级别修理或报废，对任务成功性会产生不利影响吗？							
装卸、运输和运输性： 将装备从用户送往维修机构进行修理时存在任何可能有影响的装卸与运输因素（如质量、尺寸、体积、特殊装卸要求、易损性）吗？							
保障设备： ① 所需的特殊工具或测试测量设备限制在某一特定的维修级别进行修理吗？ ② 所需保障设备的有效性、机动性、尺寸或质量限制了维修级别吗？							
人力与人员： ① 在某一特定的维修级别有足够数量的维修技术人员吗？ ② 在某一级别修理或报废对现有的工作负荷会造成影响吗？							
设施： ① 对产品修理的特殊的设施要求限制了其维修级别吗？ ② 对产品修理的特殊程序（如磁微粒检查、射线检查等）限制了其维修级别吗？							
包装和储存： ① 产品的尺寸质量或体积对储存有限制性要求吗？ ② 存在特殊的计算机硬件、软件包装要求吗？							
其他因素：如对环境的危害							

2．经济性分析方法

对待分析产品通常需进行经济性分析。进行经济性分析时要考虑在装备使用期内与维修级别决策有关的费用。一般应考虑的有以下几个。

（1）备件费用。备件费用是指对待分析产品进行修理时所需的初始备件费用、备件周转费用和备件管理费用之和。备件管理费用一般用备件管理费用占备件采购费用的百分比计算。

（2）维修人力费用。维修人力费用包括与维修活动有关人员的人力费用。它等于修理待分析产品所消耗的工时（人-小时）与维修人员的小时工资的乘积。

（3）材料费用。修理待分析产品所消耗的材料费用，通常用材料费用占待分析产品的采购费用的百分比计算。

（4）保障设备费用。保障设备费用包括通用和专用保障设备的采购费用和保障设备本身的保障费用两部分。保障设备本身的保障费用可以采用保障费用因子来计算。保障费用因子是指保障设备的保障费用占保障设备采购费用的百分比。对于通用保障设备采用保障设备占用率来计算。

（5）运输与包装费用。这是指待分析产品在不同修理场所和供应场所之间进行包装与运送等所需的费用。

（6）训练费用。训练费用是指训练修理人员所消耗的费用。

（7）设施费用。设施费用是指对产品维修时所用设施的相关费用，通常用设施占用率来计算。

（8）资料费用。资料费用是指对产品修理时所需文件的费用。

LORA 需要大量的数据资料，如每一规定的维修工作类型所需的人力和器材量、待分析产品的故障数据和寿命期望值、装备上同类产品的数目、预计的修理费用（保障设备、技术文件、训练、备件等费用）、新产品价格、运输和储存费用、修理所需日历时间等。因此，从新装备论证阶段和方案阶段初期开始就应注意收集有关的数据资料。

8.4　LORA 模型

LORA 模型与装备的复杂程度、装备的类型、费用要素的划分、分析的时机等多种因素有关。在 LORA 中采用的各类分析模型有其特定的应用范围，现对如下几种常用模型进行介绍。

8.4.1　LORA 决策树

对于待分析产品，可采用图 8-3 给出的 LORA 决策树，初步确定待分析产品的维修级别。通过决策树不能明显确定的产品则采用其他模型。

分析决策树有 4 个决策点，首先从基层级分析开始。

（1）在装备上进行修理不需将故障件从装备上拆卸下来，是指一些简单的维修工作，利用随机（车、炮）工具由使用人员（或辅以修理工）执行。这类工作所需时间短，技术水平要求不高，多属于较小的故障排除工作，其工作范围和深度取决于作战使用要求赋予基层级的维修任务和条件。

将装备设计成尽量适合基层级维修是最为理想的。但是基层级维修受部队编制和作战要求（修复时间、机动性、安全等）诸多方面的约束，不可能将工作量大的维修工作都设置在基层级进行的，这就必须移到中继级修理机构和基地级修理机构进行。

（2）报废更换是指在故障发生地点将故障件报废更换新件。它取决于报废更新与修理费用权衡。这种更换性的修理工作一般是在基层级进行的，但要考虑基层级备件储存的负担。

（3）必须在基地级修理是指故障件复杂程度较高，或需要较高的修理技术水平并需要较复杂的机具设备。如果在装备设计时存在着上述修理要求，就可采用基地级修理决策，同时也应建立设计准则，尽可能地减少基地级修理的要求。

（4）如果故障件修理所需人员的技术水平要求和保障设备都是通用的，或即使是专用的但不十分复杂，那么该件的维修工作应设在中继级进行。

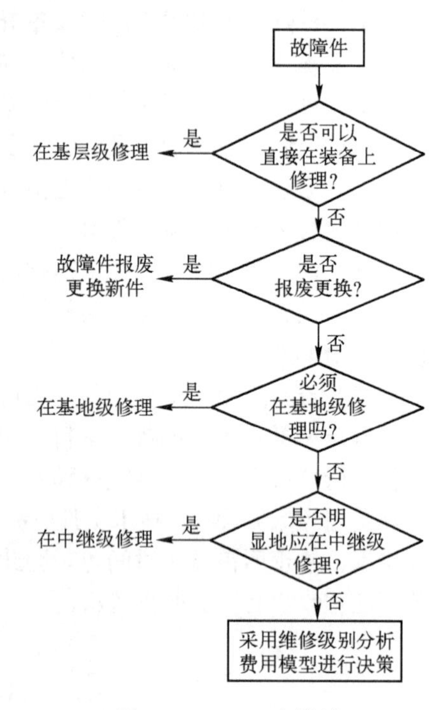

图 8-3 LORA 决策树

如果某待分析产品在中继级或基地级修理很难辨识何者优先时，则可采用经济性分析模型做出决策。应该指出，同类产品，由于故障部位和性质不同，可能有不同的维修级别决策。例如，根据统计分析，坦克减震器的修理约有 5%在基层级，20%在中继级，45%在基地级，还有 30%报废。

8.4.2 报废与修理的对比模型

在装备研制过程的早期，供 LORA 用的数据较少，因此，只能进行一定的非经济性分析和简单的费用计算。早期分析的目的是把待分析产品按照报废设计还是修理设计加以区分，以确定设计准则。

当一个产品发生故障时，将其报废可能比修复更经济，这种决策要根据修理一个产品的费用与购置一件新产品所需的相关费用的比较结果做出。式(8-1)给出了这种决策的基本原理。若该式成立，则采用报废决策。

$$(T_{bf2} / T_{bf1}) \cdot N < (L + M) / P \tag{8-1}$$

式中　T_{bf1}——新件的平均故障间隔时间；

T_{bf2}——修复件的平均故障间隔时间；

L——修复件修理所需的人力费用；

M——修复件修理所需的材料费用；

P——新件单价；

N——预先确定的可接受因子。

这里 N 是一个百分数（通常为 50%～80%），它说明了产品的修复费用所占新件费用的百分比临界值，超过这一比值则决定对其报废处理。

8.4.3 经济性分析模型

如果完成某项维修任务，对维修级别没有任何需要优先考虑的因素，则修理的经济性就是主要的决策因素，这时要分析各种与修理有关的费用，建立各级修理费用分解结构，并制定评价准则。有很多经济性分析模型，现举例进行说明。

对飞机的控制组件进行 LORA，已知参数如下：

产品名称	飞机控制组件；
单价（D）	5000 元；
每架飞机控制组件的数量（N_{qpei}）	2；
飞机总数（N）	500 架；
飞行团数（N_z）	20 个（每个飞行团 25 架飞机）；
预期寿命（T）	10 年；
预计每月飞行小时数（T_r）	20h；

平均故障间隔时间（$\overline{T}_{bf}$）　　　10h。

中继级修理模型和基地级修理模型输入信息如表 8-2 所列。

表 8-2　中继级修理模型和基地级修理模型输入信息

中继级修理			基地级修理		
费用参数	符号	数值	费用参数	符号	数值
每个团保障设备费用	C_z	100000 元/团	保障设备费用	C_{se}	50000 元
每年保障设备维修费用占其保障设备费用的百分比	R	1%	保障设备维修费用	C_{sem}	0
每个团训练费用	C_t	30000 元/团	训练费用	C_{tng}	5000 元
资料费用	C_{td}	100000 元	资料费用	C_{td}	0
修理循环时间	T_x	8 天	修理循环时间	T_x	2 月（60 天）
人力费用率	R_g	5 元/h	人力费用率	R_{gd}	12 元/h
每次储存备件费用	R_b	120 元/次	安全库存期	T_{an}	0.5 月（15 天）
每次修理的平均修理时间	$\overline{M}_{ct}$	2.5h	每次修理的平均修理时间	$\overline{M}_{ct}$	2.5h
			故障件的包装、装卸、储存和运输费用	C_p	150 元

当确定对某产品进行修理时，首先选用 LORA 决策树，考虑非经济性因素，进行维修级别决策，然后进行经济性分析。

1. LORA 决策树决策

利用图 8-3 中 LORA 决策树决策结果：

（1）60%的故障件在基层级修理。

（2）5%的故障件报废。

（3）10%的故障件必须在基地级修理。

（4）10%的故障件显然在中继级修理。

（5）15%的故障件需用 LORA 费用模型进一步决策。

2. 经济性分析

15%的故障件需用修理级别分析费用模型进行决策。先计算飞机控制组件中的月修理次数，即

$$
\begin{aligned}
N_r &= (N \times T_r / \overline{T}_{bf}) \times N_{qpei} \times 15\% \\
&= (500 \times 20 \div 10) \times 2 \times 0.15 = 300(\text{次}/\text{月})
\end{aligned}
$$

下面用修理级别分析费用模型进行计算。假设费用模型中仅考虑中继级修理（I）和基地级修理（D）。修理级别分析采用的费用模型为

$$C_{\mathrm{I}} = C_{\mathrm{se}} + C_{\mathrm{sem}} + C_{\mathrm{td}} + C_{\mathrm{tng}} + C_{\mathrm{s}} + C_{\mathrm{m}} \tag{8-2}$$

$$C_{\mathrm{D}} = C_{\mathrm{se}} + C_{\mathrm{sem}} + C_{\mathrm{td}} + C_{\mathrm{tng}} + C_{\mathrm{ss}} + C_{\mathrm{ps}} + C_{\mathrm{rp}} + C_{\mathrm{m}} \tag{8-3}$$

式中　C_{I}——中继级总费用；

C_{D}——基地级总费用；

C_{se}——保障设备费用；

C_{sem}——保障设备维修费用；

C_{td}——资料费用；

C_{tng}——训练费；

C_{ss}——库存费用；

C_{ps}——故障件的包装、装卸、储存和运输费用；

C_{s}——备件的发运和储存费用；

C_{rp}——修理件供应费用；

C_{m}——修理故障件的人力费用。

将表 8-2 中的数据代入式（8-2）和式（8-3），计算如下。

（1）中继级修理费用计算：

$$C_{\mathrm{se}} = C_{\mathrm{z}} \times N_{\mathrm{z}} = 100000 \times 20 = 2000000(\text{元})$$

$$C_{\mathrm{sem}} = C_{\mathrm{se}} \times R \times T = 2000000 \times 0.01 \times 10 = 200000(\text{元})$$

$$C_{\mathrm{td}} = 100000(\text{元})$$

$$C_{\mathrm{tng}} = C_{\mathrm{t}} \times N_{\mathrm{z}} = 30000 \times 20 = 600000(\text{元})$$

$$C_{\mathrm{s}} = R_{\mathrm{b}} \times T \times 12 \times N_{\mathrm{r}} = 120 \times 10 \times 12 \times 300 = 4320000(\text{元})$$

$$C_{\mathrm{m}} = N_{\mathrm{r}} \times T \times 12 \times R_{\mathrm{g}} \times \bar{M}_{\mathrm{ct}}$$

$$= 300 \times 10 \times 12 \times 5 \times 2.5 = 450000(\text{元})$$

（2）基地级修理费用计算：

$$C_{\mathrm{se}} = 50000(\text{元})$$

$$C_{\mathrm{sem}} = 0(\text{元})$$

$$C_{\mathrm{td}} = 0(\text{元})$$

$$C_{\mathrm{tng}} = 5000(\text{元})$$

$$C_{ss} = N_r \times T_{an} \times D = 300 \times 0.5 \times 5000 = 750000(元)$$

$$C_{ps} = N_r \times T \times 12 \times C_p = 300 \times 10 \times 12 \times 150 = 5400000(元)$$

$$C_{rp} = N_r \times T \times D = 300 \times 2 \times 5000 = 3000000(元)$$

$$C_m = N_r \times T \times 12 \times R_{gd} \times \bar{M}_{ct}$$
$$= 300 \times 10 \times 12 \times 12 \times 2.5 = 1080000(元)$$

（3）计算两种方案的总费用：

$$C_I = C_{se} + C_{sem} + C_{td} + C_{tng} + C_s + C_m$$
$$= 2000000 + 200000 + 100000 + 600000 + 4320000 + 450000 = 7670000(元)$$

$$C_D = C_{se} + C_{sem} + C_{td} + C_{tng} + C_{ss} + C_{ps} + C_{rp} + C_m$$
$$= 50000 + 0 + 0 + 5000 + 750000 + 5400000 + 3000000 + 1080000 = 10285000(元)$$

因为 $C_D > C_I$，所以这些故障件应在中继级完成修理。

思　考　题

1. 什么是维修级别？为什么应对部队装备的维修级别进行划分？
2. 试简要回答部队装备的维修级别设置应考虑的主要因素。
3. LORA 的目的是什么？其分析的基本步骤是什么？
4. LORA 中非经济性分析的主要决策因素有哪些？

第 9 章　装备战场抢修分析

装备战场抢修是战时装备保障的重要内容，没有强大的战时装备保障能力部队就不可能有持续的战斗力。尽管我军在过去的实践中积累了比较丰富的装备战场抢修经验，但是，还应清醒地看到，在当前乃至今后很长时间内，都需要持续不断地运用科学的理论方法深入研究与探索现代战争中的部队装备战场抢修问题，以有效提升并保持部队装备战场抢修的效率和能力。部队平时的实战化训练水平和战场抢修准备程度直接影响着部队装备的战场抢修能力，而装备抢修工作（任务）规划、分析、确定的正确性和适用性直接影响着平时的实战化训练水平与战时装备保障资源准备的针对性。装备战场抢修分析技术是有效解决战场抢修问题的一项重要分析技术。

9.1　概　　述

9.1.1　基本概念

1. 战场抢修

战场抢修是指在战场上运用应急诊断与修复技术，迅速地对装备进行评估，并根据需要快速修复损伤部位，使武器装备能够完成某项预定任务或实施自救的活动。外军将其称为“战场损伤评估与修复”。

战场抢修的核心内容是战场损伤评估和战场损伤修复，其中，战场损伤评估是战场损伤修复的前提和基础。战场损伤评估（battlefield damage assessment，BDA）是指装备战场损伤后，迅速判定损伤部位与程度、现场可否修复、修复时间和修复后的作战能力，确定修理场所、方法、步骤及所需保障资源的过程；战场损伤修复（battlefield damage repair，BDR）是指在战场环境中将损伤的装备迅速恢复到能执行全部或部分任务的工作状态或自救的一系列活动。

2．战场损伤

战场损伤是指装备在战场上发生的妨碍完成预定任务的战斗损伤、随机故障、耗损性故障、人为差错和偶然事故等事件。

战斗损伤是指因敌方武器装备作用而造成的装备损伤，这是装备在战场环境下所特有的损伤。其不仅包括装备的硬损伤，而且包括诸如电磁、激光、计算机病毒等造成的软损伤。由于装备战斗损伤的特殊性，所以，战斗损伤是装备战场损伤众多因素中需特别关注的重要因素。

故障是妨碍装备在战时完成预定任务的第二大因素。装备故障不仅会在平时发生，在战时同样也会发生。由于战时装备的高强度使用以及恶劣环境等，装备故障频率和后果还会明显加剧，特别是还常会出现平时难以见到的新故障模式。只有在平时高度重视使用和训练中出现的故障，并通过科学分析找出针对性对策，才能使战时装备抢修迅速、高效。

9.1.2　战场抢修与平时维修的区别

平时维修主要是预防性维修和修复性维修，而战时除这两种维修外，更需关注的是战场抢修。两者在维修目标、修理标准和方法等方面有明显不同，主要区别如下：

（1）目标不同。平时维修的目标是使装备保持和恢复到规定状态，以最低的费用满足战备要求。战场抢修的目标是使损伤装备恢复其基本功能，以最短的时间满足当前作战要求。

（2）引起修理的原因不同。平时维修主要是由装备的自然故障或耗损而引起的，故障原因、故障机理、故障模式通常是可以预见的，其他一些因素往往也有其规律性。在战时，装备除了会发生耗损性故障和疲劳损伤，更为重要的是装备会发生战斗损伤，这是战时装备修理所特有的。此外，由于装备不适于作战环境、高强度使用、人员操作差错或违反平时操作规程等因素，也会引起一些平时不会发生或很少发生的故障，这些因素在平时都是较难预见的。

（3）修理的时间要求不同。战场抢修最突出的约束因素就是时间，它要求修复工作所需时间必须在战术上合理的限度之内。显然，实施战场抢修的允许时间是有限的。

（4）修理的标准和方法不同。平时维修是根据修理手册、技术标准由规定人员按照规定的程序和方法进行的一种标准修理。战场抢修则主要是采用剪除、拆拼修理、替代等方法进行的一种非标准的应急性修理。某些应急性修理方法甚至可能对装备的部件有损害，但由于作战任务急需仍可能采用。所以，战时采用的应急性修复方法，一般仅适用于战场紧急情况下使用，并且应视作战情况、装备损伤程度、允许的修理时间、可用的人员和备件等情况来实施修理。值得说明的是，在任何情况下，只要情况允许就应首选标准修理。对损伤装备实施非标准的应急性修理，一般应在指挥员授权后进行。

（5）维修人员技术水平不同。平时维修都是由规定的、有资格的专业维修人员实施的。在战场环境下，有时不可能有专业的技术人员在场，有些应急性修理常常是由操作人员实施的。例如，电子设备的损伤，按平时的规定，一般应由级别较高的后方维修机构来实施，但战时的情况变化万千，有时不允许这样做，可能由在场的任何人员进行应急性修理。

（6）工作环境条件不同。平时维修是在和平环境下进行的，维修人员可能有进度方面的压力，但没有生命的危险，而且维修资源比较充分，必要时还可得到专家的指导，只要细心，在规定时间内修好装备是没有问题的，维修人员心理压力一般不会很大。但是在战时，由于敌人的封锁，供应保障线随时可能会被切断，加之维修资源消耗多，容易造成资源缺乏，导致未必都能采用换件修理方式。此外，在战场环境中维修人员的心理压力往往比平时大很多，致使维修差错增多，如果没有平时严格的训练，将很难完成预定的抢修任务。

（7）备件需求不同。平时维修主要是修复性维修和预防性维修，因装备故障或预防性维修而引起的备件需求和消耗具有一定的规律性。战场抢修备件需求和消耗既可能是因战斗损伤引起也可能因非战斗损伤引起。由于战斗损伤模式的特殊性和随机性，加之战时装备使用的高强度及操作人员差错等，所以战场抢修的备件需求和消耗较平时维修有显著不同。例如，美国陆军 M1 坦克某些部件平时维修与战场抢修的备件需求如表 9-1 所列。

表 9-1　M1 坦克平时维修与战场抢修备件需求

部件	平时故障/备件需求	战时损伤/备件需求
同轴电缆 7059	1	126
专用电缆 13061	0	118
…	…	…

9.1.3 战场抢修的主要特点

战场抢修以恢复装备战斗所需的基本功能为主要目的，它具有以下主要特点：

（1）抢修时间的紧迫性。现代战争具有立体化程度高、战场范围广、作战节奏快等突出特点，对装备战场抢修的时效性提出了更高的要求。战场抢修最突出的特点就是时间的紧迫，要求抢修工作必须在一定的时间限度内完成。例如，美军实施2级维修后，野战级维修时间要求小于6h，其中战场抢修时间要求小于2h；维修时间大于6h则实施支援级维修，其中，维修时间大于6h且小于24h的在基地级以下支援级维修，维修时间大于24h的在大修基地开展支援级维修。

（2）损伤模式的随机性。在战场上，装备的损伤既可能是战斗损伤又可能是非战斗损伤。由于战斗损伤和非战斗损伤模式都具有随机性，加之战斗损伤在平时的训练与使用中难以出现，使得战场抢修工作量的预计、维修保障资源的准备等较平时维修更加困难。

（3）修理方法的灵活性。由于战场环境复杂多变、时间紧迫，有时难以采用平时的技术标准和方法对损伤装备实施标准修理以恢复其所有功能。因此，战场抢修采用的是临时的应急性修理手段和方法，对损伤装备实施非标准修理，以尽快恢复其必要功能使其重返战斗。

（4）恢复状态的多样性。对于损伤装备，由于条件限制，进行战场抢修不一定能使损伤装备恢复到规定状态，采用应急性修理措施，虽然可恢复部分所需功能，却可能缩短部件及装备的寿命。因此，在紧急情况下，应视情将损伤装备恢复到下述状态之一：

① 能够担负全部作战任务，即达到或接近平时维修后的规定状态。

② 能进行战斗，即虽然性能水平有所降低，但仍能满足大多数的任务要求。

③ 能作战应急，即能执行某一项当前急需的战斗任务。

④ 能够自救，即适当恢复装备的机动性，以便能够撤离战场。

9.1.4 战场抢修在现代战争中的地位与作用

战场抢修是保持与恢复部队战斗力的重要因素。图9-1示出了战场抢修对作战坦克可用度的影响，其结果与1973年中东战争以色列军队的实践非常吻合。在战争开始的头几个小时内作战坦克损伤严重，如果不进行战场抢修，在

2 天内实际上部队即会失去战斗力。由于进行了战场抢修和部分的装备补充替换，在战场上可以一直保持最初战斗力的 70%。

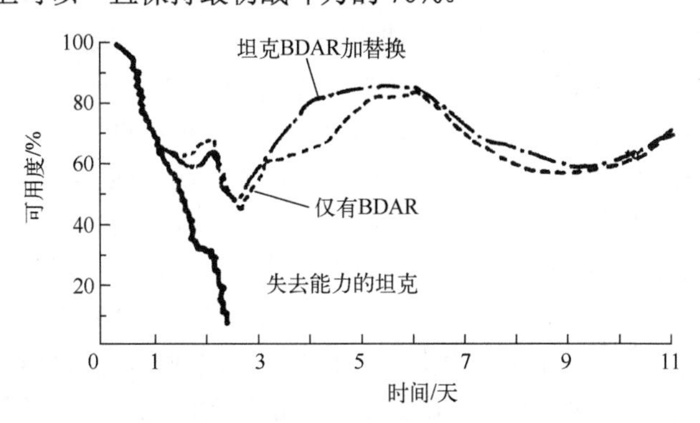

图 9-1　对作战坦克可用度的影响

在现代条件中，装备战场抢修具有更加突出的地位和重要作用。其主要原因如下：

（1）武器装备战损的比例趋于增大。在现代战争中，面对敌人陆、海、空、天多领域众多高效能武器的打击，特别是在精确打击武器的威胁下，武器装备损伤的比例明显增大，抢修任务将会更加繁重和严峻。

（2）武器装备以质量优势代替数量优势，战损对战斗力影响巨大。随着现代武器装备效能的提高，在完成某一规定任务时其数量较传统武器装备明显减少。然而，以质量优势代替数量优势的情况下，一旦装备战损对部队的战斗力影响将更大，通过装备战场抢修恢复其战斗力不但必不可少而且更为重要。

（3）在有限的战争空间和时间内对战损装备的抢修要求趋于增大。由于现代武器装备复杂程度的明显提高，在有限的被压缩的作战空间和时间内，武器装备的战损趋于严重，抢修环境则更加恶劣，抢修时间更加紧迫，抢修难度趋于增大。在平时开展战场抢修研究和训练对战时装备抢修的反应时间的影响趋于增大。能否对战损装备作出快速反应，通过战场抢修实现“战斗力再生”尤为重要。

近几十年来，一系列的局部战争和救援行动已深刻表明，装备战场抢修是部队战斗力的“倍增器”，也是实现以少胜多、以劣胜强的重要手段，这些结论对我们尤其具有借鉴意义。

9.1.5 战场抢修发展概况

在战时对损伤装备进行战场抢修由来已久。但是，引起各国军队关注并导致战场抢修理论与应用研究走向深入的则是1973年的第四次中东战争。在这次战争中，以色列和阿拉伯军队双方武器装备损失都很惨重，以军在前18h内有75%的坦克丧失了战斗能力。但是，由于他们成功地实施了坦克等武器装备的靠前修理和战场抢修，在不到24h的时间内，失去战斗能力的坦克中有80%又恢复了战斗能力，有些坦克“损坏-修复”达四五次之多。在以军修复的坦克中，还有被阿军遗弃的坦克。以色列军队出色的战场抢修，使其保持了持续的作战能力，作战武器装备对比是由少变多；而埃及、叙利亚军队可作战的装备则由多变少，最后以军实现了“以少胜多”。以军的经验和做法引起了各国军队的高度重视，从此，战场抢修成为各国军队的热门话题，开始从一种全新的角度重新认识并系统地研究战场抢修问题。

20世纪70年代中后期，美国陆军对以军战场抢修经验进行了深入研究和总结，提出了“靠前修理”，并结合陆军师改编进行了大胆的尝试。随着实践的不断深入，美军认识到：实现“靠前修理”、快速修复战损装备的问题并不是一件简单的事情，它还涉及部队的编制体制、人员训练、保障资源、装备设计等多个方面，必须综合、系统地考虑并给予全面规划，才可能有效地予以解决。与此同时，北约国家（如英国等）也对战场抢修问题进行了认真研究。英国空军于1978年制定了战场修复大纲，并在马岛之战中得到了验证。马岛之战，英国海军损失惨重，参战舰船被击沉4艘、击伤12艘。对此引起英国海军的高度重视，并开始进行战场抢修系列研究。

20世纪80年代，战场抢修研究取得了新的进展。美军全面规划了BDAR工作，建立相应机构，组织实施培训，编写BDAR手册、标准，研制抢修工具、器材，开展学术研讨，并取得了显著成效。与此同时，联邦德国军队采用作战模拟方式对BDAR进行了深入研究，再现了1973年中东战争的过程，并由此高度地肯定了BDAR在战场上的作用。1986年和1987年，联邦德国军队在德国梅彭还组织了大规模的实弹试验（并邀请美国、英国等派人参加）。通过试验，他们得出如下结论：加强装备战场损伤修复能力是北约集团战胜兵力兵器优势的华约集团的重要途径。除此之外，在试验研究中还得出两条重要结论：一是西方国家军队现役武器装备在设计上并不便于快速抢修，需要一个新的要求来约束承包商的装备设计，以便于装备战损后修复；二是为了让士兵熟悉BDAR

过程，需要进行广泛的专门训练。上述结论也被其他西方国家所认知。在 1986 年美国 R&M 年会上，美国陆军代表提出了战斗恢复力（combat resilience，CR）的概念，要求将其作为一个设计特性纳入新装备研制合同。

20 世纪 90 年代初，美国军方在战场抢修方面的前期投入，在海湾战争中得到了回报，美军成功解决了武器装备不适应海湾地区高温沙尘问题；海军在战场上抢修了严重损伤的“特里波利”和“普林斯顿”两艘军舰，并且都是在遭到损伤后 2h 内完成修复的，修复后的军舰还能担负部分作战任务，并依靠自身动力返回了前沿修理基地，以实施常规修复；空军抢修 A-10 等飞机 70 余架；陆军对导弹、坦克、火炮等装备也都不同程度地实施了 BDAR，并开展了大量维修保障工作，紧急组装了 1050 套地面维修工具和大量 BDAR 工具箱运往海湾地区。海湾战争后，成功的 BDAR 和装备维修保障工作受到了高度赞誉。与此同时，也暴露了一些需要研究解决的保障问题。此后，美军进一步深化装备战场抢修研究，1991 年，BDAR 被列为实弹试验与评价（live fire test and evaluation，LFT&E）项目中的重要内容，此后纳入 DoD 5000.2-R 中，要求武器装备研制阶段必须考虑 BDAR 问题；1992 年，美军将便携式辅助维修设备（portable maintenance aid，PMA）应用于飞机战损评估，能够辅助维修人员评估战斗机的战损程度；1995 年，出版了野战条令 FM 9-43-2《战场抢修与抢救》；1999 年，开始组织实施联合后勤训练（TWE/BDAR），将战场损伤评估与修复作为重要的训练内容。

进入 21 世纪以来，为了提高装备战场抢修能力，美军积极发展战场抢修新技术，应用快速拆拼技术、新材料及新工艺，实现装备及零部件的原位快速修复，发展现场快速再制造技术，将激光熔覆成型等技术应用于零件制造。在 2003 年伊拉克战争中，加拿大 NGRAIN 公司提供了一种基于任务的 3D 交互式战场损伤评估与修复训练系统，它的用户包括美国陆军和空军、加拿大国防部等。2003 年，美国陆军改进了装备通用战场抢修工具箱，根据装备的典型损伤模式，区分抢修任务分工，将抢修工具箱区分为维修人员用工具箱和装备使用人员用工具箱。2006 年，美军制定了 FM 4-30.31《战场抢救与抢修野战手册》（代替了 FM 9-43-2），并于 2014 年修订为陆军技术出版物 ATP 4-31《战场抢救与抢修》，阐述了装备在战场抢救与抢修的技术、方法和手段。

我军长期以劣势装备对敌优势装备作战，一贯重视研究与实施战场抢修，素有战场抢修的优良传统。在多次作战中，广大装备使用与维修人员不畏牺牲，勇于创造，积极抢修，保证了作战的胜利，积累了丰富的经验。海湾战争以后，我军积极研究现代技术特别是高技术条件下的局部战争，军械工程学院在国内率先引进并研究战斗恢复力及 BDAR 的理论与技术，并进行有关标准、手册、设备工具、组织指挥等方面的研究，战场抢修成为装备保障领域研究“热点”。海军重点研究了海湾战争中美军舰船 BDAR 的经验；空军进行了飞机战场修理研究，并于 1994 年 9 月组织了第一次飞机战场抢修实兵演习，随后研究制订了飞机战场修理研究的全面规划；二炮、装甲兵、工程兵等部门也都进行了有关装备战场抢修的研究和探讨。进入 21 世纪，战斗恢复力、BDAR 已引起全军各军兵种、各部门的高度重视，不仅针对各种实际问题开展了研究或准备，而且加强了装备战损规律、战场损伤评估、战场抢修新材料新技术、战场抢修虚拟训练等方面的研究与探索，各军兵种相继组织实施了装备战损试验，取得了丰富的研究与实践成果。

国内外几十年的战场抢修研究与实践表明，战场抢修在现代战争中具有重要地位和作用，可以概括为：战场抢修能够有效弥补战争损耗，补充战斗实力，是部队战斗力的“倍增器”。上述结论对我们尤其具有借鉴意义。进入新时代，大力开展装备战场抢修能力建设显得十分重要而紧迫，主要表现在：

（1）战场损伤评估与修复应从武器系统的全系统考虑，加强系统设计和统一规划，从装备特性、保障资源、抢修训练等方面进行系统的研究、平时准备与训练。

（2）战场损伤评估与修复应从武器装备全寿命过程入手，从装备研制、生产时就考虑未来的抢修，而不是等到装备使用后再从头开展装备战场抢修规划和能力建设。

（3）装备损伤模式由过去的“硬损伤”为主，向“软硬复合损伤”转变，特别是随着精确制导武器、电磁脉冲武器、激光武器等应用于战场，装备战场生存面临更大威胁，装备战损机理、模式和规律发生新的变化，亟须加强新型毁伤作用装备战损规律及抢修技术研究与准备。

（4）抢修对象由过去传统的机械装备为主向多种技术组成的高新装备转变，战场抢修涉及精密机械、电子、光学、材料等多种高新技术，抢修难度和复杂性显著增加，传统的机械修理模式将难以满足新的抢修需求。

（5）抢修技术由过去以各种机械或手工加工、换件等传统修理方法为主，向应用各种新技术、新工艺、新材料转变，以实现“三快”，即快速检测、快速拆卸、快速修复。例如，以信息技术发展和应用为基础的各种快速检测诊断技术和损伤评估技术，以化工技术为主的黏接、修补、捆绑、充填、堵塞等。

（6）研究方法由过去的以实战、实兵演练等为主，向“实装实打”和模拟仿真相结合转变，特别是对于一些新装备，没有战场抢修经验可借鉴，进行试验又需要很大投入，进行模拟仿真研究显得更为重要。

由此可见，在新的条件下，深入系统地开展装备战场抢修研究、抢修保障资源准备并开展针对性的训练，提升部队装备战场抢修能力是非常必要的。

9.2　战场损伤评估与修复分析

进行装备战场损伤评估与修复分析，不仅是部队开展装备战场抢修训练、准备所需抢修资源、编制相关装备战场抢修技术文件的重要基础，而且也是开展装备生存性和抢修性设计的基础。

9.2.1　BDAR 分析基本概念

战场损伤评估与修复分析是确定装备战场抢修需求的一种系统工程过程或方法。它是按照以有限的时间和资源消耗保持或恢复装备执行任务所需功能的原则，分析确定装备战场抢修要求的过程。其标志性分析结果是装备战场损伤评估与修复大纲。

装备战场损伤评估与修复大纲是关于装备战场损伤评估与修复要求的纲领性文件，它规定了 BDAR 的项目、损伤评估方法、抢修工作类型和修复对策等。BDAR 大纲是 BDAR 分析的输出信息，是编写装备 BDAR 手册、教材，开展实战化装备保障训练和准备战场抢修所需各种资源的重要依据。

9.2.2　BDAR 分析的基本观点

BDAR 分析的基本观点如下：

（1）产品（项目）的损伤或故障有不同的影响或后果，应采取不同的抢修对策。装备损伤或故障后果的严重性是确定是否修复、怎样修复的出发点。战时装备发生战场损伤或故障难以避免，但后果不尽相同，关键是应从作战需求、装备当前执行的任务、抢修可用时间和可用抢修资源等角度进行综合权衡，并确定是否需要实施战场抢修。

（2）产品（项目）损坏或故障的规律和所处条件是不同的，应采取不同的抢修方法。在战时，开展战场抢修的前提条件往往是：作战任务要求迅速恢复最低限度的功能；没有时间迅速恢复全部功能；常规修理所需的资源无法满足现行维修需求。此时，将采取应急性抢修措施进行抢修以满足当前作战任务急需，否则，就应采取常规的维修程序和方法进行装备修复性维修。由于损坏或故障规律不同，抢修所需时间也大不相同，应避免费时而效果不大的抢修，即对于不同的产品损坏或故障，应视情采取不同的抢修方法（或抢修工作类型）。

（3）抢修方法不同，其所需时间、资源、难度、对装备恢复的程度是不同的，应对其加以排序。在战时，可用时间和资源是有限的，在有限的时间内利用有限的资源使装备能够迅速投入使用是战场抢修的宗旨。因此，开展抢修应优先修复战斗急需的重要装备，优先修复那些容易修复的损伤装备，优先修复影响武器系统当前所需功能及人员安全的损伤或故障。应将抢修工作加以排序，以保证战场抢修目标的顺利实现。

9.2.3 抢修对策

按照 BDAR 分析的基本观点，对于装备战场损伤及影响，其总的抢修对策如下。

1. 划分基本项目和非基本项目

基本项目是指那些受到损伤将导致对作战任务、安全产生直接的致命性影响的项目。对于非基本项目，因其影响较小，可不做重点考虑。

2. 按照损伤（故障）后果及原因确定抢修工作或提出更改设计要求

对于基本项目，通过对其进行损坏模式影响分析（damage mode effect analysis，DMEA），确定是否需要开展战场抢修工作。其准则如下：

（1）若其损伤或故障具有安全性或任务性后果，需确定是否能够通过有效的战场抢修予以修复。

（2）应按照抢修工作可行性准则，确定有无可行的抢修工作可做，若无有效的抢修工作可做，应视情提出更改设计的要求。

3. 根据损伤（故障）规律及影响，选择抢修工作类型

在 BDAR 分析中，常用的应急性抢修工作类型有如下 7 种。

1）切换

切换（short-cut）是通过电（液、气）路转换或改接，脱开损伤部分，接通备用部分，或者将原来担负非基本功能的项目换到已损伤的基本项目中，以实现装备所需基本功能。对于机械装备，也可根据装备工作原理进行切换，如电动操作失灵，可用人工操作代替；火炮瞄准具表尺装定器损坏，可用炮目高低角装定器代替表尺装定射角；光学瞄准镜损坏，改用简易瞄准具。

2）剪除

剪除（by-passing）也称切除或旁路，即把损伤部分甩掉（或切断相关的油、气、电路），以使其不影响安全使用和基本功能项目的运行。在电子、电气设备上，对完成次要功能支路的损坏可进行切除（如将管路堵上、电路切断）。对机械类装备也可广泛采用切除方法，如枪、炮平衡机损坏后，高低机打不动时，可拆除损坏的平衡机，在瞄准时由几名炮手抬身管以打动高低机，进行高低瞄准；炮口制退器损伤变形后不能射击，可取下炮口制退器，用小号装药继续射击。

3）拆换

拆换（cannibalization）是拆卸本装备、同型装备或异型装备上的相同单元来替换损伤的单元，也称拆拼修理。例如，担负重要功能的部件损坏后，可以拆卸非重要部位的部件进行替换。战时通过对损伤装备（包括敌方遗弃的装备）进行拆拼修理，甚至可以重新组装成可用的装备。

4）替代

替代（substitution）是用性能相似或相近的单元或原材料、油液、仪表等暂时替换损伤或缺少的资源，以恢复装备的基本功能或能自救，也称为置代。替代的对象包括装备元器件、零部件、原材料、油液、仪器仪表、工具等。替代是指非标准的、应急性的，替代品的性能可以是“以高代低”，也可以是“以低代高”，只要没有安全上的直接威胁，就可以根据战场实际情况“灵活采用”。例如，用小功率发动机替代大功率的发动机工作，这可能会使装备的运转速度和载重量下降，但却能够应急使用；再如火炮的驻退机液体减少后，暂时加水代替等。

5）原件修复

原件修复（repair）是在装备损伤现场采用实用的手段恢复损伤单元的功能或部分功能，以保证装备完成当前作战任务或自救，也称为临时修复。除注重传统的清洗、清理、调校、冷热矫正、焊补焊接、加垫等技术，以及各种新材料、新技术、新工艺（如刷镀、喷涂、黏接、涂敷、等离子焊接等）应用外，还应注重那些在众多装备中普遍存在的产品（如电子电气设备、气液压系统、非金属件等）原件修复的可能性及就便的修复手段。

6）制配

制配（fabrication）是通过临时制作或加工新的零部件，来替换损伤件，以恢复装备的必要功能或自救。制配不仅适用于机械零部件损伤后的修复，同样也适用于某些电子元器件损伤后的修复。战场上可采用的制配方式有多种，主要包括：

（1）按图制配：根据损坏或丢失零件的设计图样加工所需备件。

（2）按样制配：根据样品确定尺寸、原材料并加工所需备件。若情况紧急，次要部位或不受力部位的形状和尺寸可以不予保证。

（3）无样制配：在无样品、图样时，可根据损伤件所在机构的工作原理，自行设计、制作零件，以使机构恢复工作。

7）重构

重构（reconfiguration）是系统损伤后，通过进行重组，重新构成能完成当前任务的系统。近年来，人们越来越重视系统的可重构和自修复问题，并大力开展相关理论技术研究和应用。例如，具有自修复功能的可重构卫星，在局部模块故障后，可通过在轨自重构完成备用模块与故障模块的替换，使其实现自修复；在发射卫星时，还可根据发射条件将模块化可重构的卫星调整到最佳发射构型，卫星入轨后再恢复到运行形态。由此可见，不仅单个装备可以进行重构，对于多个装备组成的更大系统（网络/体系等），重构或许也是一种常用的、重要的抢修工作类型。

上述 7 种抢修工作类型，大体上是按照如下原则排序的，即恢复功能的程度由好到差；抢修时间由短到长；抢修人员技术要求及所需资源由低到高；抢修后的负面影响（包括对人员及装备安全的潜在威胁，增加装备耗损或供应品消耗，战后按修理标准恢复装备到规定状态的难度等）由小到大。在确定损伤装备修复措施时可按上述顺序进行优选。

当然，除上述 7 种常用抢修工作类型外，还可能有多种针对具体损伤项目的抢修措施。

9.2.4 BDAR 分析的一般步骤与方法

1. BDAR 分析所需信息

进行 BDAR 分析，根据分析进程要求，应尽可能收集如下信息：

（1）装备概况。

（2）装备的作战任务及环境的详细信息。

（3）敌方威胁情况。

（4）产品战斗损伤和故障的信息。

（5）装备维修保障信息。

（6）战时可能的保障资源信息。

（7）相似装备的上述信息。

2．BDAR 分析的一般步骤

BDAR 分析的一般步骤如下：

（1）确定基本项目（basic item，BI）。

（2）FMEA/DMEA 及危害等级评定。

（3）应用 BDAR 分析逻辑决断图，确定抢修工作类型。

（4）确定抢修工作的实施条件和时机。

（5）提出维修级别的建议。

下面对其进行简要说明。

1）确定基本项目

确定基本项目的目的是找出那些一旦受到损伤将对作战任务和安全产生直接致命性影响的项目，基本项目是战场抢修的重要对象，也即基本项目是 BDAR 分析决策的研究对象。

基本项目具有如下特征：

（1）在装备中起着重要的必不可少的作用。

（2）在当前作战任务中担任主要的任务，实现其工作目的。

（3）该项目作用发生改变，将影响装备整体的变化。

满足上述三个条件之一的均属基本项目。

由前所知，在 RCM 分析中首先要确定重要项目（significant item，SI）（包括重要功能产品 FSI 和重要结构项目（significant structural item，SSI）。显然，BDAR 分析中的基本项目是 RCM 分析中的重要项目中的一部分，既有重要功能产品也有重要结构项目。相较于确定重要项目，确定基本项目的主要区别在于：确定基本项目时不再考虑经济性影响，对于任务性和安全性影响强调的是致命性的、直接的、执行作战任务中必不可少的，而重要项目的范围则要宽得多。在实际分析中，如果已经确定重要项目，那么，只需对各个重要项目做出判断，便可确定其是否属于基本项目。确定出基本项目后，应列出基本项目清单。

重要功能产品确定在前述的 RCM 分析中已经进行了介绍，有关重要结构项目的确定参见 GJB 1378A—2007《装备以可靠性为中心的维修分析》。

2）FMEA/DMEA 及危害等级评定

如前所述，战场损伤包括战场上装备发生的自然故障、战斗损伤等多个方面。所以，对战场损伤进行分析，包括故障模式影响分析（FMEA）和损坏模式影响分析（DMEA），并对损伤危害程度（等级）加以估计。其危害等级可依据损伤的影响程度和损伤出现的频率定性地确定。损伤危害等级是确定是否需要采取 BDAR 或更改设计措施的依据。

DMEA 是指通过分析装备可能出现的损坏模式及影响，以确定相应对策的一种分析技术。通过进行 DMEA，以确定装备战斗损伤所造成的损坏程度，以及因威胁机理所引起的损坏模式对武器装备执行任务功能的影响，进而有针对性地提出装备在设计、维修、操作等方面的改进措施。DMEA 也属于 FMEA 中的一种分析方法。损坏模式是指装备由于战斗损伤造成损坏的表现形式。这里的战斗损伤主要是指装备遭受到敌人的枪、炮、导弹、激光、核辐射、电磁脉冲等直接或间接作用造成的损伤、破坏。常见的损坏模式如：穿透、分离、震裂、裂缝、卡住、变形、燃烧、爆炸、击穿（电过载引起）、烧毁（敌方攻击起火导致）等。

DMEA 的主要步骤如下：

（1）威胁机理分析。威胁机理是指在战场环境下，由于敌方攻击而引起的装备重要部件损坏的所有可能条件和条件组合。武器装备在战场上的损伤是复杂多样的，敌方攻击能力、我方作战任务、自然环境因素等都是装备发生损坏的主要因素。在实施 DMEA 之前，应首先确定一种或几种典型的潜在威胁条件（如敌方攻击方式、攻击的火力等）。DMEA 应在这种典型的威胁条件下进行威胁机理分析。

（2）确定装备执行任务的基本功能。DMEA 不同于 FMEA，它不需对系统初始约定层次以下的所有产品进行，而是针对基本功能部件展开的。装备的基本功能是指任务阶段完成当前任务所必不可少的功能，如火炮、导弹武器系统在执行战斗任务中，其基本功能是发射炮弹或导弹，包含进行瞄准、将弹抛射出去以及导弹制导；车辆在其运行任务期间，基本功能包含启动、运行、转向、停止等。确定基本功能时，要根据武器装备的全部作战任务，具体地分析每项任务要求的基本功能。不仅要对装备系统层次确定其基本功能，而且要沿着装备系统级基本功能向下确定各组成单元的基本功能。

（3）确定完成基本功能的重要部件。在确定系统和各层次产品的基本功能后，还要确定完成基本功能的重要部件。重要部件是指那些对系统的基本功能和任务有重要影响的分系统或部件。为此，可利用系统简图或功能框图，逐一分析各子系统、装置、组件、部件，确定其是否为基本功能单元，直至部件。在确定是否为基本功能单元时，以下准则是有用的：

① 凡上层次产品是非基本功能产品，所有的下层次产品都是非基本功能产品。

② 凡下层次产品是基本功能产品，其上层次产品都是基本功能产品。

（4）分析损坏模式及其影响。对各基本项目进行 DMEA，列出各自可能的损坏模式。应通过对每一分系统、组件或零件的分析，确定由于它们暴露于特定的威胁性作用过程而造成的所有可能的损坏模式。然后，分析其对自身、上一层次和最终影响。损坏影响是指每种可能的损坏模式对产品的使用、功能或状态所导致的后果。除被分析的产品约定层次外，所分析的损坏模式还可能影响几个约定层次。因此，应评价每一损坏模式对局部的、高一层次的和最终的影响。应当注意，这种影响只是对基本功能的影响，不需要考虑对非基本功能的影响。在确定最终影响时，应重视“多重损坏”的影响，即两个（或以上）损坏模式共同作用的影响。

（5）提出对策建议。根据 DMEA 的结果，分析研究预防、减轻、修复损伤的对策，提出从装备设计和维修保障（抢修）资源方面的建议。

进行 DMEA 通常采用填写表格的方法，如表 9-2 所列。

表 9-2　损坏模式及影响分析表

初始约定层次　　　　任　务　　　　审核　　　　第　页，共　页

约定层次　　　　分析人员　　　　批准　　　　填表日期

代码	产品或功能标志	功能	任务阶段与工作方式	损坏模式	严酷度类别	损坏影响			备注
						局部影响	高一层影响	最终影响	
（1）	（2）	（3）	（4）	（5）	（6）	（7）	（8）	（9）	（10）

3）应用 BDAR 分析逻辑决断图，确定抢修工作类型

以 FMEA/DMEA 结果为输入，针对基本功能项目的各种故障/损坏模式，应用图 9-2 中的逻辑决断图，通过回答一系列具体问题，分析战场抢修工作类型的适用性和有效性，确定各种损伤事件的应急修复方法和步骤；对于没有适用的和有效的战场抢修工作类型的项目，应根据其对装备执行任务和安全的影响程度，确定是否更改设计。

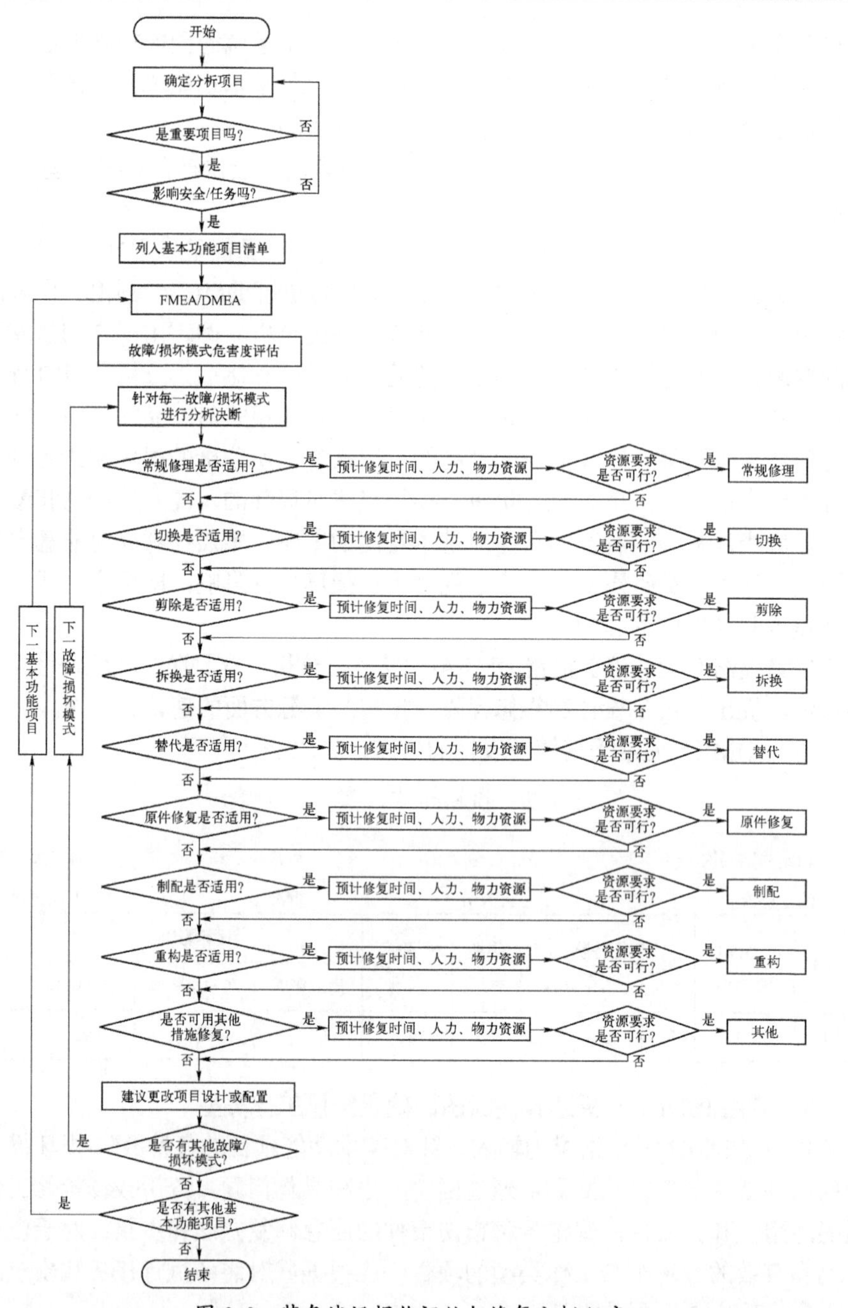

图 9-2　装备战场损伤评估与修复分析程序

对抢修工作类型的选择，不但要考察其修复可能性（即 BDAR 分析逻辑决断图中的问题框），而且要评估其资源要求的可行性。为此，针对具体基本功能项目的抢修工作，应预计所需的时间、人力、器材、设备工具等，并对抢修工作的可行性做出决策。判断抢修工作可行性的准则如下：

（1）抢修时间在允许范围内。应根据装备的配备、使用特点和作战任务等情况确定战场抢修允许时间。

（2）所需的人力及技术要求应是战场条件下所能达到的。

（3）所需的物资器材应是装备使用现场所能获得的，或者至少是在抢修时间允许范围内可获得的。

如果不能找到可行的抢修工作类型，则应提出更改装备设计的建议。对于危害等级高的项目更应如此。这类建议可能是：增加冗余或备件，调整基本功能项目的位置，以减少其被破坏的概率或使之可达，实现该项目的机内检测等。

4）确定抢修工作的实施条件和时机

通过 BDAR 分析逻辑决断确定了抢修工作类型后，还应确定该类型工作实施的条件和时机。因为上述应急抢修工作是战时对损伤装备抢修的权宜之计，在和平时期是不允许的。此外，还应指明：一是实施上述抢修工作之前，可否推迟抢修而继续使用；二是继续使用可能造成的后果；三是实施上述抢修工作后，在装备使用中有无限制或约束，以及可能带来的影响和后果。

5）提出维修级别的建议

对于每一基本功能项目确定了抢修工作类型及其实施条件、时机后，还应根据部队编制体制、装备战术使用、预计的敌对环境情况等，提出维修级别的建议。例如，哪些基本功能项目受到损伤后应当回收或后送装备，应在什么级别上进行抢修、测试等。

9.3　装备战场损伤评估程序与方法

战场损伤评估是指装备战场损伤后，迅速判定损伤部位与程度、现场可否修复、修复时间和修复后的作战能力，确定修理场所、方法、步骤及所需保障资源的过程。战场损伤评估的实质是对损伤装备进行战场抢修技术决策的过程，是战场损伤修复的前提和基础。战斗中，当装备遭到战损时，应由维修人员与使用人员配合对受损装备进行损伤评估，以确定是否修复和如何修复损伤装备。对装备战场损伤评估不及时、不准确，不仅会造成有限的抢修资源的严重浪费，而且还可能会丧失装备重返战场的机会，进而贻误战机。

9.3.1 装备战场损伤评估的内容

装备战场损伤评估的主要内容如下：

（1）损伤部位、程度及对装备完成当前任务的影响。

（2）损伤是否需要现场或后送修复。

（3）损伤修复的先后顺序。

（4）在何处进行修复，即装备的修理场所。

（5）如何进行修复，即装备的修理方法和步骤。

（6）所需保障资源，包括人力、时间、器材、设备工具等。

（7）修复后装备的作战能力和使用限制等。

9.3.2 装备战场损伤评估的程序

对于具体型号装备，战场损伤评估的程序可分为判明损伤部位、继续使用决断和抢救抢修决断三步，如图 9-3 所示。

1．判明损伤部位

对于损伤装备，应按照由表及里、由外到内、由物理损伤到功能损伤的过程进行损伤检查和定位。先查看装备的外在损伤情况，必要时借助必要的设备工具对装备内部损伤部位再进行深入检查和判断，确定装备系统的损伤影响和后果，为损伤修复决策提供依据。常用的损伤检查检测方法包括：

（1）外观检查。深入细致地观察并确定装备各种损伤现象，不仅可以减少损伤检测与定位的时间，而且对于提高损伤修复效率具有重要作用。因此，装备一旦发生损伤，就应由装备使用人员在第一时间对受损装备实施评估。通过初步的外观检查，主要明确如下问题：在损伤现场是否满足损伤评估的安全性要求；是否需要立即向上级请示；损伤装备能否依靠自身动力继续行驶；损伤修复措施能否恢复装备当前所需的必要功能或自救能力。

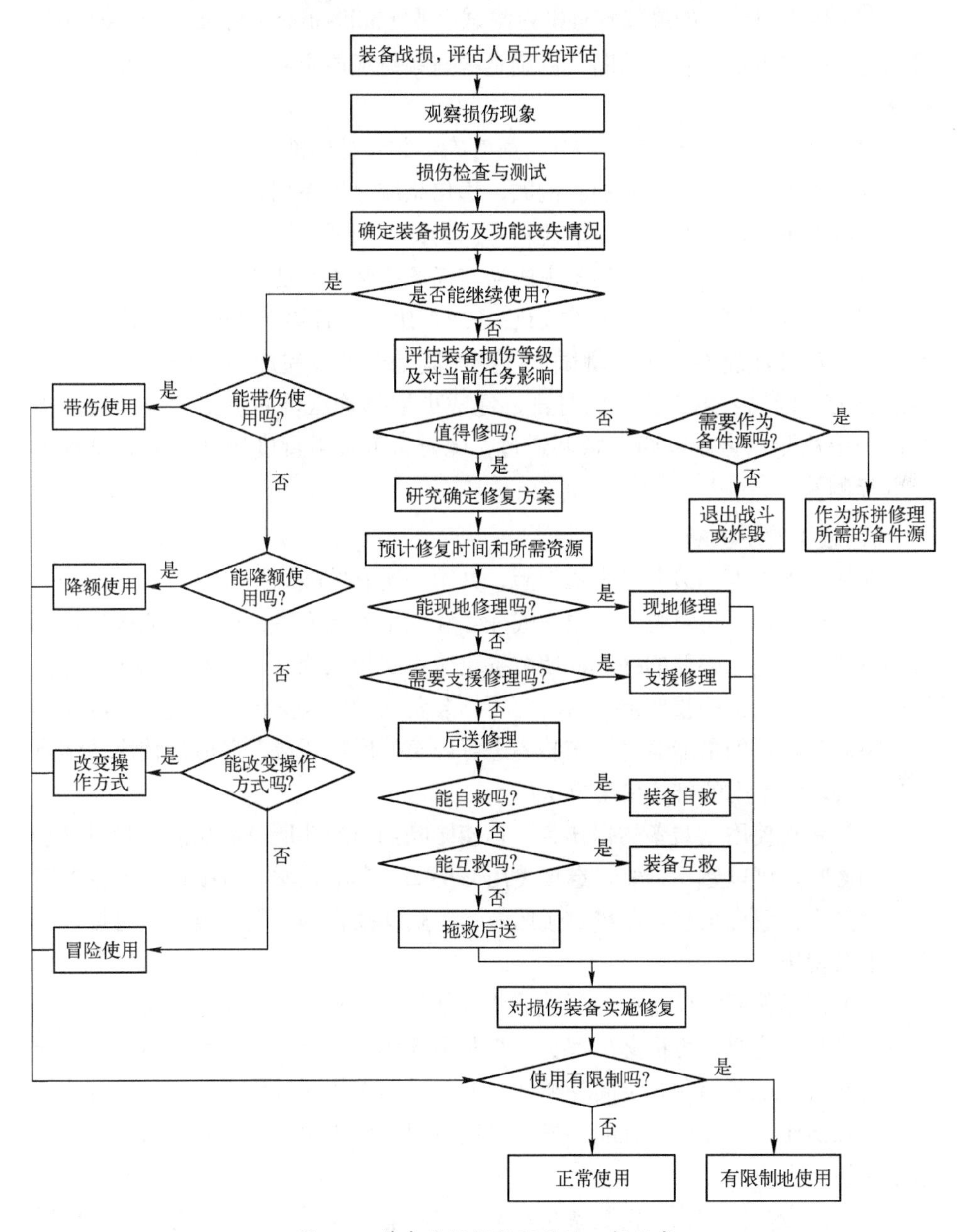

图 9-3　装备战场损伤评估的一般程序

（2）装备自检。如果装备有机内测试设备（built-in test equipment，BITE），可以对受损装备进行自我诊断，以确定哪些系统还能正常工作，哪些部件已经损伤。

（3）使用检查。通过装备自检，虽可确定装备功能部件是否能够正常使用，但并不代表系统功能是完好的。例如，通信系统可以使用，但是频段受限；转向系统能够工作，但是装备不能急转弯。为此，必要时还需对装备做进一步的使用检查，以确定装备是否具备完成当前任务所必需的功能。

（4）性能测试。对于某些复杂装备或部组件，需要借助一定的检测设备和工具，对其性能参数进行测试，以判断其是否具有完成当前作战任务所必要的能力。例如，由于弹片的打击，造成火炮身管压坑并发生膛内凸起，需要进一步检测是否影响弹丸顺利通过，此时，可采用直度径规对火炮身管内径进行测量。

2．继续使用决断

在战场条件下，装备发生损伤后，并不是所有的战场损伤都需要立即进行抢修。如果战场损伤对装备完成作战任务和使用安全无多大影响，应根据指挥员的决策，只进行必要的处理，使装备迅速再次投入战斗，而不必立即修理。所以，当判明装备的损伤部位后，应根据装备的功能丧失情况，进行“继续使用”决断分析。如果能够对损伤装备进行应急使用，还应明确应急使用的注意事项和要求。常用的继续使用方法如下：

（1）带伤使用。装备的损伤若不直接影响当前战斗所需的功能，且对安全无大的影响，可以暂不抢修，继续使用。例如，车辆轮胎漏气损伤，不影响飞行安全的飞机蒙皮损伤，不影响舰船航行的船体损伤等，紧急情况下可推迟修理而继续使用。

（2）降额使用。装备损伤后其战斗性能往往会降低，只要不危及安全，在战场上或紧急情况下可根据指挥员的决断继续使用。例如，多管火箭炮在损伤几个定向管后还可用剩余定向管继续发射，虽然杀伤区域变小了，但仍可起到一定的毁伤作用。飞机、舰船、车辆等装备损伤后继续减速行驶的情况也是经常采用的。

（3）改变操作方式。当装备某些必要的功能丧失后，如果能通过改变使用方法找到替代功能的措施，使其继续战斗，就不必立即修理。例如，自动操作方式失灵，可用人工操作方式代替；火炮瞄准具损伤后，可用膛中瞄准、目视测距、象限仪装定等继续射击；飞机、舰船自动驾驶损伤后改用人工操作方式。

（4）冒险使用。装备的某些部件损坏后，继续使用具有一定危险，在平时必须停止使用。但在战时紧急情况下，如果经采取必要的安全措施（如人员暂时疏散等）后，也可不作其他处理而继续使用。例如，某些保险、监控装置损坏，可能带来潜在的危险，在紧急情况下，采取疏散人员等安全措施后，也可继续使用；火炮炮闩保险器损坏，在确认炮闩无自动击发现象后，可取下保险器继续射击。

3. 抢救抢修决断

如果受损装备不能应急使用，应综合考虑装备损伤情况，科学地确定战场损伤修复方法和修复后的使用限制，并准确预计修复所需时间和资源。进而确定是在现场修理，或是需要支援修理，还是后送修理。对于需要后送的损伤装备，进一步判断进行自救、互救，还是拖救。最后，对损伤装备修复完成后，如果修复装备有使用限制，进一步明确装备使用操作的注意事项。

9.3.3 装备战场损伤评估的方法

对于具体装备的战场损伤评估，也可进一步分为系统损伤评估和重要部件损伤评估。

系统损伤评估是一个较为复杂的逻辑决断过程，具体形式取决于装备的结构及其功能的复杂程度。图 9-4 给出了一个某装备战场损伤评估流程，评估人员可根据评估流程逐步检查、判断，直到做出评估结论为止。

重要部件损伤评估是根据具体型号装备完成某项任务所需的必要功能进行的。评估程序的具体格式可采用评估表（表 9-3）或流程图（其形式和图 9-4 相似）。

装备战场损伤评估既重要又困难，通常应当由熟悉装备、有实践经验的损伤评估人员进行，损伤评估结果还应报告指挥员并做出决策。

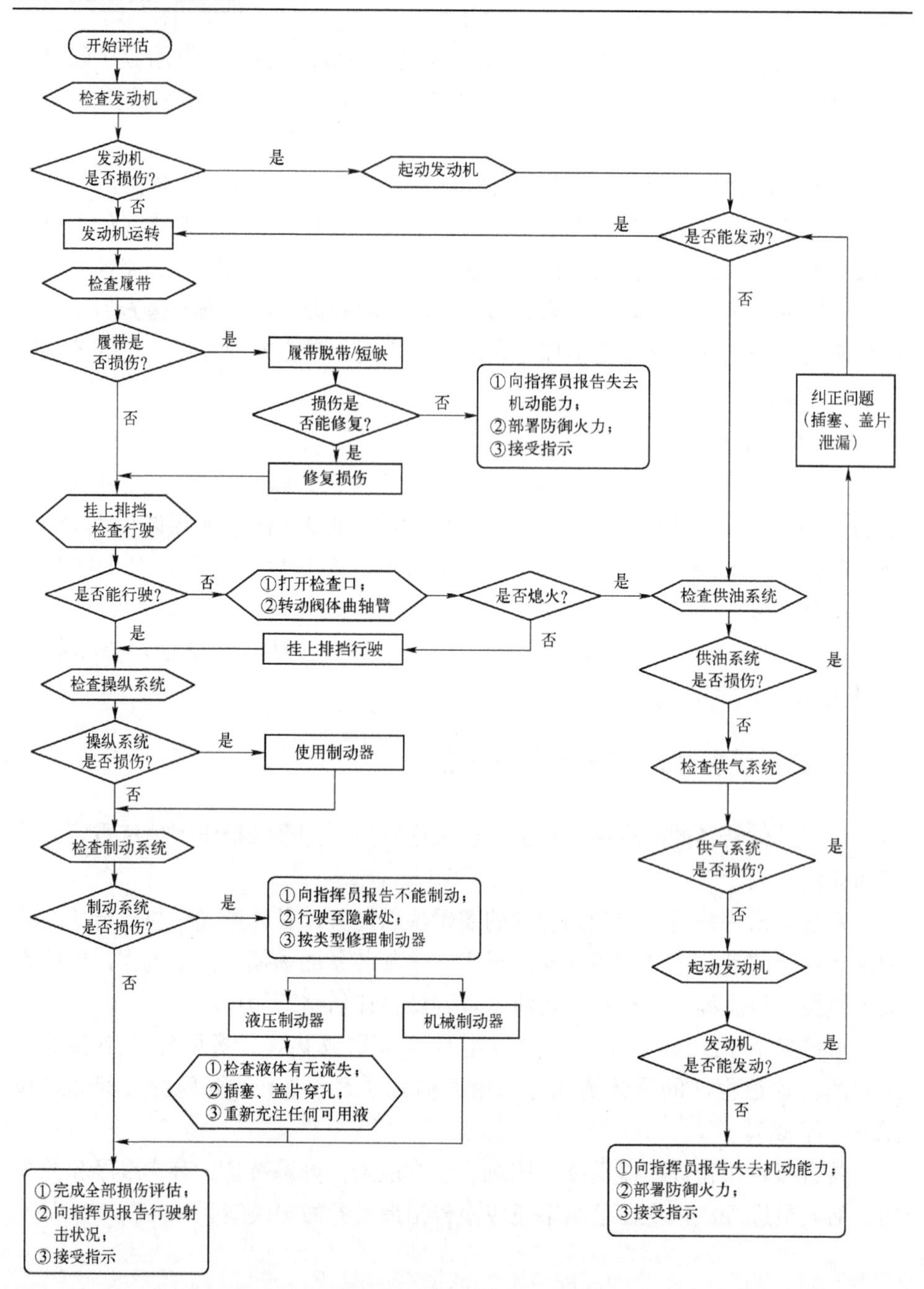

图 9-4　装备损伤评估流程示例

表 9-3　某榴弹炮机动性损伤评估

序号	项目	项目损伤时的处理方法
1	大架是否能动作	若为“否”，则提出处理或修复的方法
2	高低机是否运转灵活	若为“否”，则提出处理或修复的方法
3	方向机是否运转灵活	若为“否”，则提出处理或修复的方法
4	车轮是否完好	若为“否”，则提出处理或修复的方法
5	缓冲器是否完好	若为“否”，则提出处理或修复的方法
6	制动器是否能制动	若为“否”，则提出处理或修复的方法

9.4　装备战场损伤应急处理与修复方法

9.4.1　装备战场损伤应急处理方法

在战场上当装备发生战场损伤后，首先应进行损伤评估，确定损伤部位，决定是否进行抢修。经损伤评估后其结果并不是都要进行应急抢修。在战场上或紧急情况下，根据指挥员的决策，对于那些不影响装备完成当前任务和安全或影响比较小时，不一定立即实施应急抢修，只需进行必要的应急处理，以使损伤装备迅速投入战斗。常用的装备战场损伤应急处理方法有以下几种。

1. 带伤使用

装备的损伤若不直接影响当前战斗所需的功能，并且对安全无多大的影响，可以暂时不进行应急抢修，继续使用。例如，车辆轮胎漏气等，紧急情况下可以推迟修理，继续使用。

2. 降额使用

装备受到损伤后，其战斗性能可能会降低，此时，只要不危及安全，在战场上或紧急情况下可以根据指挥员的决断继续使用。例如，多管火箭炮在损伤几个定向管后，还可以用剩余的定向管继续发射，虽然装备的杀伤区域减少了，但仍可起到一定的杀伤作用。

3. 改变操作方式

装备受到损伤后，可能丧失某些必要的功能。如果能通过改变使用方式找到替代功能的措施使装备继续战斗，那么就不必立即实施修理。例如，装备的电动操作失灵，可用人工操作方式进行代替；火炮瞄准具损坏，可用膛中瞄准、目视测距、象限仪装定等继续射击。

4. 冒险使用

装备中某些部组件损坏后，若继续使用会有一定的危险，这在平时是必须停止使用的。在战场上或紧急情况下，经采取必要的安全措施（如人员暂时疏散等）后，可以不做其他处理继续使用。

9.4.2 典型损伤模式应急修复方法

最常用的战场抢修工作类型已在 9.2 节进行了讨论。在此，就机械装备和电子装备的典型损伤模式应急修复方法介绍如下。

1. 机械装备典型损伤模式应急修复方法

1）漏气、漏液

漏气、漏液是装备中盛气、盛液装置的接头、管道、箱体、开关等零部件的常见损伤模式。漏气、漏液直接影响装备的作战或行军甚至安全。

战场上修复漏气、漏液的方法应在损伤评估后确定，在评估时应确定现象、找出部位、查明原因。确定现象就是确定是渗漏还是泄漏，找出部位要明确，是管道漏还是箱体漏；是接头漏还是开关漏。查明原因就是弄清是裂缝还是破孔，是接头未旋紧还是接头损坏，或是密封零部件失效。显然，不同的损伤现象应用不同的抢修方法。

对于接头松动旋紧即可；接头损伤可考虑切换、剪除、拆换或原件修复的方法；还可选择技术和性能均比较成熟的纯聚四氟乙烯密封带进行缠绕修复。

箱体或管道裂缝会引起渗漏，轻微渗漏不影响装备完成基本功能，可不予修理，严重时可用肥皂或黏性较大的泥土堵塞裂缝，作为应急修理措施。堵漏的新材料，如水箱止漏剂、易修衬胶泥等。水箱止漏剂专门用于水箱渗漏，止漏时间仅需 3min，固化时间需 36～48h，固化后可保持 1 年不漏。易修补胶泥适用于对钢、铝等部件的破孔、碎裂、穿透等损伤进行快速和永久性修补。这种胶固化时间需 5～10min，固化强度高，硬如钢铁，而且结合牢固。

破孔是漏气、漏液最严重的原因，应进行及时修理。对于平面内的破孔（如水箱、油箱上的破孔）可用易修补胶泥补孔，破孔小于 15mm 可直接用易修补胶泥填补，破孔大于 15mm 可先制作一盖片或镶料，将破孔盖上或堵上后再进行修理；管道上的破孔除使用易修补胶泥外，还可使用前面提到的密封带（或石棉或塑料布等）缠于管道上，再用合适管箍（或铁丝）夹住密封带后旋紧止漏；还可以将管道有破孔处切掉，然后用管箍和备用管子重新连一新管道，达到抢修的目的。轮胎上出现破孔应立即修复，目前市场上出售的自动补胎充气剂可实现破孔轮胎的快速抢修。

2）磨损

战场上的武器装备，由于使用强度大，加之战场环境恶劣，会加速零件磨损。磨损会造成间隙过大，通常可分为轴向间隙过大和径向间隙过大。轴向间隙过大可采取加垫方法修复，用铁皮或钢皮制作一垫片加于适当位置，减少轴向间隙；径向间隙过大修复较难，可采用刷镀或喷焊方法修复。

连接松动是战时装备经常出现的一种故障现象，其主要原因是连接件磨损，还有像振动、零件老化等因素。对于连接松动的修复，可选择目前市场上流行的具有锁紧功能的有机制品（如锁固密封剂）来修复。锁固密封剂属厌氧胶200 系列，黏度低，渗透性好，强度中等，最大填充间隙 0.25mm，固化后具有较好的机械性能。使用时先用超级清洗剂或汽油对密封与胶黏的表面清洁除油，然后涂胶结合，室温下 10min 可初步固化，24h 达到最大强度，是一种快速理想的修复连接松动的物质。战场条件下，若缺乏锁固密封剂，可采用简易方法进行修复。例如，缠丝修复，将密封带（或麻丝或棉纱）缠于外螺纹上，旋紧螺帽，也可起到防松作用。

3）变形

装备受损后零件的变形是多种多样的，如弯曲、扭转等。零件变形后会影响机构动作，导致装备功能丧失，战场条件下必须进行抢修。通过损伤评估，确定零件变形种类，根据变形种类选择适当的修复方法。

对于弯曲变形较小的零件，可采用修锉的方法进行修理，也可采用冲力校正法。对于弯曲变形较大的零件，可采用压力校正法。其方法是：将弯曲的零件放在坚硬的支架上，用千斤顶顶弯曲部位的顶点，并保持一定时间（一般 2～3min）。

零件扭转变形的修复是较困难的。在评估后需要进行修理的，可采用拆配或制配的方法修理。

4）折断

由于战场环境十分恶劣，加之装备的使用过度，零件折断是经常发生的。折断零件经评估后需要进行修理的，应尽快进行修理，以确保装备及时发挥基本功能或能自救。修复折断的方法通常有焊接、胶接、机械连接三种方法。修理过程中常用的连接形式有对接、搭接、套接、楔接等。焊接方法需有电源和焊接设备，对一般钢铁零件都是适用的，修复方便有效。胶接法是使用金属通用结构胶进行黏接修理。金属通用结构胶可用于钢铁零件破损的修复和再生。机械连接法可采用捆绑、紧固件连接、销接、铆接等。

5）压坑

零件表面由于过应力造成的凹陷称为压坑。这种过应力可能来自外来弹片的袭击作用或其他机械碰撞。对于压坑的修复可采用胶补法、焊接法及锤击法。

6）裂缝

一旦发现裂纹，经评估后确认对装备基本功能或使用安全有潜在威胁，即应修复。目前，对裂纹的抢修可选择下面几种方法：

（1）胶补法。胶补法是利用金属通用结构胶良好的性能，在裂缝里填满该胶，即可修复裂纹。

（2）焊修法。焊修法是在裂缝处实施焊接，但需要电源和焊接设备。

（3）盖补法。盖补法是制作一个大于裂缝边缘的盖片，用盖片将裂缝盖住，然后将盖片焊接在零件上，但盖片应不影响零件的安装和使用。

对于发现的裂纹，经评估后确认不影响当前使用，可采取必要措施防止裂纹进一步扩展。这些措施如钻孔止裂法、捆绑止裂法等。待完成战斗任务后，再采用常规方法进行维修。

7）破孔

破孔主要是外来弹丸或弹片强有力的冲击而引起的穿透。破孔的修复见上述 1）。

8）工作表面损伤

轻微损伤可不进行修理，若影响机构动作可用锉刀清理，若沟痕较深，可在清理后用金属通用结构胶将沟痕补平；对轴类零件的损伤或接触平面研伤，评估后若需要进行修理，可采用喷焊法。

2．电子装备典型损伤模式应急修复方法

1）短路

短路是电流不经过负载而“抄近路”直接回到电源。短路发生后，应仔细检查电路，确定短路部位，然后实施修理。比较快的方法是使用快干绝缘胶修复短路，导线或接头绝缘物质失效引起的短路也可用绝缘胶布缠绕修理。对由于短路引起的元件失效，可采用切换、切除、拆配等方法修复。在某些情况下，采用断路作为消除短路临时处理。

2）断路

断路是电气系统常见的故障模式。发生断路后，首先应进行检查判断，确定断路元件及断路原因，然后进行抢修。目前，战场上修复断路比较好的方法是用快干导电胶进行黏接修理，像脱焊、烧断、接触不良等引起的断路都可实施黏接修理。对于零件损坏引起的断路（如电阻烧断）可采用拆配法或切换法，即拆除完成一般功能的电路元件来修理完成基本功能的电路。对于接触不良引起的断路，还可采用酒精清洗、重新装配的方法进行修理。在许多情况下，临时修复断路可以采用使其短路的方法。

3）接触不良

接触不良可能引起电气系统时好时坏、不稳定等现象。产生接触不良的主要原因有开关或电路中的焊点有氧化、断裂、烧蚀、松动等。排除接触不良的故障可选择不同的方法，如松动可采用胶补法；烧蚀可进行擦拭、清洗；氧化可进行打磨；断裂可采取拆换或校正的方法。

4）过载

过载也是电气系统常见的故障现象，过载会使某些元器件输出信号消失或失真，保护电路会启动，电路全部或部分出现断电现象。应该指出，过载造成的断电现象，只有在保护电路处于良好状态时才会发生。否则，将会损坏某些单元。过载引起断路或短路，其修复方法参见上述1）和2）。

5）机械卡滞

机械卡滞常出现于电气系统的开关、转轴等机械零部件上，其主要原因是零件过脏、变形、间隙不正常等。修复电气系统的机械卡滞可采用酒精清洗、砂布打磨、调整校正等方法。

思 考 题

1．何谓战场抢修？它与平时维修有何区别？它具有什么特点？

2．何谓BDAR分析？其分析的一般步骤是什么？BDAR大纲有何用途？

3．DMEA的分析步骤是什么？

4．常见的抢修工作类型有哪些？

5．何谓战场损伤？战场损伤评估的内容有哪些方面？试述战场损伤评估的一般程序。

第10章　维修工作分析与维修资源确定

通过有关分析确定了要实施的维修工作类型之后，还需分析确定为完成这些维修工作所需的具体作业及维修资源和要求，也即还需进行维修工作分析与维修资源确定。分析的最终目的是为部队装备提供一个与装备相匹配的经济、有效的装备维修保障系统。

10.1　维修工作分析

10.1.1　维修工作分析的目的

维修工作分析（MTA）是将装备的维修工作分解为作业步骤进行详细分析，用以确定各项维修保障资源要求的过程。由于要对每项工作任务进行分析，制定相当数量的文件，协调多方面工作，所以该项工作是十分烦琐和复杂的。虽然，分析需要耗费较多的人力及费用，然而，由分析得出的准确结果，可以排除因采用一般估计资源要求的臆测性和经验法所引起的资源浪费或短缺，可以使装备在使用期间得到合理的保障资源，显著地提高维修保障费用的效益。维修工作分析与确定的主要目的是：

（1）为每项维修任务确定保障资源及其储备与运输要求，其中包括确定新的或关键的维修保障资源要求。

（2）从维修保障资源方面为评价备选维修保障方案提供依据。

（3）为备选设计方案提供维修保障方面的资料，为确定维修保障方案和维修性预计提供依据。

（4）为制定各种保障文件（如技术手册、操作规程等）提供原始资料。

（5）为其他有关分析提供输入信息。

10.1.2　维修工作确定

维修工作可以划分为一系列维修作业，维修作业又可进一步划分为维修工序（基本维修作业）。为了确定实施维修工作所需的维修资源，应将维修工作加以细化并确定。一般的维修工作包括以下方面。

（1）接近。为接近下一层次的部件或者为了接近所分析的部件而必须实施的工作。

（2）调整。在规定限度内，通过恢复正确或恰当位置，或对规定的参数设置特征值，进行维护或校准。

（3）对准。调整装备中规定的可调元件使之产生最优的或要求的性能。

（4）校准。通过专门的测定或与标准值比较来确定精度、偏差或变化量。

（5）分解（装配）。拆卸到下一个更小的单元级或一直到全部可拆卸零件（装配则反之）。

（6）故障隔离。研究和探测装备失效的原因，在装备中隔离故障的动作。

（7）检查。通过查验将产品物理的、机械的和（或）电子的特性与已建立的标准相比较，以确定适用性或探查初期失效。

（8）安装。执行必要的操作，正确地将备件或配件装在更高层次的装配件上。

（9）润滑。利用一种物质（如机油、润滑脂、石墨）以减少摩擦。

（10）操作。控制装备以完成规定的目的。

（11）翻修。恢复一个项目到完全可用或可操作状态的维修措施。

（12）拆卸。为从更高层次总成中取出故障件（配件）需要实施的操作。

（13）修复。用来使成品装备、总成、分总成、组件或部件恢复到随时可用状态的一种维修活动或工作任务，也是用作维修活动或恢复从成品装备上拆卸的某项部件的特殊措施。通过更换低一级非修理部件或通过重新加工，如焊接、磨削或表面处理来排除特定故障或毛病，并证明故障已被排除。

（14）更换。用能使用的部件替换有功能故障的、损坏的或磨损的部件。

（15）保养。使装备保持在良好的可用状态，要求定期进行的操作，如清洗、换油换水、油漆，补充燃料、润滑油、液体或气体。

（16）测试。通过测量某项装备的机械、气动液力或电特性并将这些特性与规定的标准值比较来验证其适用性。

维修工作确定分析流程如图 10-1 所示。

1．修复性维修工作的确定

修复性维修工作的确定通常是采用故障模式与影响分析（FMEA）或故障模式、影响及危害性分析（FMECA）或其他类似方法。对于新研装备，还应进行损坏模式与影响分析（DMEA），以便给出在遭受敌方武器破坏的情况下对保障的影响。由 FMEA（或 FMECA）确定修复性维修工作时，必须同时考虑修复的方法、维修级别及所需的保障资源。显然，该项工作的确定也为机内、机外测试评估与鉴别提供了依据。

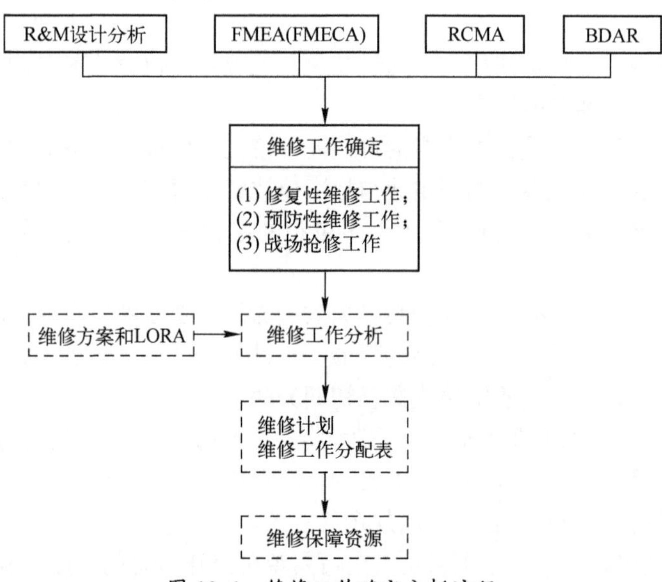

图 10-1　维修工作确定分析流程

2．预防性维修工作的确定

预防性维修工作由以可靠性为中心的维修（RCM）分析确定。预防性维修的目的是避免故障或降低故障发生的频率，检测已发生的隐蔽故障。通过 RCM 分析，可以确定经济、有效的各项预防性维修工作类型。

3．战场抢修工作的确定

战场抢修工作由战场损伤评估与修复（BDAR）分析确定。BDAR 分析以 FMEA 和 DMEA 为依据，对受损装备修复的维修工作、修复方法、所需工具等进行分析，以便在战场上迅速恢复对于执行任务必不可少的功能，从而保证某项任务的完成。BDAR 分析的最终结果是产生装备的战场损伤评估与修复大纲及手册。

10.1.3　维修工作分析的内容及过程

1．维修工作分析的内容

确定三种主要维修工作后，还应对每项维修工作进行详细分析，逐项确定以下内容：

（1）为实施维修所需要的步骤（如拆卸、更换和调整等），以及相应的维修要求。

（2）确定维修工作的完成顺序，并对技术细节加以详细说明。

（3）完成每项工作所需要的人员数量、特长和技术等级。

（4）完成每项维修工作所需的计算机资源。

（5）按要求顺序完成维修工作所需的工具、保障设备和测试设备及设施。

（6）完成维修工作所需要的备件和消耗器材。

（7）完成每项工作的时间预测和完成某系列维修工作的总时间。

（8）根据确定的维修工作和人员要求，确定训练要求，并提出最佳训练方式。

（9）确定在节约维修费用、合理利用维修资源及提高系统性能等方面能起优化和简化作用的工作，提出改进系统设计的建议并提供有效数据。

2．维修工作分析的过程

维修工作分析的过程如图 10-2 所示。为便于审查和交换维修工作分析信息，应以标准格式记录分析的结果。表 10-1 是一个维修工作分析表。表中的分析结果指明了完成某项维修工作分析可形成用途广泛的数据库，这对于进行其他分析和决策提供了输入。

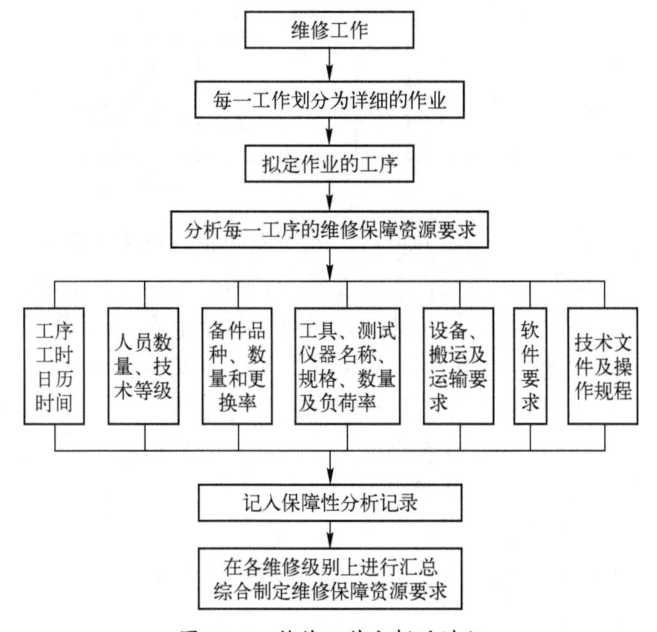

图 10-2 维修工作分析的过程

表 10-1 维修工作分析表（示例）

<table>
<tr><td>项目名称</td><td colspan="2">控制器汇总板</td><td colspan="2">件号</td><td>A101-153-6</td><td colspan="2">组件名称</td><td colspan="2">流量控制器</td><td>件号</td><td>A101-153</td><td colspan="2" rowspan="2">说明事项：分解前应再测试，以确定故障部位</td></tr>
<tr><td>维修工作</td><td colspan="4">更换有故障的电路板</td><td>工作编号</td><td>03</td><td>工作频数</td><td>0.002</td><td colspan="2">维修级别</td><td>中继级</td></tr>
<tr><td rowspan="2">维修作业工序号</td><td rowspan="2">工序名称</td><td rowspan="2">维修时间/h</td><td colspan="2">操作人员</td><td rowspan="2">总工时/（人·时）</td><td rowspan="2">日历时间/h</td><td colspan="2">维修设备</td><td colspan="3">备件及消耗品</td><td colspan="2">技术文件</td></tr>
<tr><td>数量</td><td>等级</td><td>名称</td><td>编号</td><td>名称</td><td>件号</td><td>数量</td><td>名称</td><td>编号</td></tr>
<tr><td>0010</td><td>确定故障部位</td><td>0.05</td><td>1</td><td>4</td><td>0.05</td><td>0.05</td><td>测试器</td><td>1622-5</td><td></td><td></td><td></td><td>检测手册</td><td>Z-102</td></tr>
<tr><td rowspan="2">0020</td><td rowspan="2">分解</td><td rowspan="2">0.09</td><td rowspan="2">1</td><td rowspan="2">4</td><td rowspan="2">0.09</td><td rowspan="2">0.09</td><td>扳手</td><td>6811-1</td><td rowspan="2"></td><td rowspan="2"></td><td rowspan="2"></td><td rowspan="2">拆装手册</td><td rowspan="2">Z-101</td></tr>
<tr><td>起子</td><td>6011-2</td></tr>
<tr><td rowspan="3">0030</td><td rowspan="3">更换电路板</td><td rowspan="3">0.10</td><td rowspan="3">1</td><td rowspan="3">4</td><td rowspan="3">0.10</td><td rowspan="3">0.10</td><td rowspan="3">起拔器</td><td rowspan="3">6214-1</td><td>电路板</td><td>A101-153-6</td><td>1</td><td rowspan="3">拆装手册</td><td rowspan="3">Z-101</td></tr>
<tr><td>接线座</td><td>A101-8239</td><td>4</td></tr>
<tr><td>螺钉</td><td>832567-M</td><td>6</td></tr>
<tr><td rowspan="2">0040</td><td rowspan="2">装配</td><td rowspan="2">0.12</td><td rowspan="2">1</td><td rowspan="2">4</td><td rowspan="2">0.12</td><td rowspan="2">0.12</td><td>扳手</td><td>6811-1</td><td rowspan="2"></td><td rowspan="2"></td><td rowspan="2"></td><td rowspan="2">拆装手册</td><td rowspan="2">Z-101</td></tr>
<tr><td>起子</td><td>6011-2</td></tr>
<tr><td>0050</td><td>测试</td><td>0.05</td><td>2</td><td>4</td><td>0.10</td><td>0.05</td><td>测试器</td><td>1622-5</td><td></td><td></td><td></td><td>检测手册</td><td>Z-102</td></tr>
<tr><td colspan="5" rowspan="3">合计</td><td rowspan="3">0.46</td><td rowspan="3">0.41</td><td colspan="2" rowspan="3"></td><td colspan="2">A101-153-6</td><td>1</td><td colspan="2" rowspan="3"></td></tr>
<tr><td colspan="2">A101-8239</td><td>4</td></tr>
<tr><td colspan="2">832567-M</td><td>6</td></tr>
</table>

制表：________________ 日期：________年______月______日

对某装备的全部维修工作分析后，应该说明完成维修工作所需的全部保障资源，包括类型和数量。通过累加各维修级别所做维修工作的时间，可以确定每一维修级别上完成维修工作所需的人员数量与技术水平。大量实践已经证明，这是确定维修保障资源和要求的有效方法。下面以某装备系统中一电子设备控制电路板维修为例，说明维修工作分析的过程与方法。

步骤 1：中继级收到故障单元后，对该单元进行测试，以便将故障隔离到该单元内的某一部件（如电路板）。

步骤 2：分解该单元。

步骤 3：拆卸有故障的控制电路板，并用备件更换。

步骤 4：装好单元。

步骤 5：测试单元确认通过更换有故障的部件已将故障排除，并将故障电路板送基地级修理。

上述的步骤 1～步骤 5 是在中继级上进行的维修活动，表 10-1 所示即更换故障电路板的维修工作分析表。该分析表指明了完成维修所需的时间、维修人员的技术等级、工具和测试设备、推荐的培训、技术资料及所需备件和设施。对于每一故障的维修活动都进行这一分析工作，就是对装备的全面维修所需的主要保障资源要求。看起来这似乎是一条过于复杂的进行维修的途径，但这种限制不同维修级别的能力，并将故障单元和部件送往更高一级维修单位的方案是极其经济有效的，能获得最大可能的装备可用性。如果准许使用者在现场更换失效的元件或许也是可能的，但所需的资源数量（测试设备、维修手册、备件、使用人员手册和人员培训）较大将是不现实的，同时设想由使用者去寻找和更换失效的元件，将可能使装备在很长时间内无法工作。

上述这种分析工作有时并非一次完成，这是因为人们希望分析工作及早进行（方案阶段的后期即应开始），以便对需要新研的保障资源及早准备，并对装备设计与维修保障资源做出更好的协调。但由于数据不足，往往分析得比较粗略，需要在工程研制阶段补充和细化。同时，分析的结果还需要作为评价备选保障方案的重要依据，因此这种分析是反复进行的。分析结果通常都记录在保障性分析记录中，并随装备研制深入而更新。

10.1.4　维修工作分析所需信息及分析时应注意的问题

1．维修工作分析所需信息

在维修工作分析中，由于要对每项工作进行分析，确定所需的各种保障资源，因此，需要收集各种信息，以便得出准确结果。分析时所需的主要信息如下：

（1）装备功能要求和备选维修保障方案中提出的维修要求信息。例如，使用前后的准备与保养、测试和维修的主要部位与要求等。

（2）已有装备类似的维修现场数据和资料。例如，维修时所用的工具和保障设备、确定维修工时和备件供应以及所需技术资料等。必要时可以实际测定工时和试用设备。

（3）修理级别分析所拟定的各维修级别的维修工作内容。例如，在装备或分系统中所需更换的部件或零件和要求以及拆卸分解的范围等。

（4）各种维修保障资源费用资料。

（5）当前维修保障资源方面的新技术。例如，新型通用测试设备和工具及先进工艺方法等。

（6）有关运输方面的信息，如运送待修件的距离、部队现有运输工具等。

从上述这些信息来源看，做好维修工作分析，首先要做好数据和资料输入的接口工作，否则可能导致工作重复和较高的费用。

2．分析中应注意的问题

1）确定新的或关键的维修保障资源

进行维修工作分析要特别注意确定新的或关键的维修保障资源要求，以及与这些资源有关的危险物资、有害废料及对环境的影响。新的维修保障资源是指需要专门为新研装备开发研制的资源。关键维修保障资源并非新研资源，而是由于进度要求、费用限制或物资短缺的缘故而需要专门管理的资源，如与其他装备共用的维修设施和贵重维修保障设备等。在满足装备任务需求的前提下，尽可能地减少新的或关键的保障资源要求。另外，新的或关键保障资源需要专门投资或专门协调管理，都需要花费人力、物力和时间，并且要做好它们与设计方案和保障方案的权衡。当首次确定一种新的或关键的资源要求时，必须进行验证。通过验证，决定要么修改设计，取消这个要求；要么预先规划，从一开始就设法满足这种需求。

2）确定人员和训练要求

通过维修工作分析，可以得出保障新装备总的人员要求（人员数量、技术专业及技术等级）和人员的训练要求。利用上述分析的结论制定人员能力表，该表列出维修新装备或进行每项维修工作所需人员数量与技术等级的最低要求，包括需掌握的技能和熟练程度、需操作和维修的测试仪器和保障设备、组织某项维修工作的能力等。以此为依据确定培训要求，包括训练课程、训练教材、训练器材、最佳的培训方式（正规上课、在职学习或两者结合）及训练进度计划。

3）优化维修保障资源要求

通过维修工作分析，还能够确定新装备保障性可以得到优化的领域，或为了满足最低保障性指标而必须更改设计的范围，其目的是影响设计而达到最佳保障性。通常考虑两个方面的问题：一是利用维修工作分析结果，确定规划的维修工作在时间、资源等方面不能满足所制定的保障性要求，为改进设计提供依据；二是分析每种保障资源的类型，确定是否有重复的保障资源要求。例如，能用一种测试设备完成全部所需的测试功能，就不能用两种不同的测试设备；新装备中用了多种不同尺寸的紧固件，则需要一系列拆卸工具，如果所有紧固件标准化，则仅用少量的工具就可拆卸，因此也就优化和简化了保障资源要求。

4）初始供应问题

初始供应是为保障装备在早期部署期间（时间由合同确定，通常为1～2 年）所需的零备件、消耗品、工具与保障设备等供应品的初始储备的过程。通过维修工作分析，可以确定初始供应项目，形成初始供应清单，提供保障新装备初期使用与维修的那些物资与设备。否则，初始备件供应存在很大的盲目性，将会造成停机待料或形成浪费。

10.2　维修资源确定的一般要求

10.2.1　维修资源确定的必要性

维修资源是实施装备维修的物质基础和重要保证，无论是平时训练还是战时抢修，维修资源保障都占据着十分重要的地位，不仅直接影响着装备的 LCC 和费用效果，还直接影响着装备的战备完好性以及部队战斗力的保持和恢复。

维修资源是维修保障系统中的重要组成部分，缺少维修资源保障（或配置不合理），必将在战场上付出代价或蒙受损失。我军多年的维修实践很能说明这一点。例如，某侦察雷达列装部队 5 年，无维修技术资料，部队不会用、不会修，导致许多故障部队无法修复，致使 80%～90%的雷达返回工厂修理。各种装备维修技术资料“滞后”若干年，严重地影响了装备应有性能的发挥以及技术状态的保持和恢复。又如，在某部队演习中，动用了 4 种新型装备，为排除故障，应急筹措器材 204 种、几千个备件才基本满足演习的需要。再如，某型号飞机列装 10 多年后才基本配备了所必需的设备，迟迟未能形成战斗力。无论是新研装备还是外购或仿制装备，缺少维修资源保障或保障不力，都将严重影响部队训练和任务完成。同样，维修资源确定得不合理往往会造成部分资源严重短缺与部分资源严重积压共存的现象，直接影响着部队装备的战备完好性和机动能力。要提高其军事经济效益，需要对维修资源进行优化。

进入新时代，新的军事战略和作战原则对各国军队装备维修保障提出了新的挑战。新技术在装备上的广泛应用，军费的限制，装备作战使用要求，部队快速部署与展开，各种资源消耗增大等，要求装备具有高效运行的维修保障系统，具有合理、匹配的维修资源。要实现这些要求，最有效的办法就是在装备研制的早期便开始确定各种维修资源，并随着装备研制、部署和使用，不断对其进行优化和完善。

10.2.2 维修资源确定的主要依据

1. 装备的作战使用要求

装备的编配方案、作战使用要求、寿命剖面、工作环境等约束条件，不仅是装备论证研制的依据，而且也是维修资源确定与优化的基础。例如，对于编配到机动作战部队的装备，要求其维修资源便于机动保障；在使用要求中，首要的是作战要求与敌方的威胁，这对备件、设备及人力要求都有很大的影响。再如，导弹系统需要长期储存，应确定适应其包装、储存和监控所需的维修资源。至于维修资源的分级保障方式及其储备量等，也需根据装备的编配方案、使用要求、工作环境以及费用等约束条件加以确定和优化。

2. 装备维修方案

装备维修方案是关于装备维修保障的总体规划，也是确定维修资源的重要依据。

3. 维修工作分析

根据所确定的各个维修级别上的维修工作和频度，确定维修工作步骤和所需维修资源。通过分析确定维修资源的类型、数量和质量要求，以保证在预定的维修级别上，维修人员的数量和技术水平与其承担的工作相匹配；储备的维修器材同预定的换件工作和“修复-更新”决策相匹配；检测诊断和维修设备同该级别预定的维修工作相匹配等。

10.2.3 维修资源确定的约束条件和一般原则

1. 约束条件

在确定装备维修资源时，应考虑以下约束条件：

（1）环境条件。维修资源应与装备的战备要求和工作环境相适应。

（2）资源条件。尽可能利用现有的维修资源，减少新的维修资源的规模，如维修人员新的技能要求、新的设备工具、新的设施要求等。尽量避免使用贵重资源，如贵重的维修设备和器材、高级维修人员等。

（3）费用条件。应在周期寿命费用最低的原则下，确定装备的维修资源。

2. 一般原则

（1）维修资源的确定与优化，应以装备平时战备完好性和战时利用率为主要目标，坚持平战一体，适应战时靠前抢修和换件修理的要求。

（2）维修资源规划要与装备设计进行综合权衡，应尽量采用“自保障”、无维修设计等措施，以降低对维修资源的要求。

（3）应着眼部队保障系统全局，合理确定维修资源，以减少维修资源的品种和数量，提高资源的利用率，降低维修资源开发的费用和难度，简化维修资源的采办过程。

（4）尽量选用标准化（系列化、通用化、组合化）的设备、器材。

（5）除确需专项研制外，应尽量选用国内有丰富来源的物资，尽可能从市场采购产品。

10.2.4 维修资源确定的层次范围

维修资源的确定与优化属于决策问题。决策的层次性和保障对象本身的层次性决定了维修资源确定与优化将具有不同的层次和范围。维修资源的确定与优化所针对的层次由低到高，主要是：

（1）针对单台（件）装备。研究确定其携行的维修资源，如工具、器材、检测设备或仪表、使用维护手册等，以完成规定的由操作手（含部分基层维修人员的帮助）能够承担的日常使用维护工作。

（2）针对某个型号装备群体。研究在某个维修级别上特别是基层级应配置的维修资源，包括一些较大的备件、专用工具设备、维修手册、维修人力要求等。

（3）针对武器系统。例如，火箭炮武器系统，由火箭炮、指挥车、测地车、装填车、运输车等不同类型装备组成。应尽可能采用几种装备通用的维修资源，如工具、设备、备件等。维修资源在这一层次的确定与优化，应当在武器系统的编成构想中，就对武器系统各组成部分（具体型号装备），分别提出维修资源的要求，作为装备初始维修方案的依据，然后统一加以规划。

（4）针对部队保障系统。例如，营、旅、军，乃至更高层次部队维修保障系统。它的保障对象是多种类型装备或武器系统，如合成部队编配装甲、火炮、防空、工程、防化、指控、侦察等各种装备，应着眼整个部队装备维修保障系统的优化，考虑各种维修资源配置。

（5）针对兵种、军种乃至全军装备的维修保障系统。其保障对象包括兵种、军种或全军的各种类型装备或武器系统，而保障的级别不仅包括部队级，还包括基地级、社会化保障力量等。其维修资源要从兵种、军种及全军角度进行权衡、优化。

显然，维修资源的确定与优化也是武器系统发展规划的组成部分，应首先在高层次上做出规划决策，并将目标任务细化分解，对较低层次维修资源提出明确的要求和目标，以保证维修资源的整体优化。

维修资源的确定和优化从时间上说应当是装备的整个使用寿命期，包括初始部署使用阶段和正常使用阶段。不但要考虑平时，也要考虑战时的维修资源保障问题。此外，还必须考虑装备停产后的保障问题。

10.3 维修人员与训练

人员是使用和维修装备的主体。装备投入使用后，需要有一定数量的、具有一定专业技术水平的人员进行维修保障工作。在新装备研制与使用过程中，必须考虑维修人员数量、专业及技能水平的要求和训练保障。

10.3.1 维修人员的确定

1. 主要依据

在进行新装备研制时，使用部门应把人员的编制定额和兵源可能达到的文化水平作为确定人员要求的约束条件向承制方提出。在装备使用过程中，要适时组织维修人员训练，开展维修工作，并根据实际使用维修状况，对人员编配进行调整。在确定维修人员专业类型、技术等级及数量时，主要依据如下：

（1）维修工作分析结果。

（2）平时及战时维修工作及要求。

（3）部队各维修级别维修人员编制。

（4）专业设置及培训规模等。

2. 一般步骤

确定维修人员的数量和专业技术等级，依据不同使用单位和维修机构（或级别），通常按下列步骤加以确定。

（1）确定专业类型及技术等级要求。根据使用与维修工作分析对所得的不同性质的专业工作加以归类，并参考相似装备服役人员的专业分工，确定维修人员的专业及其相应的技能水平，如机械修理工、光学工、电工、仪表工等。

（2）确定维修人员的数量。维修人员的确定比较复杂，因为通常情况下维修人员并没有与特定装备存在一一对应的关系。因此，在确定保障某种装备所需的维修人员数量时，就需要做必要的分析、预计工作。通常可利用有关分析结果和模型予以确定。

3．主要方法

根据装备的特点和维修工作的不同，维修人员预计可以有很多方法，主要有以下两种。

1）直接计算法

各维修机构（级别）维修人员的数量要求直接与该维修机构的维修工作有关，可以通过各项维修工作所需的工时数直接推算，如

$$M = \left(\sum_{j=1}^{r} \sum_{i=1}^{k_j} n_j f_{ji} H_{ji} \right) \eta / H_0 \tag{10-1}$$

式中　M——某维修机构（级别）所需维修人员数；

r——某维修机构（级别）负责维修的装备型号数；

k_j——j 型号装备维修工作项目数；

n_j——某维修机构（级别）负责维修 j 型号装备的数量；

f_{ji}——j 型号装备对第 i 项维修工作的年均频数；

H_{ji}——j 型号装备完成第 i 项维修工作所需的工时数；

H_0——维修人员每人每年规定完成的维修工时数；

η——维修工作量修正系数（如考虑战损增加的工作量或考虑病假其他非维修工作等占用的时间，$\eta>1$）。

另外，也可由使用与维修工作分析汇总表，计算各不同专业总的维修工作量，并按式（10-2）粗略估算各专业人员数量。

$$M_i = \frac{T_i N}{H_{\mathrm{d}} D_{\mathrm{y}} y_i} \tag{10-2}$$

式中　M_i——第 i 类专业人数；

T_i——维修单台装备第 i 类专业工作量；

N——年度需维修装备总数；

H_{d}——每人每天工作时间；

D_{y}——年有效工作日；

y_i——出勤率。

2）分析计算法

利用保障性分析、排队论等方法，可预计装备维修所需维修人员的数量。在此仅介绍前者，其主要步骤如下：

（1）根据 FMEA 和 RCM 分析，确定预防性维修和修复性维修工作，并确

定需开展的全部维修工作。

（2）预测每项工作所需的年度工时数，其中需确定维修工作的频度和完成每项维修工作所需的工时数。

（3）根据全年可用于维修的工作时间求得所需人员总数。

预测装备维修人员的总数为

$$M = \frac{NM_{\mathrm{H}}}{T_N(1-\varepsilon)} \tag{10-3}$$

式中 M——维修人员总数；

T_N——年时基数=（全年日历天数-非维修工作天数）×（每日工作时数）；

ε——设备计划修理停工率；

N——装备总数；

M_{H}——每年每台装备预计的维修工作工时数（每台装备维修工时定额）。

预测所需维修人员数之后，还应将分析结果与相似装备的部队编制人员专业进行对比，作相应的调整，初步确定各专业人员数量，并通过装备的使用试验与部署加以修正。图 10-3 所示为确定维修人员分析流程。

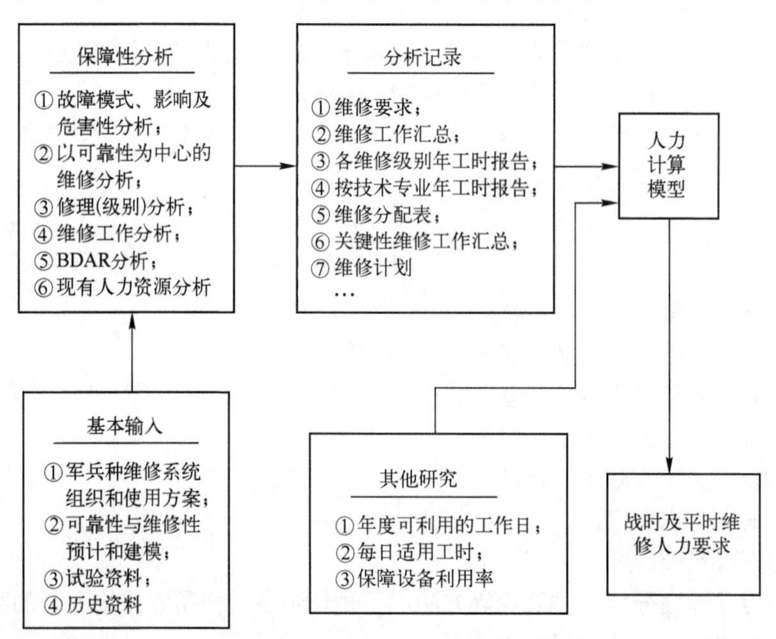

图 10-3　确定维修人员分析流程

值得注意的是，在确定维修人员数量与技术等级要求时，要控制对维修人员数量和技能的过高要求。当人员数量和技术等级要求与实际可提供的人员有较大差距时，应通过改进装备设计、提高装备的可靠性与维修性、研制使用简便的保障设备、改进训练手段以提高训练效果等方面，对装备设计和相关保障问题施加影响，使装备便于操作和便于维修，以减少维修工作量，降低对维修人员数量和技术等级要求。

在确定战时维修人员数量与技术水平要求时，为了满足战时修理要求，对维修专业人员进行平时正常维修作业训练的同时，还应按计划接受战场抢修训练，做到平战结合。战场抢修人员数量与专业的确定要从 BDAR 分析中获得必需的信息。通常，战场抢修按机动维修小组每昼夜可修复损伤的装备数量作为预计的依据。装备的战损程度可分为轻度损坏、中等损坏、严重损坏和报废 4 级。每级都规定了损伤的项目和损伤范围。机动小组数目(G)的估算公式为

$$G = N\alpha\beta_i / n_i$$

式中　N——装备总数；

α——装备的参战率；

β_i——每昼夜第 i 级战损比例；

n_i——每昼夜机动抢修小组可修复第 i 级损伤的装备数。

式中所需数据可用装备战损试验、损伤模拟以及从有关历史资料中分析获得。

应该在装备论证时就明确人力的大体要求，在方案阶段进行初步估算。初步估计值是在分析其基准比较系统的基础上得出的。在工程研制阶段，随着设计的深入与完成，可有大量数据来进行详细的使用与维修工作分析，在此基础上可以得出更为准确具体的估计值。在部署使用后，应当根据实际情况，进行必要的调整。

10.3.2　维修人员的训练

为了实现维修工程的目标，必须要有经过严格训练的、合格的使用与维修人员。装备越是复杂，其训练越重要。按培训对象划分，可将人员训练分为 4 种：

（1）装备使用操作人员训练。

（2）维修人员训练。

（3）教员训练。

（4）管理人员（部队各级主管维修的人员）训练。

显然，在这些受训人员中教员是最主要的。对他们应当尽早实施最完善的训练，作为维修装备的“种子”。

按训练阶段的先后划分，可将训练分为初始训练和后续训练。

（1）初始训练。初始训练是指装备列装前为顺利地接收新装备，由承制方协助实施的训练，为部队培养最初的操作与维修人员。其目的是尽快使即将列装的装备能为部队掌握，并为后续训练提供经验。由于装备是新的，训练大纲和训练要求都比较灵活，训练的方法也处在探索与累积经验期。初始训练的某些内容可以采取演示和模拟的方式进行。

（2）后续训练。后续训练是为部队培养正常使用和维修及其管理人员的训练，从而保证不间断地为部队输送合格的人员。这类训练是由部队管理和组织实施的，其训练计划具体、正规，训练要求严格，对改型或新装备中有关新技术部分的技术训练也可由承制方协助进行。

对于新研装备，在方案阶段后期和工程研制阶段开始时就应着手研究各类人员的训练工作。为了保证人员训练工作落到实处，应制订人员训练大纲和训练计划，并注重研制训练器材和编写技术资料。训练大纲是指导训练工作的基本文件，它包括培养目标和要求、受训人员、期限、训练的主要内容与实施训练的机构组成和要求等。训练计划是实施训练大纲的具体安排和要求，其中包括训练目的、课程设置、课程的时间安排和进度、训练所需的资源、教材要求、训练方法（理论讲授和实际作业等）以及考核方法与要求等。训练计划的关键问题是课程的设置与教材，它首先要能满足培养目标所应有的专门知识和能力要求；其次是训练方式方法，要在有限的时间内让培训对象学懂、学会这些知识和技能。

10.4 维修器材的确定与优化

维修器材是维修资源中十分重要的组成部分，维修器材保障是装备使用过程中一项很重要的、经常性的工作。无论是在装备研制与使用期间，还是在装备生产及停产后，都必须重视维修器材的保障问题，以确保装备维修之需。

10.4.1　基本概念

1．维修器材

维修器材是指用于装备维修的一切器件和材料，如备件、附品、装具等。按照使用性质，可将其分为战备储备维修器材、正常供应维修器材与配套装备维修器材三种类型。它是装备维修的物质基础。在实际工作中，也常称为供应品。

备件是维修器材中十分重要的物资，对于装备的战备完好性和战斗力具有重要影响。随着装备复杂程度的提高，备件的确定与优化问题也越来越突出，备件费用在装备保障费用中所占比例也呈现上升的趋势。在本节中，将以备件为主要内容进行讨论。

2．维修器材标准量

维修器材标准量是指储供标准中应明确的各类维修器材的标准数量。其中包括筹供比例、库存限额、周转量、初始供应量和供应量。

（1）筹供比例。筹供比例是指在规定条件下每单位（或一个基数量）装备所需的年维修器材数量，通常用“件/（年·单位装备）”或百分比表示。

（2）库存限额。库存限额是指对维修器材的库存所规定的最高限量。装备在正常训练、使用阶段，为保证维修器材的及时供应，且避免过多的积压和浪费，各级保障机构的库存不应超过库存限额。该限额应保证在供应周期内，达到规定的维修器材保障度要求。由于各供应周期内维修器材的需要量是随机变化的，为避免经常出现维修器材短缺的现象，库存最高限量常大于平均需要量。

（3）周转量。周转量是指为保证维修器材在规定时间内不间断供应所储备的维修器材数量。周转量的大小取决于筹措的延迟时间、维修器材的需求率以及维修器材的保障度要求。

（4）初始供应量。维修器材的供应标准制定不是一次完成的，而是要经过不断地修改和完善。初始供应量是为使装备投入使用最初 2～3 年内，得到及时的维修器材保障而设置的。一般在服役初期，装备的训练使用尚未进入正轨，使用维修经验不足，故障特性还未进入稳定阶段，确定周转储备量的条件还不成熟。因而，有必要由装备生产厂一次提供 2～3 年的数量，保证这一时期的维修器材供应，然后再转入正常供应。

（5）供应量。供应量是指一个供应周期内供应给某级保障机构的维修器材数量。一般情况下供应量等于需要量，但有时也根据筹措的难度、供应标准与实际需求的状况做一些调整。

3．储供标准

维修器材储供标准是储存标准和筹措供应标准的总称。储存标准是保障机构进行库存管理的依据。维修器材储备标准规定了各级保障机构所应储备的维修器材品种、储备量的上下限量及库存限额。目前，维修器材管理中所规定的库存限额，是按供应量的某一比例换算而来的。一般来说，对于装备都有规定的部队的库存最高限额和战区、军兵种级库存最高限额。规定最高限额目的在于防止维修器材的过多积压、避免造成浪费。一般在每年的集中筹供时，可达到这一库存水平，尤其是筹措困难的维修器材更应达到这一最高限额。最低限额是为保证维修器材规定的保障度要求而设的，以满足正常供应。

供应标准是上级保障机构实施供应的基本依据，其规定了保障机构供应的维修器材品种和供应量。维修器材供应量以需要量为主要依据，同时还要视供应周期、库存状况、经费使用情况而定。

4．维修器材需要量与需求率

维修器材需要量是指在规定的时间内，进行维修所需某类维修器材的数量。它可以是某一台装备的，也可以是某一部队装备群的。由定义可知，维修器材需要量与一定的使用时间相对应。从平均意义上来讲，使用时间长需要量就大，反之，需要量则小。在实际统计与预计中，需要量一般对应于一个批量供应周期。值得指出的是，维修器材需要量还包括人为因素造成的需求，如丢失、操作失误、维修中的损坏等。

维修器材需求率是指单位时间内的维修器材需要量。这里的时间可以是日历时间，也可用其他广义时间单位。

备件需求率反映了部队装备需要备件的程度，它不仅取决于零部件的故障率或损坏率，还取决于维修策略、装备使用管理、装备使用环境、零部件对损坏的敏感性等多方面因素。其主要如下：

（1）零部件的故障率。零部件的故障率是装备（产品）的一种固有特性，它反映了零部件本身的设计、制造水平。其大小直接影响着备件的需求率。所以，提高零部件的设计制造质量，是减少备件需求率的根本措施。此外，还应考虑战时武器装备的损坏率。

（2）工作应力。同一构件在不同的装备上使用或虽在同一装备上，但由于安装位置不同，该构件受周围环境状况（如电的、光学的、机构的因素）的影响不同，发生故障的可能性及对备件的需求也不一样。例如，一种配电器，若用在某一装备上，经常处于有害气体之中，而用在另一装备上其周围却比较清洁，则前者场合故障率会高于后者。

（3）零部件对于损坏的敏感性。这里是指在搬运、装配、维修及使用过程中，零部件因非正常因素而受到损坏（特别是战场损伤）的可能性。该非正常因素主要包括人为差错、操作不当及战斗损伤。例如，在运输、装配或储存时，零部件可能在搬运过程中被损坏，也可能被安装工具所损坏。当对该零部件本身或在其附近对与其功能有关的部分进行维修时，也可能发生损坏。此外，有很多零部件，必须定期地加以调整，这类零部件有可能由于调整不当而损坏，或因未能及时调整而在使用中损坏。显然，这一特性与可靠性截然不同，必须在分析中予以分别考虑。

（4）装备使用环境条件。装备所在地区的温度、湿度、风沙、腐蚀和大气压力的变化都会影响装备的使用可靠性，从而影响备件需求率。

（5）装备的使用强度。装备系统及其需要维修部分使用（工作）状况、连续或间断使用、年使用时数，特别是超出正常使用要求范围，也会影响该部分的故障率。超出正常范围的使用，一方面表现为使用连续时间过长或应力应变状况超出原设计条件；另一方面也可能是由于使用过少或没有使用，造成某些零部件变质或性能下降。

（6）装备管理水平。装备的使用管理也会影响备件需求率。例如，不按规定进行操作必定造成过多的故障、人为的损坏及丢失等，也将增加备件需求率。

5．基数

基数（基数标准）是维修器材筹措、储存、供应时采用的一种计算单位。以单种装备规定的一个基数的标准数量，简称为单种装备基数量或基数标准。以部队单位（如旅）规定的一个基数的标准数量，简称为部队基数标准（如旅份）。以基数为单位计算维修器材，既方便又利于保密。

10.4.2 维修器材确定与优化的程序与步骤

维修器材确定与优化是一项较复杂的工作，需要可靠性、维修性、保障性分析等多方面的数据信息，并与维修保障诸要素权衡后才能合理地确定。就维修器材中的备件确定而言，一般应包括以下几个步骤：

（1）进行装备使用、故障与维修保障分析，确定可更换单元。备件保障的依据是备件的需求。要搞清备件的需求状况，必须对装备的使用、故障与维修保障进行分析。装备的使用分析主要包括寿命剖面、使用条件、使用强度、任务目标的分析；装备故障分析主要有故障模式、影响及危害性分析；而维修保障分析则着重分析维修级别、修理方法及维修工具设备。备件对应于装备的可更换单元，通过上述分析，可以明确各维修级别负责维修的可更换单元的种类，为确定备件品种奠定基础。

（2）进行逻辑决断分析，筛选出备选单元。可更换单元的确定主要取决于装备的维修方案、构造和修理能力，通常经过第一步分析确定的可更换单元较多，进行分析时数据收集及处理难度较大。为此首先应进行定性分析，将明显不应储备备件的单元筛选掉。

逻辑决断分析包括两个问题的决断：一是分析可更换单元在寿命过程中更换的可能性，如更换的可能性很小，则可不设置备件；二是判断是否是标准件，如是，则可按需采购。经过逻辑决断分析可筛选出备选单元。

（3）运用备件品种确定模型，确定备件品种。这一步是对备选单元进行分析，以确定备件的品种。一般应考虑影响备件的一些主要因素，如备件的耗损性、关键性和经济性等。

（4）运用 FMEA 及故障与维修统计数据，确定备件需要量。确定了备件品种之后，还需确定备件的需要量。对于在用装备，备件需要量可由使用过程中收集的数据经统计方法确定。对于在研的新装备，则应根据 FMEA 等分析数据计算得出。

（5）运用备件数量确定模型进行计算与优化。在满足装备战备任务目标及备件保障经费要求的条件下，通过数学模型，计算各备件最佳的数量。

（6）调整、完善及应用。经过分析计算的备件品种和数量，可能存在着某些不足，还需根据试用情况加以调整和完善。调整时应对咨询意见和试用情况信息进行全面分析，并查明分析计算出现误差的原因。

备件确定流程如图 10-4 所示，其他维修器材确定的过程大体与此相似。

图 10-4　备件确定流程

10.4.3　维修器材储存量确定的常用方法

科学地安排一定期限内各级别上所需的各种维修器材的储存量，对于做好装备维修保障的计划是十分必要的。特别是对于需求量较大或特殊需要的贵重器材，科学合理地做好储存量的计划更为必要。现将维修器材储存量确定常用方法介绍如下。

1．直接计算法

通过装备在一定的保障期内预期的维修任务以及每次维修预期的器材消耗量等直接计算某种器材的储存量，即

$$N = \sum_{j=1}^{r}\sum_{i=1}^{k_j} n_j f_{ji} D_{ji} \tag{10-4}$$

式中　r ——需要该种器材的装备型号数；

k_j ——j 型号装备需要该种器材的维修项目数；

n_j ——该储供级别上保障的 j 型号装备数；

f_{ji}——j 型号装备在一定保障期限内对第 i 项维修任务的频数，可以通过

维修任务分析确定；

D_{ji}——j 型号装备进行一次 i 项维修工作，单台装备所需的某种器材消耗量（D_{ji} 可通过维修任务分析或其工艺技术文件等确定）。

由上可知，该方法没有考虑器材消耗（损坏）后的可修问题，一般用于不修件（弃件）及其他供应品的储存量确定。

2. 比较法

利用相似装备、相似的维修事件所消耗的某种器材量 D_j，通过一些修正来估算新装备某种器材的储存量，即

$$N=\sum_{j=1}^{r}a_j n_j D_j \tag{10-5}$$

式中 a_j——第 j 型号装备修正系数（根据维修频率、工作条件等因素进行修正）；

n_j——该储供级别上保障的 j 型号装备数；

D_j——第 j 型号相似装备在给定保障期限内，单台装备某种器材消耗量。

该方法既可用于备件，也可用于其他供应品。

3. 统计预测法

统计预测法是利用历史数据，采用统计学的方法，找出器材消耗规律，建立预测模型，预测未来消耗量和储供量。例如，统计历次修船耗用材料，并做回归分析得出年均钢材消耗量 Q 与舰船吨位 T 的关系为

$$Q=KT$$

当 $T<500\text{t}$ 时，$K=0.034$；当 $T\geqslant 500\text{t}$ 时，$K=0.07$。而其他材料的消耗也与钢材的消耗成正比，每消耗 1t 钢材将消耗木材 0.5t、生铁 0.07t、铜材 0.0205t、铝材 0.0097t。

统计预测模型很多，如简单平均法、滑动平均法、指数平滑法等，在此不做详细介绍。

统计预测法适用于各种维修器材储存量确定，需要有准确的历史数据。

4. 库存法

在确定储存量时，对于确定型的需求，可采用下述方法进行确定。

1）ABC 库存控制法

ABC 库存控制法的指导思想是抓住重点，兼顾一般。其主要包括两个方面的内容：

首先，按储备供应品的品种数量、价格高低、用量大小、重要程度、采购难易等进行排队，并计算累计品种数占总品种数的百分数，以及供应品费用占全部供应品总费用的百分数，再根据费用占总费用百分数的多少，将供应品分为 A、B、C 三类。一般来说，A 类供应品品种数只占全部库存供应品品种的 5%～15%，而其占用金额却达全部供应品总金额的 60%～80%；B 类供应品品种数占 20%～30%，金额占 20%～30%；C 类供应品品种数占 60%～80%，金额却只占 5%～15%。

其次，在供应品分类的基础上，制定供应品分类管理办法。对 A、B、C 三类供应品从采购订货的批量、时间、储备的数量，到检查分析等分别进行不同的控制。对 A 类供应品进行重点管理，要着重花力气了解需求规律，建立模型进行分析，使之既能保证供应又能减少积压浪费；对 B 类供应品可进行一般管理；对 C 类供应品可采用比较简便的方法进行管理，其中，少数供应品可不储备，需用时临时采购。

应当指出，对军用装备来说，运用 ABC 库存控制法时不能单纯考虑金额这个因素，还应考虑供应品的重要性、采购周期等因素，从实际出发，合理地确定划分供应品类别的标准。

2）订购点控制法

订购点控制法是当库存降到订购点时即开始订货，可以用模型分析得出最佳订货量，因此库存积压的储备最小，占用的流动资金少，存储成本低。但是由于订货时间不定，要经常检查库存量是否降到订购点水平，因此管理工作比较繁重。

3）定期库存控制法

定期库存控制法就是定期订购制，也称定期盘点法。在具体实施中，订货间隔期可以按以下几方面来综合确定：

（1）对 A 类供应品利用模型分析，求最佳经济订货量和最佳订货次数，计算订货间隔期，作为确定订货间隔期的主要依据。

（2）为了减少订货工作量，其余供应品的订货期尽量向主要供应（A 类）的订货期靠拢，做到一次订货品种多些。

（3）根据供货方的实际情况，商定合理的订货间隔期。

4）双堆法或三堆法

双堆法或三堆法是根据实际需要与订货间隔期的长短，将库存供应品分为两堆或三堆。双堆法是将库存供应品分为两堆，一堆为订购点库存量，一旦用完第一堆即开始补充订货。三堆法与双堆法相比，增加了一堆安全库存量，这对于应对意外事件或保障作战的重要供应品是必要的。这种库存控制的方法简单易行，如果再加上模型分析方法来决定各堆的数量，则效果更为明显。

5）经济批量法

经济批量法是以最省费用为目标，权衡订购费用和存储费用，求得最经济的订货批量的一种方法。这种方法的基本思路是按假设的需求规律和订货情况，建立总费用的计算公式，或根据假设的订货情况计算费用，然后用求极值的方法或用比较的方法，确定使总费用最省的订货策略（批量、时间）等。经济批量法模型很多，可参阅运筹学等方面的书籍。

库存法适用于批次采购的器材，其模型属于确定型模型。

5. 系统分析法

系统分析法是利用维修工程、系统工程、概率论与数理统计、随机过程等理论和方法，通过对器材消耗及需求进行分析，建立数学模型，并计算器材储存量。该方法既可以用于不修备件确定，也可用于可修复备件的确定。所建立的模型多为随机数学模型，可采用计算机仿真方法确定储存量。

10.4.4 维修器材保障系统模型

维修器材保障系统是涉及多方面因素、具有多个环节（如筹措、储存、供应）的较复杂系统。按照系统的观点和方法分析维修器材保障问题，建立系统模型，对于维修保障系统高效、低耗的运行具有重要意义。下面分别讨论单级和多级维修器材保障系统模型。

1. 单级维修器材保障系统模型

维修器材保障只由一级管理机构负责，这样的系统即为单级维修器材保障系统。在该系统中，维修器材供应（库存）单元与维修器材使用单元是其基本构成，其基本结构图可表示为图 10-5（a）。部队在不考虑上级支援时，其携行维修器材保障可视为这种结构类型。在许多情况下，维修器材故障后还可修复并继续使用。这时，维修器材保障系统则是由使用单元、库存单元和修理单元三者构成，如图 10-5（b）所示。在不考虑上级支援时，野战保障即可视为这种结构类型。当库存单元还将得到上级维修器材的补充供应时，如图 10-5（c）

所示。如果不考虑上级维修器材的库存限量（即将其视为一个源），则在供应间隔期内可将其看成更一般的单级维修器材保障系统。

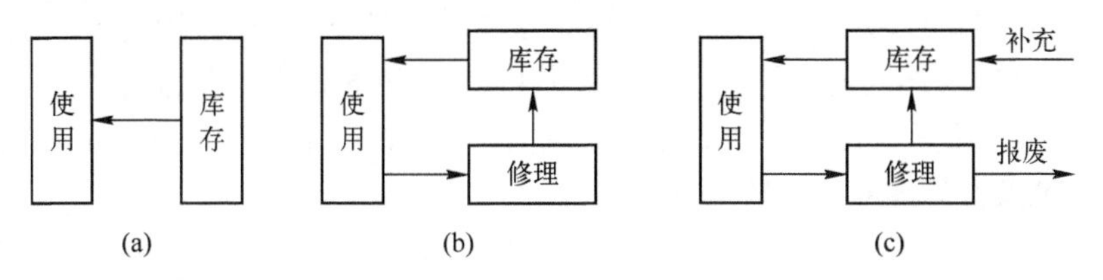

图 10-5　维修器材保障系统结构

根据不同的维修器材需求特征及不同的保障目标，可建立不同的系统模型。零散供应保障中所考虑的维修器材需求是随机变化的，对于具有随机需求的维修器材保障系统，通常可建立以不缺货概率为目标的系统模型。

1）耗损类维修器材模型

耗损类维修器材是不可修复的，其系统结构类型属于图 10-5（a）型。设 X 表示在规定时间 t 内所需某类维修器材的数量，其为随机变量。记 α 为该类维修器材的需求率，N 为维修器材储存量，$P\{X \leqslant N\}$ 表示不缺货概率或保障概率，即规定的系统目标函数。根据实际统计和理论分析，可以认为维修器材需求服从泊松分布，即

$$f(x)=\frac{(L\alpha T)^{x}\mathrm{e}^{-L\alpha T}}{x!} \tag{10-6}$$

式中　$f(x)$——维修器材需求密度函数；

L——使用单元中含有该类维修器材的数量。

不缺货概率为

$$P\{X \leqslant N\}=\sum_{x=0}^{N} f(x)=\sum_{x=0}^{N}\frac{(L\alpha T)^{x}\mathrm{e}^{-L\alpha T}}{x!} \tag{10-7}$$

显然，在式(10-7)中如果已知 $L\alpha T$ 和 N 值，则可求出不缺货概率 $P\{X \leqslant N\}$ 值。相反，当给定了维修器材保障目标要求——不缺货概率，那么，在已知 $L\alpha T$ 值时则可确定维修器材的储存量 N。利用该模型可以确定耗损类维修器材，也可以用来确定装备携行备件量。在实际求解时，除可采用直接计算法外，也可采用下述方法。

（1）查表法。由式（10-7）可知，当已知 $L\alpha T$ 和保障目标 P 值时，通过查

泊松分布表，可以较快地确定所需的器材数量N。

（2）列线图法。采用式（10-7）确定器材数量N时，由于N不能用显函数表示，因此直接计算法或查表法都属于试算法，即从N=0 开始逐渐增加，计算不缺货概率 P，直至满足规定要求为止。为方便求解，人们绘制了列线图（图 10-6），将式（10-7）中的$L\alpha T$、P 及 N 的关系直接反映在列线图上。利用该图可以方便地确定所需器材储存量N。

例 10-1 某装备上使用某种零件 10 个，其中任何一个损坏都将造成装备故障。已知该零件的需求率$\alpha = 2.25\times10^{-4}/\mathrm{h}$，该装备每年累计工作时间为 2000h，现要求不缺货的概率不小于 0.95，试确定该零件 1 年的备件储存量。

解：方法 1：查表法。

由题知，$L\alpha T = 10\times2.25\times10^{-4}\times2000 = 4.5$

查泊松分布表的不缺货概率，如表 10-2 所列。

表 10-2 不同备件量时的不缺货概率

$L\alpha T = 4.5$			$L\alpha T = 4$		
备件量x	$\dfrac{(L\alpha T)^x \mathrm{e}^{-L\alpha T}}{x!}$	$P\{X\leqslant N\}=\sum\limits_{x=0}^{N}\dfrac{(L\alpha T)^x \mathrm{e}^{-L\alpha T}}{x!}$	备件量x	$\dfrac{(L\alpha T)^x \mathrm{e}^{-L\alpha T}}{x!}$	$P\{X\leqslant N\}=\sum\limits_{x=0}^{N}\dfrac{(L\alpha T)^x \mathrm{e}^{-L\alpha T}}{x!}$
0	0.011109	0.011109	0	0.018316	0.018316
1	0.049990	0.061099	1	0.073263	0.091579
2	0.112479	0.173578	2	0.146525	0.238104
3	0.168718	0.342296	3	0.195367	0.433471
4	0.189808	0.531376	4	0.195367	0.628838
5	0.170827	0.702203	5	0.156298	0.785136
6	0.128120	0.830323	6	0.104196	0.889332
7	0.082363	0.912686	7	0.059540	0.948872
8	0.046329	0.959015	8	0.029770	0.978642

由表 10-2 可见，当备件数$N=8$时，即可满足保障目标要求。

方法 2：列线图法。

由上知，$L\alpha T = 4.5$，$P = 0.95$。在列线图上用直线连接上述两点，即可直接求出备件储存量N，由图 10-6 知，$N = 8$。

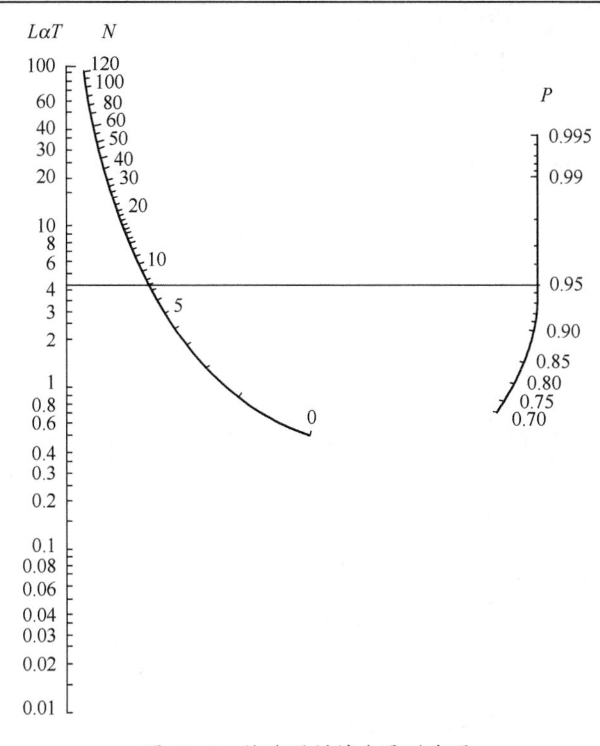

图 10-6 维修器材储存量列线图

2）可修件模型

对于可修件，由于其修复后可再使用，能够提高维修器材的利用率，因此，在其他条件相同的情况下，所储备的维修器材数相应有所减少。这时，如果采用耗损类模型，必然导致决策的失误。特别是可修件往往价格较贵，计算的误差将会造成较大的浪费。在建立数学模型时，必须考虑维修器材的可修复性。

可修件的单级保障系统结构如图 10-5（b）所示。设该系统使用单元中有某可修件 L 个，维修器材储存量为 N，维修分队数为 $c(c \leqslant N)$，每个可修件的平均需求率为 α，假设可修件故障和修复时间均服从指数分布。这样该系统可看成（排队论中的）$M/M/c/L+N/L$ 的排队系统。设 X 表示送修故障件的数量，其可能取值为 $0,1,2,\cdots,N+L$。当 X 为 0～N 时，维修器材不短缺；当 $X>N$ 时，则因维修器材短缺影响装备维修和使用。根据排队论的方法，可得出

$$P(X=k)=\begin{cases}\dfrac{L^k}{k!}\left(\dfrac{\alpha}{\mu}\right)^k p_0 & (0\leqslant k\leqslant c)\\ \dfrac{L^k}{c!c^{k-c}}\left(\dfrac{\alpha}{\mu}\right)^k p_0 & (c<k\leqslant N)\\ \dfrac{L^N L!}{c!c^{k-c}(L-k+N)!}\left(\dfrac{\alpha}{\mu}\right)^k p_0 & (N<k\leqslant N+L)\end{cases} \tag{10-8}$$

由于
$$\sum_{k=0}^{N+L}P(X=k)=1$$

则有
$$p_0=\left[\sum_{k=0}^{c}\frac{L^k}{k!}\left(\frac{\alpha}{\mu}\right)^k+\sum_{k=c+1}^{N}\frac{L^k}{c!c^{k-c}}\left(\frac{\alpha}{\mu}\right)^k+\sum_{k=N+1}^{N+L}\frac{L^N L!}{c!c^{k-c}(L-k+N)!}\left(\frac{\alpha}{\mu}\right)^k\right]^{-1} \tag{10-9}$$

因此，保障系统不缺维修器材的概率为

$$P(X\leqslant N)=\sum_{k=0}^{N}P(X=k)=\left[\sum_{k=0}^{c}\frac{L^k}{k!}\left(\frac{\alpha}{\mu}\right)^k+\sum_{k=c+1}^{N}\frac{L^k}{c!c^{k-c}}\left(\frac{\alpha}{\mu}\right)^k\right]p_0 \tag{10-10}$$

2. 多级维修器材保障系统模型

维修器材保障由两级或两级以上的管理机构负责，这样的系统称为多级维修器材保障系统。由于装备维修通常采用多级维修体制，相应地，维修器材管理机构也常常设置为多级。这样既便于实施维修器材保障，也有利于维修器材保障能力的提高和保障费用的合理使用。实践表明，在多级维修器材保障系统中，各级库存机构中备件的合理配置是一个十分关键的问题。由于问题的复杂性，需在建立系统模型的基础上，进行优化计算才能搞好配置。下面着重讨论最基本的两级备件保障系统模型。

1）系统的结构

（1）两级备件保障系统构成。两级备件保障系统由两级维修（如本级维修和上级维修）、两级库存（如本级仓库和上级仓库）、备件源及备件报废处理等要素组成（图 10-7）。装备作为保障系统的保障对象产生对备件的需求。两级维修主要负责对故障单元的更换、修理或报废。本级仓库负责向装备提供所需的备件，而且将接收本级修复后的故障件作为备件储存；上级仓库负责向本级仓库供应所需备件，接收上级修复后的故障件作为备件储存，且承担备件的请领和购置任务。备件源可理解为备件的生产单位或采购市场渠道。报废处理通常由上级维修机构负责实施。

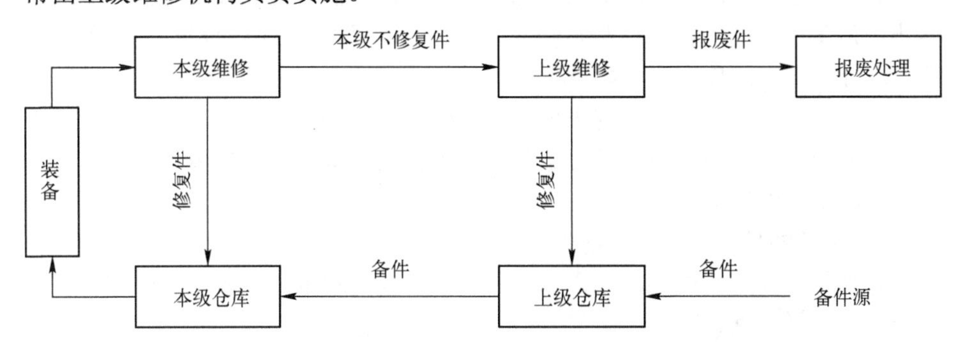

图 10-7　两级备件保障系统结构示意图

（2）备件流程分析。若装备中某一可更换单元（零部件、组件或模块等）出现故障后，马上将其从装备中拆下并送本级修理部门进行修理；与此同时，本级仓库如果有该种备件，则立即实施供应并将其安装到装备上。对于故障单元，本级维修首先判断该故障是否可在本级修理，如果可修复则本级进行修理，并将修复件送往本级仓库；否则，将该故障件（即本级不修复件）送上级维修进行修理，同时从上级仓库请领一个备件送到本级仓库储存。此时，上级仓库若无该备件，则应立即到备件源采购，再送到本级仓库。此后，再判断该故障件是否能修复或值得修复，即从经济性角度修复该件的费用小于购买一个同类件的费用。如果可以修复或值得修复，就将其修复后送上级仓库储存；否则，将其报废（此时，可等同于弃件修理），并重新购置一个备件补充到上级仓库储存。

2）系统的基本参量

（1）对可修件的修复时间。修复时间是产品维修性和维修部门维修能力的综合反映。产品可修复性好，维修能力强，故障件的修复时间短、速度快，从而提高备件的利用率，保证装备可用度。因此，改善产品可修复性，提高维修机构的维修能力，是降低备件费用、提高备件保证度的有效措施。

（2）备件的获取时间。当备件的库存量减少到一定程度时，就必须向备件生产厂或备件市场等（统称为备件源）进行采购。备件的获取时间反映了这种采购的难易程度，若易于采购，则获取时间短，备件保障度就高；反之，备件保障度则低。

（3）备件库存水平。对于各种装备，都规定有一定的备件库存量水平。备件库存水平越高，对备件的供应保障能力越强，从而备件保障度增大，反之则减小。但是，过高的库存水平必将增大备件的购置费和库存费用，造成积压浪费。因此，备件的库存水平要适当。

（4）备件需求率。备件需求率反映了装备需要备件的程度，它不仅取决于零部件的故障率，也取决于维修策略、装备使用管理、装备使用环境、零部件对损坏的敏感性等因素。

3）系统的量化目标——备件保障度

备件保障度是指装备在规定的条件下，在任一时刻一旦需要备件有所需备件的概率，记为 $A_s(t)$ 。

若令

$$X(t)=\begin{cases}0 & (t\text{时刻装备需要备件时有所需备件})\\1 & (t\text{时刻装备需要备件时无所需备件})\end{cases}$$

则装备在 t 时刻的备件保障度为 $A_s(t)=P\{X(t)=0\}$ 。显然，此即瞬时备件保障度，它只涉及在时刻 t 装备是否有所需要的备件。在实际分析中，常用稳态备件保障度反映备件保障的程度。若 $\lim\limits_{t\to\infty}A_s(t)=A_s$ 存在，则称其为稳态备件保障度（以下简称备件保障度），模仿可用度的概念，它可表示为在一给定时间内装备能工作时间和因缺少备件造成装备不能工作时间总和之比。用平均时间表示备件保障度，即

$$A_s=\frac{\bar{U}}{\bar{U}+T_s}$$

式中 $\bar{U}$——装备平均可用时间；

T_s——平均备件供应延迟时间，即由于缺乏备件而造成装备的平均停机时间。

备件保障度反映了备件保障对装备使用可用度影响的程度。这样，备件保障系统的目标则是确保一定的备件保障度，因而可选择 A_s 为备件保障系统的优化目标。根据备件保障系统的特点是可以建立不同的备件保障度模型。现举一例说明备件保障度模型的建立过程。

例 10-2　试建立两级备件保障系统的备件保障度模型。

解:（1）基本假设。根据备件保障系统的特点，可做如下假设：

① 上级维修和上级仓库负责 k 个完全相同的本级维修和本级仓库的备

件维修和供应，且每个本级维修和本级仓库负责 u 台同型装备的备件维修和供应。

② 备件的需求为泊松过程。

③ 不同类别可更换单元对备件的需求相互独立。

④ 备件保障系统处于稳态。

（2）变量和参数说明：

i ——第 i 类可更换单元，$i=1,2,\cdots,n$；

k ——保障系统中本级维修机构数；

u ——保障系统所保障的装备数量；

α_i ——u 台装备中，第 i 类可更换单元对备件的需求率，即 u 台装备在单位时间内需要第 i 类备件的概率；

X_i ——第 i 类可更换单元在一定时间内对备件的需要量，X_i 为随机变量；

r_i ——本级维修的修理率，它表示由本级维修修理第 i 类故障件的数目占第 i 类故障件总数的比例；

t_{b} ——本级维修的平均修复时间，即故障单元从装备中拆下到本级维修机构对其修复完毕所经历的平均时间；

t_{o} ——本级维修的平均请领周转时间，即从发出请领单到本级仓库收到备件的平均时间；

t_{d} ——上级维修的平均修复时间，即故障件从装备中拆下到上级维修机构修理完毕所经历的时间；

t_{c} ——上级维修的平均购置时间，即上级仓库从备件源购买备件所需时间的平均值；

t_{l} ——上级仓库得到备件的平均时间；

$t_{\omega,t}$ ——由于上级仓库缺货而需等待备件的平均延迟时间；

T_i ——本级仓库得到第 i 类备件的平均时间；

φ_I ——第 i 类故障单元的报废率，$0\leqslant\varphi\leqslant1$，对于弃件式维修，$\varphi_i=1$；

S_i ——本级仓库第 i 类备件的库存水平；

$S_{\mathrm{o},i}$ ——上级仓库第 i 类备件的库存水平；

$B_i(S_{\mathrm{o},i},S_i)$ ——上级仓库的库存水平为 $S_{\mathrm{o},i}$、本级仓库为 S_i 时的本级仓库库存备件缺货数；

$D_i(S_{o,i})$——在上级仓库库存水平为 $S_{o,i}$ 时的上级仓库库存备件缺货数，是一个随机变量；

Y_i——第 i 类可更换单元在一定时间内需上级仓库供应的备件数量，Y_i为随机变量。

4）备件保障度模型

（1）上级仓库库存缺货数的计算。根据备件需求为泊松过程的假设，t_1 内对上级仓库的需求量 Y_i 的概率密度函数为

$$g(y_i)=\begin{cases}\dfrac{\mathrm{e}^{-\alpha_{io}t_l}(\alpha_{io}t_1)^{y_i}}{y_i\,!} & (y_i=0,1,2,\cdots)\\ 0 & (\text{其他})\end{cases} \tag{10-11}$$

式中　α_{io}——上级维修备件需求率，$\alpha_{io}=k\alpha_i(1-r_i)$，$t_1=\varphi_i t_c+(1-\varphi_i)t_d$。

因此，在t_1时间内上级仓库库存水平为$S_{o,i}$时的$D_i(S_{o,i})$的期望值为

$$E[D_i(S_{o,i})]=\sum_{y_i>S_{o,i}}g(y_i)(y_i-S_{o,i}) \tag{10-12}$$

（2）T_i 的确定。令η_i 表示上级仓库库存缺货率，即在t_1时间内，上级仓库的平均缺货数相对于应供数的比例，则有

$$\eta_i=\frac{E[D_i(S_{o,i})]}{k\alpha_i(1-r_i)t_1} \tag{10-13}$$

因而，本级仓库得到备件的平均时间为

$$T_i=r_i t_b+(1-r_i)\left[t_o(1-\eta_i)+(t_o+t_l)\eta_i\right] \tag{10-14}$$

记

$$t_{\omega,i}=\eta_i t_1=\frac{E[D_i(S_{o,i})]}{k\alpha_i(1-r_i)}$$

则

$$T_i=r_i t_b+(1-r_i)(t_o+t_{\omega,i}) \tag{10-15}$$

（3）基层级备件平均缺货数的计算。同确定$E[D_i(S_{o,i})]$过程，可以得到$B_i(S_i,S_{o,i})$的期望值为

$$E[B_i(S_i,S_{o,i})]=\sum_{x_i>S_i}f(x_i)(x_i-S_i) \tag{10-16}$$

其中

$$f(x_i)=\begin{cases}\dfrac{\mathrm{e}^{-\alpha_i T_i}(\alpha_i T_i)^{x_i}}{x_i\,!} & (x_i=0,1,2,\cdots)\\ 0 & (\text{其他})\end{cases} \tag{10-17}$$

（4）备件保障度 A_s 的计算。设 ξ_i 表示本级仓库库存缺货率，则

$$\xi_i = \frac{E[B_i(S_i, S_{o,i})]}{T_i \alpha_i} \tag{10-18}$$

若设每台装备中具有第 i 类可更换单元的数量为 q_i 个。那么，在给定时间 t 内，每台装备中的任一位置上，由于缺少备件造成的装备停机时间为

$$T_{sij} = \frac{\alpha_i t \cdot \xi_i \cdot T_i}{uq_i} \tag{10-19}$$

所以 $$A_{sij} = \frac{\bar{U}}{\bar{U} + T_{sij}} = 1 - \frac{T_{sij}}{\bar{U} + T_{sij}} = 1 - \frac{T_{sij}}{t} = 1 - \frac{\alpha_i \cdot \xi_i \cdot T_i}{uq_i} = 1 - \frac{E[B_i(S_i, S_{o,i})]}{uq_i} \tag{10-20}$$

式中　A_{sij}——第 i 类可更换单元第 j 个位置上备件的保障度，$j = 1, 2, \cdots, q_i$。

因 q_i 个第 i 类可更换单元对备件的需求是串联关系，故第 i 类可更换单元的备件保障度为

$$A_{si} = S_{sij}^{\ q_i} = \left\{1 - \frac{E[B_i(S_i, S_{o,i})]}{uq_i}\right\}^{q_i} \tag{10-21}$$

所以，整个装备的备件保障度为

$$A_s = \prod_{i=1}^{n} A_{si} = \prod_{i=1}^{n} \left\{1 - \frac{E[B_i(S_i, S_{o,i})]}{uq_i}\right\}^{q_i} \tag{10-22}$$

联立式（10-12）～式（10-14）和式（10-22）即可求出备件保障度 A_s。

以上通过对影响备件保障度 A_s 的主要因素以及两级备件保障系统的分析，在备件需求为泊松过程等基本假设的条件下，建立了备件保障度模型。该模型所涉及的参数有 13 个，即 a_i，r_i，t_b，t_o，t_d，t_c，φ_i，S_i，$S_{o,i}$，u，k，n 及 q_i。其中，对特定保障系统，t_o，t_c，S_i，$S_{o,i}$，u，k，n 及 q_i 的数据将相应确定，t_b 和 t_d 的数据通过试验和分析比较容易获得，r_i 和 φ_i 经过统计分析也可以得到比较适用的数据，而 a_i 数据的获得相对麻烦些，且 a_i 对 A_s 的影响比较大。因此，利用该模型计算 A_s 的关键是能否合理地确定备件需求率。

该模型通常可以用来对已有的备件保障系统有效性进行评估，但用途最广且最有意义的是对备件保障系统进行优化，即将 A_s 作为目标函数，备件费用作为约束条件，对备件库存水平进行优化，以达到理想的费用效果。将该方法在计算机上得以实现是很有实用价值的。

10.5 维修设备的选配

维修设备是指装备维修所需的各种机械、电器、仪器等的统称。一般包括拆卸和维修工具、测试仪器、诊断设备、切削加工和焊接设备、修理工艺装置以及软件保障所需的特殊设备等。维修设备是维修资源中的重要组成部分，在装备寿命周期过程中，必须及早考虑和规划，并在使用阶段及时补充和完善。

10.5.1 维修设备分类

维修设备分类方法较多，最常见的分类方法是根据设备是通用的还是专用的进行分类。

（1）通用设备。通常广泛使用且具有多种用途的维修与测试设备均可归为通用维修与测试设备。例如，手工工具、压气机、液力起重机、示波器、电压表以及软件复制、训练及供应设备等。

（2）专用设备。专门为某一装备所研制的完成某特定保障功能的设备，均可归为专用设备。例如，为监测某型装备上某一部件功能而研制的电子检测设备等。专用设备应随装备同时研制和采购。随着装备复杂程度的日益提高，专用设备费用也呈现越来越昂贵的趋势，对于装备保障费用及装备战备完好率都有较大的影响。在规划装备维修设备时，应尽量避免使用专用设备，以便降低装备的寿命周期费用。

10.5.2 维修设备选配时应考虑的因素

经验证明，由于维修设备选配不当，致使一些设备长期闲置，有些设备则严重不足，给装备使用与维修造成直接影响。因此，正确合理地选择维修设备是维修设备规划工作的第一个环节，必须严格把好这一关，为装备选择技术上先进、经济上合算、工作上实用的与装备相匹配的维修设备。

在选配维修设备时应注意考虑以下几方面问题。

（1）在装备研制阶段，必须把维修设备作为装备研制系统工程中的一项内容进行统一规划、研制和选配。

（2）要考虑各维修级别的设置及其任务分工。应根据维修工作任务分析和修理级别分析的结果，综合考虑各维修级别与维修任务，对各级别所要修理的项目种类、需完成的测试功能、预期的工作强度和设备利用率等进行综合权衡。应优先考虑选用部队现有的维修设备；当现有维修设备数量、功能与性能不能满足装备维修需要时再考虑补充维修设备。

（3）应使专用设备的品种、数量减少到最低限度。在装备设计中规划维修设备时，在满足使用与维修要求的前提下，应优先选配通用的维修设备，特别是市售商品。

（4）要综合考虑维修设备的适用性、有效性、经济性和维修设备本身的保障问题。

（5）配发在部队级的设备应强调标准化、综合化和小型化。在满足功能和性能要求的基础上，力求简单、灵活、轻便、易维护，便于运送和携带。

10.5.3　维修设备需求确定及其主要工作

在研制装备的早期，通过维修工作分析，确定维修设备需求，并根据装备研制进度对维修设备做出初步规划。在方案阶段，应根据装备设计方案和维修方案尽早确定预期的维修设备要求，以便对维修设备提出资金计划。缺乏足够的资金将对维修设备研制计划的实施带来不利的影响。维修设备需求的确定过程开始于方案阶段，并且随着装备设计的成熟而逐步详细和具体。维修设备的具体设计要求要在工程研制阶段逐步确定下来。在装备整个研制过程中，因为维修工程其他方面的工作也需要维修设备需求方面的资料，所以在方案阶段所建立的维修设备的基线不能随意变动。

在装备维修保障方案确定后，根据各维修级别应完成的维修工作，可以确定维修设备的具体要求，并据此评定各维修级别的维修能力是否配套。当分析每项维修工作时，要提供保障该项工作的维修设备类型和数量方面的数据。利用这些数据可确定在每一维修级别上所需维修设备的总需求量。较低维修级别所需的维修设备应少于较高维修级别，否则需要重新分配维修任务。在进行费用权衡时，如需要配备价格十分昂贵的维修设备时，应慎重研究，必要时可考虑修改装备维修保障方案，直至修改装备设计。

维修设备的选配涉及很多方面，具有很多接口。一方面，它的需求主要取决于装备使用与维修工作，并与装备设计相协调和相匹配；另一方面，它又与备件供应、技术资料、人员训练以及软件保障有密切关系。因此，对维修设备需求的任何更改必须提供给其他专业，以修正有关的保障要求。

在研制（包括采购）维修设备前，要论证并确定包括可靠性、维修性等要求在内的战技要求，制订完整的研制计划，说明应进行的工作，严格地执行研制程序，明确与相关专业工作的接口，并做好费用和进度的安排。维修设备研制计划的实施保证了所确定的维修设备要求的落实。在工程实践中，维修设备的论证与研制往往比主装备开始得晚，而又要同时定型甚至更早些，这就要求对其采取“快捷策略”进行研制与采购。

维修设备获取的主要工作如下：

（1）确定维修设备的种类与功能要求，如随车（机）工具、自动测试设备等。

（2）编制初始维修设备清单，包括通用设备和专用设备。

（3）进行维修设备的综合权衡，应考虑各维修级别的工作、维修设备利用率、维修设备本身的保障要求及费用因素等，以形成维修设备清单。这份清单还可用于维修工作分析时选用维修设备之用。

（4）明确是研制、改进还是采购维修设备，对承制方或供应方提出维修设备要求。

（5）进行维修设备的设计与研制（或采购）。

（6）编制维修设备的技术手册，其中应说明设备的工作原理、结构简图、使用与维修方法、测试技术条件以及保障要求等。

（7）提出维修设备的保障设施要求，如动力、空间、环境和专门的基础建设等。

（8）维修设备的验收与现场使用评估。

图 10-8 所示为维修保障设备获取过程。在装备使用阶段，应在维修实践中检验维修设备的性能（含可靠性）和完备性，并根据需要改进和补充。这种改进、补充同样要遵循以上程序。

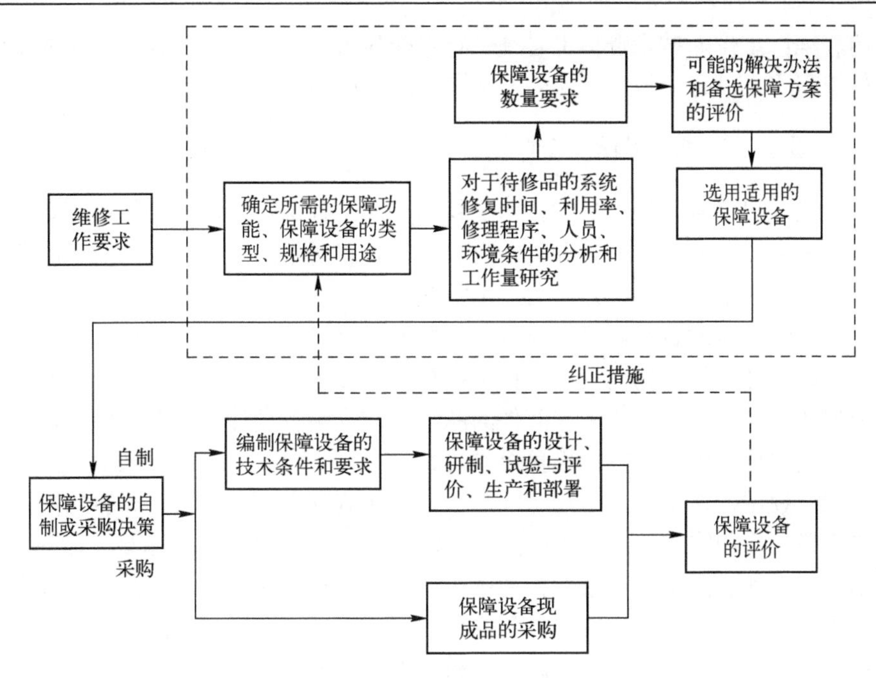

图 10-8　维修保障设备获取过程

10.6　技 术 资 料

技术资料是指将装备和设备要求转化为保障所需的工程图样、技术规范、技术手册、技术报告、计算机软件文档等。它来源于各种工程与技术信息和记录，并用来保障使用或维修一种特定产品。就提交给部队的技术资料看，其范围也很广泛，包括装备使用和维修中所需的各种技术资料。编写技术资料的目的是为装备使用和维修人员正确使用和维修装备规定明确的程序、方法、规范和要求，并与备件供应、维修设备、人员训练、设施、包装、装卸、储存、运输、计算机资源保障以及工程设计和质量保证等互相协调统一，以便使装备发挥最佳效能。

编写技术资料是一项非常烦琐的工作，涉及诸多专业。提交给部队的各项技术资料文本必须充分反映所部署装备的技术状态和使用与维修的具体要求，准确无误，通俗易懂。由于装备的研制过程是不断完善的过程，所以反映装备使用和维修工作的技术资料也必须进行不断的审核与修改，并执行正式的确认和检查程序，以确保技术资料的准确性、清晰性和确定性。

10.6.1 技术资料的种类

为满足日益复杂的装备对技术资料的要求，各军兵种、各种装备都有各自的编制技术资料的要求，其种类、内容及格式有所不同，应按合同要求或保障要求而定。通常有下述几方面的技术资料。

（1）装备技术资料。这类技术资料主要用来描述装备的战术技术特性、工作原理、总体及部件构造等，包括装备总图、各分系统图、部件分解图册、工作原理图、技术数据、有关零部件的图纸，以及装备设计说明书、使用说明书等。它是根据工程设计资料编纂而成的。

（2）使用操作资料。这是有关装备使用和测试方面的资料，一般包括操作人员正确使用和维护装备所需的全部技术文件、数据和要求。例如，装备正常使用条件下和非正常使用条件下的操作程序与要求；测试方法、规程及技术数据；测试设备的使用与维修；装备保养的内容与方法；燃料、弹药、水、电、气和润滑油脂的加、挂、充、添方法和要求；故障检查的步骤等。

（3）维修操作资料。维修操作资料是各维修级别上的装备维修操作程序和要求。各级维修人员使用该类资料保证装备每一维修级别的修理工作按规范进行。维修操作资料一般包括：故障检查的方法和步骤；维修规程或技术条件，包括各维修级别维修工作进行的时机、工作范围、技术条件、人员等级、设备工具等；更换作业时，拆卸与安装以及分解与结合各类机件的规程和技术要求；装备预防性维修所需的资料、程序、工艺过程、刀具和工艺装备等设备要求、质量标准和检验规范、修后试验规程等。不仅要有一般情况下的维修资料，而且要有战场抢修、抢救（或损管）方面的资料。

（4）装备及其零部件的各种目录与清单。该类资料是备件采购和费用计算的重要依据。一般可以编成带说明的零件分解图册或者是备件和专用工具清单等形式。该类资料也可随维修操作资料一同使用，供维修人员确定备件和供应品需求。

（5）包装、装卸、储存和运输资料。装备及其零部件包装、装卸、储存和运输的技术要求及实施程序。例如，包装的等级、打包的类型、防腐措施；装卸设备、装卸要求；储存方式及要求；运输模式及实施步骤等。

10.6.2　技术资料的编写要求

技术资料的形式一般为手册、指南、标准、规范、清单、技术条件和工艺规程等。技术资料的形式和内容虽有所不同，但编写的基本要求大致相同。其主要要求如下：

（1）制订好编写计划，这是编制工作成败的关键。技术资料的编制计划要与装备设计和保障计划相协调，以便及时获得所需的资料。在资料的编写计划中，除了编写内容及进度要求外，还应包括资料的审核计划、资料的变更和修订计划以及资料变更文件的准备安排等。应当注意装备的使用、维修、备件、工具和保障设备等方面的文件计划要求是否协调一致。

（2）技术资料要简单明了，通俗易懂，要充分考虑使用对象的接受水平和阅读能力。图像说明要清晰、简洁。对于要点及关键部位要用分解或放大的图形或特别的文字加以说明。国外对编写技术资料有明确的规定和要求，包括易读程度等级和评估易读等级水平的方法，有些做法可资借鉴。我国也有编写技术资料的一些标准、法规，应予遵循。

（3）资料必须准确无误，提供的数据和说明必须与装备一致。每一操作步骤、工具和设备的使用要求，每一要求和技术数据都必须十分明确，互相协调统一。资料中的任何错误或不准确都可能造成使用和维修操作发生大的事故，导致对人身或财产的伤害，使得预定的任务无法完成。

（4）技术资料编写所用的各种数据与资料是逐步完善的，要注意资料更改后，相互衔接，协调统一。为保证不出差错，要制定相应的数据更改接口与管理规定，做到万无一失。

（5）要严格遵守编写进度的要求，不得延迟交付时间。技术资料不仅是保证装备部署后的使用，还要保证各种试验和鉴定活动、维修与施工过程以及训练活动的使用。所以应尽早编写初始技术资料，随着研制工作的不断开展而逐步完善，以保证不同时期的使用。

（6）为确保交付的技术资料准确无误、通俗易懂，适合于使用对象的知识和接受能力，必须按资料的审核计划对其进行确认和检查。只有通过规定的验证和鉴定程序的资料，才可交付使用，这是保证质量的关键。

随着信息技术的发展，技术资料的数字化已经日渐成为现实。交互式电子技术手册（Interactive Electronic Technical Manual，IETM）正在越来越广泛地得到应用。这种供部队使用和维修装备的技术资料，应当在装备研制过程中统一考虑，以便及早提供给部队。

10.6.3 技术资料的编制过程

技术资料的编制过程是收集资料、加以整理并不断修订和完善的过程。在方案阶段初期，应提出资料的具体编制要求，并依据可能得到的工程数据和资料，在方案阶段后期开始编制初始技术资料。随着装备研制的进展，技术资料也应不断细化，汇编的文件即可应用于有关保障问题的各种试验和鉴定活动、保障资源研制和生产及部队作战训练使用等方面。应用技术资料的过程也是验证与审核其完整性和准确性的过程。对于文件资料中的错误要记录在案，通过修订通知加到原来的文件资料中。此外，当主装备、保障方案及各类保障资源变动时，技术资料也应根据要求及时修订。

装备列装部署使用后，随着使用、维修实践经验的积累以及装备及其零部件的修改，对维修资料要及时修改补充。通过不断应用，不断检查和修订，最终得到高质量的技术资料。图 10-9 所示为技术资料的编写过程。

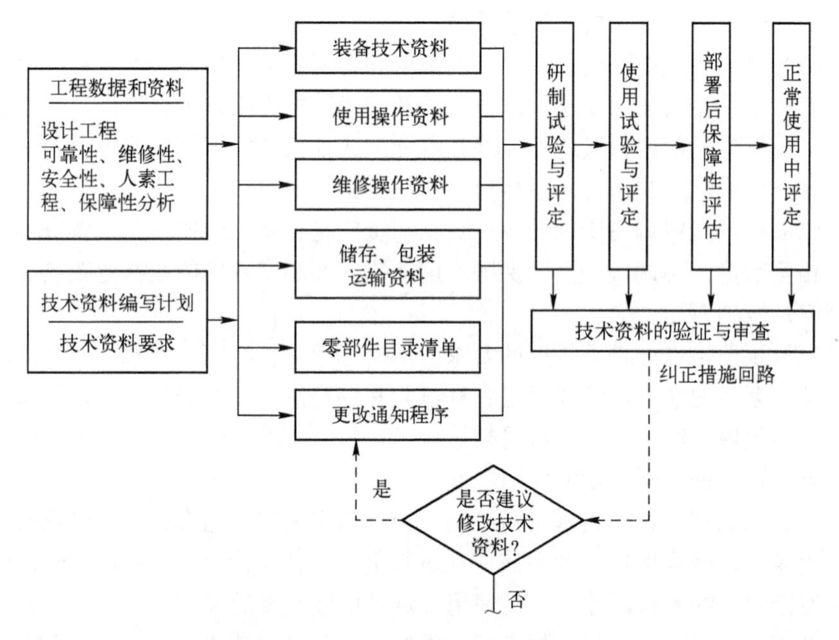

图 10-9 技术资料的编写过程

思　考　题

1．进行维修工作分析与确定有何意义？

2．维修资源确定的主要依据有哪些？可在哪些层次上确定与优化维修资源？

3．影响备件需求率的主要因素有哪些？

4．某装备上使用某种同型元件 20 个串联工作，已知其$\alpha = 2.0 \times 10^{-4} / \mathrm{h}$，装备每年累计工作时间为 500h，若要求备件保障度不小于 0.95，试确定初始 2 年内该元件随机配备的备件数 N。

5．确定维修设备、技术资料及要求有何意义和作用？

第 11 章　软 件 保 障

现代武器系统和自动化信息系统中广泛使用着各种计算机，各种软件密集系统（soft-ware-intensive system）接连出现。在这些装备中，计算机软件的质量和状况成为装备能否完成其规定功能、执行作战与保障任务的重要因素。软件的状况是装备战备完好性的重要影响因素。软件质量状况固然决定于软件的开发过程和水平，但软件投入使用后同硬件一样需要保障。本章主要介绍软件保障要素、组织实施、关键技术等基本知识。

11.1　概　　述

11.1.1　基本概念

软件保障是指为保证投入使用的软件能持续完全地保障产品执行任务所进行的全部活动。软件保障包括部署前软件保障和部署后软件保障，而以部署后保障为重点。软件保障与软件维护常常混用。实际上，软件保障是比软件维修略为广泛的概念，软件保障还包含使用人员训练、供应等因素，但以软件维护为主体。

从表面上来看，软件保障与硬件保障十分相似，但却有着本质上的差别。例如，软件维修实际上是针对软件缺陷、环境改变或需求变化的软件更改（重新设计），而不是像硬件那样主要是保持或恢复规定的状态；供应、备份概念也不相同。而软件密集系统的保障问题与一般装备保障问题相比，发生了质的变化。因此，对软件维修、保障和软件密集系统保障问题需要专门的研究和特殊的关注。

软件密集系统，或称软件密集型装备，是指装备系统中的软件在系统研制费用、研制风险、研制时间或系统功能、特性等的一个或更多方面占主导地位的系统。各种现代飞机、舰艇、导弹、航天装备、C^3I、C^4ISR 等武器系统和信息系统，特别是那些计算机控制的飞控系统、火控系统、指控系统等都是典型的软件密集系统。本书对软件保障和软件密集系统的保障不再加以区别，统一称为软件保障。

11.1.2　意义

多年来，外军对装备中的软件保障问题非常重视。特别是在 20 世纪 90 年代初的海湾战争及以后的几次作战中，软件保障成为美军武器装备保障的重要内容，发挥了应有的作用。美军在战争中对“爱国者”导弹武器系统软件进行了 5 项更改，而情报与指挥系统进行了多达 30 余项更改。其经验表明，对于任何一种具体的战场系统，特别是威胁敏感的系统，软件更改可能以每月几次的速率出现。除军事意义外，软件保障问题还有重大的经济意义。随着软件规模和复杂性的增加，软件成本将持续地上升。一些大规模的复杂武器系统的软件研制费用高达数亿元至数百亿元。同时，软件保障费用大大增加，国外典型软件系统寿命周期费用中软件保障费用占软件总费用的 67%。软件保障还要求高水平的技术人员。所以，软件保障的研究和实践就格外重要。

我军随着武器装备和自动化信息系统的发展，软件保障问题已经浮现出来，各军兵种部门在情报指挥系统、导弹武器系统等装备中都遇到了软件保障问题。而且这个问题将越来越严重，软件和软件密集系统保障的需求越来越普遍，需要引起高度重视。

11.2　软件保障要素

研究装备维修保障最重要的是综合考虑各种因素，建立、健全维修保障系统。但人们往往看重的是硬件的保障，实际上，软件的保障同样存在这些要素，而且从长远看其重要性、技术难度和所需资源都不亚于硬件。对含有软件或软件密集系统，应当特别重视有关软件和软硬件接口保障的要素。

11.2.1　维修规划

进行维修（保障）规划或更广泛的保障规划，是建立保障系统和实施保障的前提。装备保障规划的基本原理对于含有软件或软件密集系统也是适合的。对软件密集型装备的保障规划必须同时考虑软件和硬件的维修。这里仅讨论软件维护（保障）规划方面的问题，包括软件保障方案和软件保障计划。

1. 软件保障方案

软件保障方案是对软件保障的总体构想，主要规定软件维护的程度、交付后工作、提供维修人员或部门的设想、寿命周期费用的估算等。软件维护方案应在软件开发的早期制订。

（1）软件维护的范围。软件维护范围也称软件维护的程度，主要规定维护机构将为用户提供多少维护。软件维护范围可划分 4 级。

1 级——完全维护：为软件提供全面的保障工作，包括纠错性维护、适应性维护和完善性维护，训练，提供帮助，全部文档，交付保障等。

2 级——纠错性维护：除不提供适应性维护、完善性维护外，与 1 级维护的范围相同。

3 级——有限纠错性维护：只提供必要的纠错性维护，即只有最急迫的问题才进行处理。

4 级——有限软件配置管理：不提供维护经费，仅进行有限的配置管理，等到将来有经费后再进行更高级别的维护。

在制订软件保障方案时，要确定维护范围。至于采用哪一级维护，经费是限制软件维护深度的一个主要约束。

（2）交付后工作。软件交付后，不同的维护机构应该承担不同的维护工作内容，这些工作是从总的维护过程所规定的维护活动中剪裁出来的。例如，有的机构负责训练，有的只进行软件的帮助。维护方案中应明确规定谁完成什么工作，特别要反映用户对维护工作划分的愿望，如用户是否希望由维护机构从事进行训练和帮助等工作。

（3）维护主体的设想。要针对一个具体系统精确勾画维护机构要完成的维护工作涉及许多因素。例如，如果一个系统只用 2 年，则可能由开发者完成所有的维护就可以了。而装备数量较多的部队、大型团体或公司则可能决定拥有一个独立的维护机构来完成维护任务。

维护主体的设想需要考虑软件维护机构的能力。维护机构的能力可以通过评估来确定，从中做出最优的选择。评估因素通常应涉及长期费用、启动费用、地点、资格（如是否完成过相似软件的维护）、历史情况、机构的可用性、进度安排、领域知识等。

（4）费用估计。寿命周期费用通常是维护范围的函数，1 级肯定需要的寿命周期费用最大。当然在估计寿命周期费用时，还应当注意维护机构到用户地点的旅差费用、维护人员训练费用、硬件及软件环境的年度维护费用、维护人员薪金等。实际上，这些费用的估算是非常困难的，但还是有必要进行估计。据历史统计，软件每年的维护费用为开发费用的 10%～50%。

2．软件保障计划

完成软件保障方案后就应着手制订软件保障计划。对于军用软件，软件保障计划是其计算机资源全寿命管理规划的一部分，对于其他维护机构，软件保障计划也是其全寿命规划的一部分，或者是一份独立的软件保障计划。制订软件保障计划是十分重要的。

维修规划主要考虑的因素有：

（1）为什么要提供保障。

（2）谁将完成何种工作。

（3）各成员将担任什么角色、负什么责任。

（4）估计本项目所需人员的规模。

（5）如何完成这些工作。

（6）哪些资源可用。

（7）这些保障将在哪里完成。

（8）何时进行。

在规划中，还包含有关软件供应保障和软件保障资源的确定等内容。

11.2.2　人员与人力

软件密集系统必须同时准备软件和硬件保障的人员和人力。在软件维护中的编程工作，不论是纠正性维护活动还是增强性能，都是软件的再开发，通常与开发一个新的计算机软件配置项目一样具有挑战性。软件维护同样要进行需求分析、系统设计、软件实现、测试，并同时建立各种文档。因此，需要各种软件工程人员。即使是与软件保障有关的计算机程序员，其要求编程技巧也应接近于那些软件开发人员。软件开发往往有相对长的时间和系统的组织指导，而软件维护则可能在较为困难的条件下，有时甚至是十分紧急的情况下进行的。从这个意义上说，软件保障人员可能要求比软件开发人员具有更高的技术水平。

如前所述，软件维护、保障的工作量是相当大的，需要有足够数量的保障人员。

11.2.3　训练与训练保障

显然，不论是谁承担软件保障工作，软件维护人员和软件供应人员都需要经过充分的高层次培训。除一般软件工程、计算机软件的知识外，还要结合装备软件进行培训。

11.2.4 供应保障

装备的供应保障主要是维修器材、油料、弹药等的筹措、运送、补充。对于硬件，备件与它所要替换的零部件是同样规格尺寸，用它替换损坏的零部件就可以修复装备。而软件则不同，软件故障或需要改进性能，用备份的软件替换是没有意义的。所以，由于软件维修是重新设计，改变了软件配置，故传统意义上的备件对软件维修没有意义。但软件更改后，使用在同样条件下的同型软件都要更新，所以软件仍存在供应问题。同时，软件因媒体损伤或敌对威胁造成破坏时，也有恢复软件配置的问题，这时需要的是类似硬件更换的重新复制，要再供应。

软件供应或再供应与硬件供应有很大不同。软件可以通过卫星传送、有线传送、战术系统传送、快递和战区机动的复制与分发系统等多种方式快速分发。

对于软件供应保障来说，一个重要的问题是软件不同版本的识别和分发问题。由于软件是“无形”的，它虽然保存在不同的载体中，但从外表“看不见、摸不着”，其识别困难；在分发中容易出现差错，这是比硬件突出的问题。这一问题带来管理战场上的软件版本的沉重负担。因此，在软件保障中要加强软件配置管理，跟踪系统更改，搞好软件存储、标志和载体管理，防止分发中的差错。

11.2.5 技术资料

技术资料是装备保障的重要因素。对于复杂装备，离开技术资料实施维修保障的实施几乎是不可能的。软件是知识密集产品，“看不见、摸不着”，所以，对软件维修和保障来说，技术资料的重要性比对硬件更突出。

对于军用装备中的软件保障，除各种软件文档外，还要有软件综合保障计划、投入使用或部署计划、保障转移计划和战场系统用户手册等。

11.2.6 保障设备与设施

同硬件比较，也许软件保障需要的设备、设施规模和数量要少一些，而且大都是通用设备，如可编程只读存储器和 PCB 程序设计器、CD-ROM、磁带、软盘复制器等。为提供软件野战再供应能力，需要战区机动的复制和分配系统。它可由安装接收卫星、无线电和其他传输设备的车辆与（存放新发布或再补给软件在适当媒体上所需要的）复制设备一起组成。

11.2.7 设计接口

软件保障问题，要从研制抓起，改善软件可靠性以减少失效、减少维护，改善可维护性以便于维护，这是缓解软件维修、保障问题的根本途径。要像抓硬件可靠性、维修性一样抓好软件可靠性与可维护性，应当建立其保障性设计准则。软件开发时不注意保障问题，最后会是一个很差的设计，以致维修原始编码比全面重新开发还费钱费事。

软件保障性（software supportability）是指软件所具有的能够和便于维护、改进、升级或其他更改和供应等的能力。影响软件保障性的因素包括开发过程的项目管理和软件配置管理；软件产品特性，特别是可维护性；计算机保障资源等方面。

11.3 软件保障的组织与实施

11.3.1 保障组织

由于硬件维修是恢复或保持规定状态，一般来说相对简单，只要找出损坏的单元并将其用好零部件替换即可。为了提高维修的及时性，常常采用两级、多层次维修机构维修。而软件维修，必须重新设计软件以排除类似故障或缺陷，还必须检查系统剩余部分以确保已找到并排除的失效不会将其他错误或潜在故障引入系统。显然，软件维修由于是重新设计，故有更高的技术要求。因此，部队只能进行简单的重新启动、软件复制、安装之类的工作；软件修改则要由原始开发单位或基地级来进行。所以，软件维修通常只需设两个维修级别。

由于软件维护技术复杂、难度大，许多软件维护工作由部队完成比较困难，软件维护要更多地依靠研制单位或高层次的“软件编程中心”。与维护相联系的其他保障工作大体上也是如此。所以，软件保障一般有三种基本的组织形式。

（1）软件的原始开发单位（原始设备制造商（original equipment manufacturer，OEM））保障。由软件原始开发单位进行软件保障的优点是明显的，他们对所开发的软件比较熟悉，有比较完全的技术资料，并且一般来说有较强的实力，也不需花费移交时间，是目前广泛采用的一种保障组织形式。特别是在我国目前的情况下，这是主要的形式。在装备列装初期，这种形式几乎是唯一的选择。即使在美军装备软件保障中，如预警机等武器平台的嵌入式软件基本上都是由承包商进行长期保障的。但是，由原始开发单位进行保障，从长远看也存在某些问题或不足。例如，从开发单位来说，他们往往有自己的新工作、新项目，从事软件保障所获得的经济效益有限，而“麻烦”甚多，开发人员未必愿意进行，加上人员流动、资料的缺陷，承担具体维护的人员未必熟悉原来的软件等；从使用部门、单位来说，依靠原开发单位，始终处于“受制于人”的地位，信息沟通、工作安排等都可能有困难，保障及时性可能受到影响。

（2）使用方保障。由装备使用单位组织进行软件保障。通常由各军兵种集中组织自己的软件保障机构，对装备软件实施保障。美军各军种建立了软件保障中心或软件编程中心，对各自的（部分）装备软件实施保障。据统计，美军 20 世纪末军队软件保障人员达到约 9000 人，可见其规模已相当大。显然，由使用方实施保障，其主动性、及时性都会更好。上面列举的海湾战争中“爱国者”导弹和伊拉克战争中 F-16 飞机的软件维护都是由军队保障单位实施的。特别是对数量较多、时间较长的装备，采用使用方保障往往是更好的。

（3）第三方保障。由非开发单位和使用部门、单位的第三方进行保障，这种保障单位可能是专业的软件保障单位（承包商），也可能是其他软件企业。他们虽然不具备原始开发单位和军队单位的某些优势，但他们可能专门从事软件维护有其技术上的优势和人员保证。因此，第三方保障也是一种可供选择的软件保障组织形式。

以上三种保障组织形式并不是一成不变的。对于一些装备，可以采取两种形式组合的方法。例如，OEM 为主，军方为辅；军方为主，OEM 为辅；军方为主，第三方为辅等。

11.3.2 保障实施

1. 维修保障实施

软件和软件密集系统保障的核心是维修保障。包含计算机软件或软件密集系统的维修保障，必须同时考虑硬件和软件的维修。当这样的系统发生故障时，需要进行诊断，以确定故障的具体部位。因为既有软件也有硬件，必须将故障隔离为软件故障或是硬件故障，然后进行修复。这种系统修理的过程如图 11-1

所示。如前所述，软件维护与硬件维修有很大的不同，在将故障隔离为硬件或软件后，将按照图中所示流程采取不同的步骤、方法进行修复。图中左半部是硬件修理过程，右半部是软件维护过程。在基层级采取重新启动、存储数据或做其他工作仍然不能排除故障时，编写软件故障报告，提出软件维护（修改）的申请。然后，由软件维护机构进行维修。

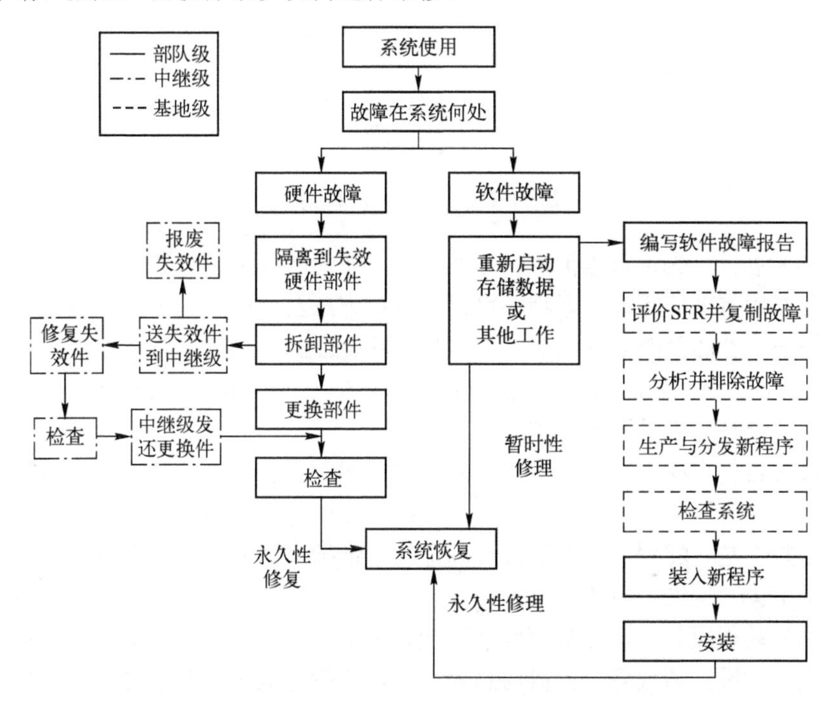

图 11-1　包含软件、硬件的装备维修过程示意图

软件维护过程实质上是一个软件再开发过程。软件维护的实施过程可以用图 11-2 所示的模型表示。以下对软件维护过程各个步骤做简要说明。

（1）修改请求。一般由用户、程序员或管理人员提出，是软件维护过程的开始。

（2）分类与鉴别。根据软件修改申请，由维修机构来确认其维护的类别（纠错性、适应性还是完善性维护），即对软件修改申请进行鉴别并分类，并对该软件修改申请给予一个编号，然后输入数据库。这是整个维护阶段数据收集与审查的开始。

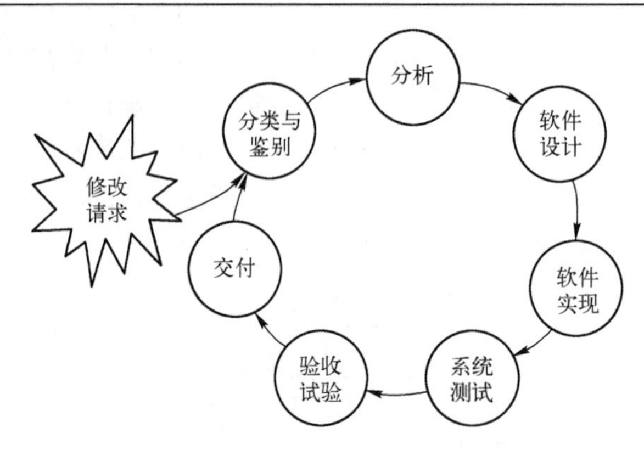

图 11-2 软件维护过程模型

（3）分析。先进行维护的可行性分析，在此基础上进行详细分析。可行性分析主要确定软件更改的影响、可行的解决方法及所需的费用。详细分析则主要是提出完整的更改需求说明、鉴别需要更改的要素（模块）、提出测试方案或策略、制订实施计划。最后由配置控制委员会（configuration control board，CCB）审查并决定是否着手开始工作。

通常维护机构就能对更改请求的解决方案做出决策，仅仅需要通知配置控制委员会就可以了。但要注意的是维护机构应清楚哪些是其可以进行维护的范围，哪些不是。配置控制委员会要确定的是维护项目的优先级别，在此之前维护人员不应开展维护更改工作。

（4）软件设计。汇总全部信息开始着手更改，如开发过程的工程文档、分析阶段的结果、源代码、资料信息等。本阶段应更改设计的基线、更新测试计划、修订详细分析结果、核实维护需求。

（5）软件实现。本阶段的工作是制订程序更改计划并进行软件更改，有如下工作：编码、单元测试、集成、风险分析、测试准备审查、更新文档。风险分析在本阶段结束时进行。所有工作应该置于软件配置管理系统的控制之下。

（6）系统测试。系统测试主要测试程序之间的接口，以确保加入修改的软件满足原来的需求，回归测试则是确保不要引入新的错误。测试有手工测试和计算机测试。手工测试如运行代码，这是保证测试成功的重要手段。值得注意的是，许多维护机构都没有独立的测试组，而将这些工作交给维护编程人员来进行，这样做的风险很大。

（7）验收试验。这是全综合测试，应由客户、用户或第三方进行。此阶段应报告测试结果、进行功能配置审核、建立软件新版本、准备软件文档的最终版本。

（8）交付。此阶段是将新的系统交给用户安装并运行。供应商应进行实物配置审核、通知所有用户、进行文档版本备份、完成安装与训练。

实际上，上述步骤中的（3）～（8）是一般软件开发过程的步骤，步骤（1）和（2）才是软件维护所特有的。

2. 供应保障实施

对于软件密集系统，装备供应保障同样应当包含硬件和软件的供应。软件供应保障的功能是：消耗一定的信息、人、设备器材等资源，及时地报告软件问题，订购、接收软件，并将这些软件或修改后的软件及时、准确地提供给部队。软件供应保障过程如图 11-3 所示。

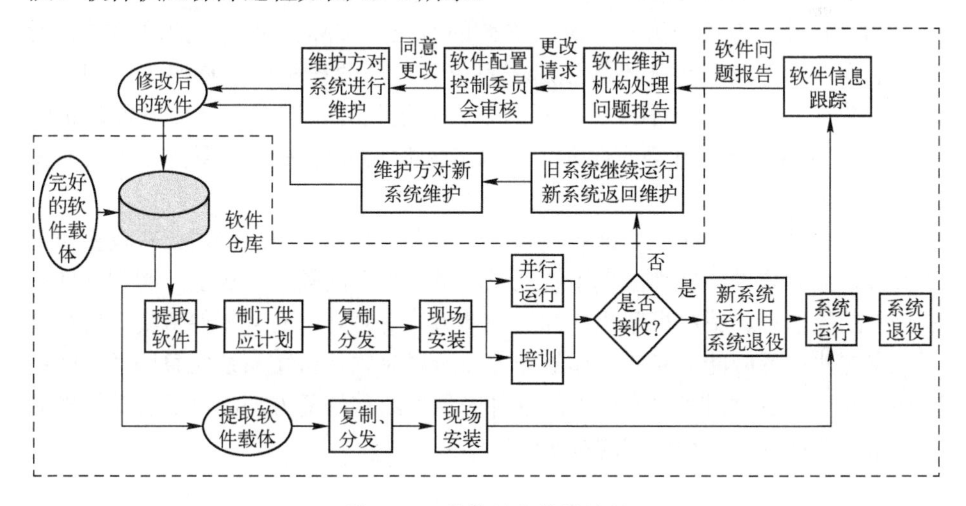

图 11-3　软件供应保障过程

11.4　软件保障的若干关键技术

软件保障是高技术领域的活动。从国外的研究和实践以及国内实践来看，有一系列关键技术问题需要研究和解决。这些技术除有关软件特性（软件可靠性、可维护性等）的设计、分析、试验技术外，还有一些规划和实施保障有关的关键技术，主要包括以下方面。

（1）软件保障方案。例如，维修级别划分，是采用软件、硬件分别划分，还是统一设级；软件供应与再供应；人员及其培训问题；包含前述的复制、分配、安装和训练设备规划和配置等。

（2）软件与硬件故障的隔离技术。含有软件或软件密集系统的故障既可能是硬件（包含计算机硬件）故障引起的，也可能是软件失效引起的，而它们的故障或失效的排除或修正方法完全不同。因此，区分（隔离、鉴别）软件、硬件失效引起的系统故障是维修的关键和先决条件。如何在使用现场快速、方便地隔离软硬件故障，需要学习和研究。

（3）软件故障隔离技术。软件故障或失效隔离是修正软件失效的前提，其技术是又一关键技术和研究的重点。要把软件故障依次隔离到失效的分系统、模块直至程序行或数据元，需要学习和研究分析的技术和工具。

（4）软件失效修正方法。软件失效的修正，实际上是软件的局部重新设计。然而，局部重新设计不应当造成系统其他部分程序或数据的不协调，引起新的失效。所以，它不同于全新的软件系统设计。同时，软件失效修正的人力、物力和环境条件都有限制。这就要求探讨和学习一些简便、实用的失效纠正方法。

（5）软件密集系统应急维修技术。硬件在战场上的应急修理已有较多研究和实践，但对软件、软件密集系统来说却是一个新问题。事实上，因为软件在战场上的损伤源、威胁机理比单纯的硬件系统更复杂，而且软件密集系统往往要求有更快的反应能力和持续作战能力，所以对软件密集系统应急修理可能更重要。应当着重学习和研究软件的各种应急诊断和修复方法，以及装备损伤后可否采用软件硬件互相替代的技术进行修复。

思 考 题

1. 什么是软件保障？什么是软件密集系统？
2. 软件密集系统的保障要素有何特点？
3. 软件保障组织可能采用的形式有哪些？
4. 软件供应保障如何实施，有何特点？

参 考 文 献

[1] 甘茂治，康建设，高崎，等. 军用装备维修工程学[M]. 3 版. 北京：国防工业出版社，2022.
[2] 刘占岭，等. 外军装备保障转型深化拓展[M]. 北京：国防工业出版社，2019.
[3] 章文晋，郭霖瀚. 装备保障性分析技术[M]. 北京：北京航空航天大学出版社，2012.
[4] 宋太亮，王岩磊，方颖. 装备保障大保障观总论[M]. 北京：国防工业出版社，2014.
[5] BLANCHARD B S. 物流工程与管理[M]. 蒋长兵，等译. 6 版. 北京：中国人民大学出版社，2007.
[6] 康建设，宋文渊，白永生，等. 装备可靠性工程[M]. 北京：国防工业出版社，2019.